核燃料循环导论

周明胜　姜东君　主　编

戴兴建　徐　旸　副主编

清华大学出版社

北京

内 容 简 介

核燃料进入反应堆前的生产制备及在反应堆中燃烧后的后处理过程统称为核燃料循环。本书全面介绍了反应堆用核燃料循环各个环节的方法和工艺,内容涉及铀资源与铀矿冶、铀纯化转化、铀浓缩、燃料元件制造、反应堆运行及乏燃料后处理等,对核燃料安全也有所涉及。本书按照核燃料生产应用及乏燃料处理流程的先后顺序,对核燃料循环进行了较为系统、全面、有一定深度的阐述,帮助读者对核燃料循环的各个环节的方法、工艺及技术特点有整体的认识。

本书可以作为核燃料循环相关专业的本科和研究生培养的入门教材,由于跟踪了国内外核燃料循环技术的最新进展,也可作为核燃料循环行业科研、生产、运行的工程技术人员的参考书,也可以作为针对核燃料循环学科的科普参考书。

图书在版编目(CIP)数据

核燃料循环导论/周明胜,姜东君主编. —北京:清华大学出版社,2016(2024.11重印)
ISBN 978-7-302-45226-3

Ⅰ.①核… Ⅱ.①周…②姜… Ⅲ.①核燃料－燃料循环－研究 Ⅳ.①TL249

中国版本图书馆 CIP 数据核字(2016)第 264054 号

责任编辑:张占奎
封面设计:常雪影
责任校对:赵丽敏
责任印制:曹婉颖

出版发行:清华大学出版社
　　　　网　　　址:https://www.tup.com.cn,https://www.wqxuetang.com
　　　　地　　　址:北京清华大学学研大厦 A 座　　　　　　　邮　　编:100084
　　　　社 总 机:010-83470000　　　　　　　　　　　　　　邮　　购:010-62786544
　　　　投稿与读者服务:010-62776969,c-service@tup.tsinghua.edu.cn
　　　　质量反馈:010-62772015,zhiliang@tup.tsinghua.edu.cn
印 装 者:三河市少明印务有限公司
经　　销:全国新华书店
开　　本:185mm×260mm　　印　张:12.5　　　　　　字　　数:302 千字
版　　次:2016 年 12 月第 1 版　　　　　　　　　　　印　　次:2024 年 11 月第 6 次印刷
定　　价:39.80 元

产品编号:063727-02

前言

完整的核燃料循环体系,是一个国家核能和核力量的基础。清华大学拥有完整的核燃料循环与材料二级学科,一直承担着为国家培养高层次核燃料循环专业人才的任务,几十年来,为我国核燃料行业培养和输送了大量人才。

核燃料循环与材料学科的特点是环节多、专业性强,包括铀矿冶、铀纯化转化、铀浓缩、燃料元件制造、反应堆运行、乏燃料后处理等环节,涉及矿冶、铀化学、放射化学、同位素分离、核材料等学科领域,每个环节均有专门的课程和教材。在核燃料专业的教学和人才培养实践中,深感学生缺乏对整个核燃料循环体系的全面认识,往往只对本环节或本环节的某个方面有所了解,对其他环节的知识则相对匮乏。因此在教学实践中,逐步增加了相关内容,但苦于缺少对核燃料循环进行全面介绍的入门教材,因此萌生了在已有讲义的基础上编写《核燃料循环导论》的想法。

经过沟通交流,在中国核燃料有限公司的大力支持下,我们组织编写了本书。作为入门教材,本书力求对核燃料循环各个环节的原理、方法、工艺等进行全面系统的介绍。为使读者容易理解和掌握,本书第2~7章按照核燃料循环的先后顺序进行编排。由于在日本福岛核事故后,各国对核安全的重视程度日益提高,因此增加了第8章,专门对核燃料安全进行了简要介绍。

本书第1、2、4章由姜东君编写,第3、7章由周明胜编写,第5章由戴兴建编写,第6、8章由徐旸编写。在本书的编写过程中,裴根、潘建雄、顾志勇、蹇丛徽、孙启明在制图、统稿、文字校对等方面投入了大量的精力;俞冀阳校对全书,并提出了宝贵意见,在此一并表示感谢!

本书也可作为核燃料循环行业科研、生产、运行的科技人员的参考书。

由于作者水平所限,书中难免存在问题和不足,欢迎读者批评指正。希望本书的出版为我国核燃料人才培养、核燃料专业知识的科普起到积极的推动作用。

编著者
2016 年 5 月

目录

第1章

概　述

核燃料的发现已经有一百多年的历史了。1789年德国化学家克拉普洛特从德捷边境的伊特必村的阿姆斯塔尔矿中发现了沥青铀矿,并分离出棕黑色的二氧化铀粉末。1841年法国化学家佩里戈特用钾还原四氧化铀得到金属铀。为了纪念天文学家盖尔舍勒于1781年发现的天王星(Uranus),将这种新元素命名为"铀"(Uranium)。

1892年法国科学家贝克勒尔首次发现放射现象,即铀能够使底片感光。1905年,爱因斯坦提出质能方程,将质量和能量用光速联系在一起,解释了质能关系。1938年,德国物理化学家奥托·哈恩与弗里·斯特拉斯曼用慢中子轰击铀原子核,发现了铀原子核分裂并释放出很高的能量,这就是核裂变反应,核裂变释放的能量即为核能(也称为原子能)。

1942年,美国科学家费米在芝加哥大学建成第一座可控原子核裂变链式反应堆,使其达到临界状态。该反应堆具备两个基本特点:①自持性;②可控性。截至2015年,世界上共有439台运行的核电机组,装机容量382.547TW;在建机组66台,装机容量为70.335TW。目前核电在世界电力供应中约占11.5%。

在当今世界的能源中,核能具有重要的地位,是我国未来能源发展的方向。核燃料是核能之源,是核武器制造、核能利用的基本原料,是核工业的基础和核心。建立完整的核燃料循环体系,是一个国家发展核能和核力量的基础。

完整的核燃料循环体系包括为反应堆供应燃料和其后的所有处理和处置过程,包括铀的采矿、加工提纯、化学转化、铀浓缩、燃料元件制造、元件在反应堆中使用、乏燃料后处理、废物处理和处置等,涉及铀矿冶、核化工、同位素分离、粉末冶金、机械加工、核反应、放射化学等诸多学科和领域。

本书主要针对铀裂变和相关的核燃料及其循环体系以及各个环节的原理和相关工艺技术进行介绍,力图使读者对核燃料循环有整体的认识,为将来从事核燃料相关工作打下基础。

1.1　核燃料分类

可以通过核反应(裂变或聚变)释放出巨大能量的核素主要有^{235}U、^{239}Pu、^{233}U和^{2}H(氘,D)、^{3}H(氚,T)、^{6}Li。这些核素是反应堆的能量来源,也是核武器的能量来源。在核能领域,这些核素或含有这些核素的材料通称为核燃料。按照释放能量方式的不同,可将核反应分为裂变核燃料和聚变核燃料。

^{235}U、^{239}Pu、^{233}U 三种核素通过核裂变反应释放能量,所以这三种核素和含有这三种核素的材料称为裂变核燃料。这些核素的原子核受到中子的轰击时会分裂成两个或多个碎片核,放出 200MeV[①] 的能量的同时释放出 2~3 个中子。释放出的中子又去轰击其他原子核,引发更多的核裂变,并释放出更多的中子,这种自持进行的连续核裂变反应称为"链式核裂变反应",简称"链式反应"。在一定的条件下,在堆积的或布置的核燃料中这一裂变过程会自持地连续进行下去。像^{235}U、^{239}Pu、^{233}U 这样能够俘获不同能量的中子发生裂变并能维持链式反应的核素,称为"易裂变核素",迄今发现的可大规模工业利用的只有这 3 种核素。

在核武器中,不对易裂变核素的链式反应进行控制,链式反应一旦发生,便迅速蔓延,在千万分之一秒的瞬间释放出巨大能量,形成强烈爆炸。在反应堆中,链式反应受到控制,使链式反应平稳地进行,缓慢地释放能量,供人类使用。

一个^{235}U 原子核裂变释放出的可利用能量约为 200MeV,1kg 的^{235}U 全部发生核裂变,释放出的能量约为 8.2×10^{10} kJ,相当于 2000t 石油或 2500t 标准煤完全燃烧产生的能量,也就是说,1kg 的^{235}U 放出能量分别是 1kg 石油或煤完全燃烧产生的能量的 200 万倍和 250 万倍。

^{2}H、^{3}H、^{6}Li 三种核素可以通过核聚变反应释放能量,所以这些核素被称为"聚变核燃料"。核聚变反应在几百万甚至上千万摄氏度高温下才能进行。在这种温度下,这些核素的原子核动能可达到几千电子伏到几万电子伏,足以克服原子核之间的库仑排斥力,相互碰撞而聚合为一个较重的核。所以核聚变反应又称为热核反应,这些核素又称作"热核燃料"或"热核材料"。由于聚变反应所需的温度条件极其苛刻,所以要实现可控的聚变反应并释放出可供利用的能量极为困难。目前聚变堆仍处于研究和实验阶段。

三种易裂变核素中,只有^{235}U 在自然界中天然存在,^{239}Pu 和^{233}U 在自然界中不存在,需要用中子辐照^{238}U 和^{232}Th 进行核转变得到。因此,可以把^{235}U 称为初级核燃料或一次核燃料,把^{239}Pu 和^{233}U 称为次级核燃料或二次核燃料。^{238}U 受到中子轰击后,先吸收一个中子转变为^{239}U,再经过两次 β 衰变转变为^{239}Pu,其核反应式为

$$^{238}_{92}\text{U} + \text{n} \longrightarrow {}^{239}_{92}\text{U} + \gamma$$

$$^{239}_{92}\text{U} \longrightarrow {}^{239}_{93}\text{Np} + \beta^-, \quad t_{1/2} = 23.5\text{min}$$

$$^{239}_{93}\text{Np} \longrightarrow {}^{239}_{94}\text{Pu} + \beta^-, \quad t_{1/2} = 2.35\text{d}$$

^{232}Th 的核转变与^{238}U 相类似,也是先吸收一个中子转变为^{233}Th,再经两次 β 衰变转化为^{233}U:

$$^{232}_{90}\text{Th} + \text{n} \longrightarrow {}^{233}_{90}\text{Th} + \gamma$$

$$^{233}_{90}\text{Th} \longrightarrow {}^{233}_{91}\text{Pa} + \beta^-, \quad t_{1/2} = 22.2\text{min}$$

$$^{233}_{91}\text{Pa} \longrightarrow {}^{233}_{92}\text{U} + \beta^-, \quad t_{1/2} = 27.4\text{d}$$

聚变核燃料中,核素^{3}H 在自然界不存在,需要用^{6}Li 和^{7}Li 在中子辐照下进行转换得到。其核反应式为

$$^{6}\text{Li} + \text{n} \longrightarrow {}^{3}\text{H} + {}^{4}\text{He} + 4.8\text{MeV}$$

$$^{7}\text{Li} + \text{n} \longrightarrow {}^{3}\text{H} + {}^{4}\text{He} + \text{n} - 2.5\text{MeV}$$

---

① 1eV ≈ 1.6×10^{-19} J。

^{238}U、^{232}Th 和 ^{6}Li、^{7}Li 这些能在中子辐照下转换为 ^{239}Pu、^{233}U 和 ^{3}H 的核素称为可转换核素。这些核素和含有这些核素的材料称为"再生燃料""再生材料""转换材料"。

在核燃料生产中,将再生材料置于核反应堆(裂变反应堆或聚变反应堆)中,在核反应产生的中子辐照下转换成作为核燃料的核素。当转换比大于 1 时,新生的核燃料多于消耗的核燃料,这样的核转换称为燃料增殖,可转换核素和含有可转换核素的材料又称为增殖材料。^{238}U、^{232}Th 为裂变增殖材料,^{6}Li、^{7}Li 为聚变增殖材料。

在本书中,对聚变核燃料和增殖材料不做阐述,只针对初级裂变核燃料循环进行介绍,因此,如果不做特殊说明,后面提到的"核燃料"均指含有易裂变核素 ^{235}U 的初级裂变核材料。

1.2 核燃料资源

自然界存在的易裂变核素只有 ^{235}U,它与可转换核素 ^{238}U 以天然铀混合物的形式存在。天然铀含有三种同位素,除 ^{235}U 和 ^{238}U 外,还有 ^{238}U 的衰变产物 ^{234}U。三种同位素在铀中的百分含量即相对丰度见表 1.2.1。从表中可以看出,天然铀中主要的同位素为 ^{238}U,^{235}U 丰度很低。

表 1.2.1 铀的天然同位素及其丰度

同位素	丰度/%
^{234}U	0.0054
^{235}U	0.7204
^{238}U	99.2742

1.3 裂变材料的丰度与铀浓缩

1.3.1 裂变材料的丰度与临界质量和临界体积

易裂变核素的链式裂变反应并非在任何情况下都能发生。欲使链式反应发生并自持地进行下去,必须使每一次核裂变释放出的中子中,平均至少有一个能够再引起一次核裂变,也就是要使燃料中的中子增殖系数 $K \geqslant 1$。当核燃料的数量很少时,燃料的体积太小,即使发生了核裂变,释放出的绝大多数中子也都飞出燃料的体积之外,不能击中其他原子核引发新的裂变,链式反应也就不会发生。当在一定体积内堆积或布置的燃料增加到足够数量时,链式反应才能发生并自持地进行下去。

在一定条件下(例如在反应堆中燃料与慢化剂按一定方式布置),能够发生并维持链式反应的燃料的最低数量,称为燃料的"临界质量",包容燃料的相应体积称为"临界体积"。

影响临界质量和临界体积的因素有多种。

首先是**中子泄漏**。燃料的体积总是有限的,总要有一部分中子从体积表面上泄漏飞逸,而不参加核裂变反应。中子泄漏损失的比例取决于燃料表面面积与体积之比,增加燃料的体积(或质量),可以减小表面积与体积之比,使中子泄漏率减小,当中子的泄漏率小到恰使中子增殖系数 $K=1$ 时的体积便是临界体积。临界体积的大小还和体积的形状有关,体积一定时,球形的表面积最小,亦即表面积与体积之比最小,中子泄漏率最小。如果再用中子反射层把燃料系统包围起来,把泄漏的中子再反射回燃料体积之内,临界质量和临界体积会更小。核武器中和反应堆的堆芯外围都设有中子反射层。

其次是**铀燃料中^{238}U对中子的吸收**。天然铀中,^{238}U占99.3%,而^{235}U仅占0.72%,^{235}U放出的裂变中子遇到的主要是^{238}U。裂变中子是快中子,对^{238}U的裂变截面极小,与^{238}U的作用主要是非弹性散射,在散射过程中能量逐渐降低,当能量降低到小于1.1MeV,^{238}U开始对中子发生俘获反应,当能量再降低到几十个电子伏时,^{238}U对中子出现俘获共振,大量中子被^{238}U俘获吸收,而不能与^{235}U发生反应。对此,可采取两项措施:一是减少^{238}U的含量,也就是提高^{235}U的富集度;二是预先把快中子慢化为热中子($E=0.025\text{eV}$),避开^{238}U的俘获共振峰。而且热中子对^{235}U的裂变截面特别大,$\sigma_{\mathrm{f}}=582\text{b}$,而俘获截面$\sigma_{\mathrm{c}}$却很小。这样就可以减小临界质量和临界体积。快中子反应堆采用第一项措施,使用高浓铀或高浓钚燃料,核武器也采用第一项措施,使用纯的^{235}U或^{239}Pu。热中子反应堆则两项措施都采用,既使用浓缩铀,又使用慢化剂。

再次是**燃料中的杂质元素和反应堆内各种材料对中子的吸收**。特别是一些中子俘获截面大的杂质元素,如B、Cd、Li、Hf以及稀土元素,能大量吸收中子。在核燃料加工和燃料元件材料、堆芯材料的加工中,要尽量把这类元素清除掉,使燃料和元件材料、堆芯材料达到"核纯",使中子的寄生俘获减到最小。

另外,易裂变核素在燃料材料中的含量、慢化剂的性质和数量、燃料与慢化剂的布置方式、反射层的效率等,都对临界质量和临界体积的大小有影响。三种核燃料^{235}U、^{239}Pu、^{233}U在同样条件下的临界质量也不相同,^{235}U的快中子裂变截面比其他两种核素都小,所以纯的^{235}U的临界质量最大。不同条件下不同含量的燃料的临界质量,可以小到1kg、几百克,也可以大到几百千克,甚至几十吨。例如用天然铀燃料,石墨作为慢化剂,临界质量可多达200kg(^{235}U),燃料总质量超过30t。表1.3.1和表1.3.2列举了几种条件下的临界质量。

表1.3.1 三种纯核燃料的临界质量

燃料种类	^{235}U	^{239}Pu	^{233}U
水溶液态临界质量/kg	0.820	0.510	0.59
金属体临界质量/kg	22.8	5.6	7.5

表1.3.2 不同富集度铀燃料临界质量(球形体积,设天然铀反射层)

反射层厚度/cm	15					
富集度/%	100	80	60	40	20	10
临界质量/kg	15	21	37	75	250	1300

考虑到在反应堆运行过程中,核燃料不断消耗减少,以及其他问题,核燃料的初始装载量要大于临界质量。对于过量核燃料引起的过剩反应性,通常采用控制棒来补偿(抵消)。随着燃料的消耗,逐步将控制棒取出。还可在堆芯中加入"可燃毒物",在反应堆运行初期对过剩反应性进行抑制,借助于中子俘获,随着燃耗的加深,"可燃毒物"的"毒性"以所需的平衡速度逐步消耗。

对临界质量需要指出的另一个问题是,当核燃料的数量达到或超过临界质量时,链式反应会自发地发生,并自持地进行下去,不需要人为地引入中子引发第一代核裂变。引发初始核裂变的中子,一是来自于易裂变核素的自发核裂变,二是宇宙射线中的高能带电粒子和中子。

1.3.2　铀浓缩

在反应堆中,裂变核燃料可以直接使用天然铀。使用浓缩铀作为燃料的优势在于,可以提高燃料中易裂变核素的含量,增加燃耗深度,降低核燃料的临界体积和临界质量,从而减小堆芯活性区体积,使堆芯紧凑;同时,可减少燃料元件制造、储运量,减少乏燃料的后处理量。因此,大多数采用^{235}U含量高于天然丰度的低浓缩铀。

世界上早期建立的反应堆都用天然铀作为燃料。钚生产堆一般用天然铀(或稍加浓缩)作为燃料,动力堆中少数石墨气冷堆及少数重水堆(如加拿大的CANDU堆)用天然铀燃料,个别研究堆也有用天然铀的,例如加拿大的NRX堆。使用天然铀燃料,除对没有同位素分离厂的国家比较方便外,主要是可以独立于庞大的同位素分离生产系统获取核燃料^{239}Pu。

动力堆一般使用富集度为$1\%\sim5\%$的低浓铀作为燃料。研究堆、试验堆都采用浓缩铀作为燃料,但^{235}U丰度的差别很大,从2%、3%到10%、20%再到90%不等,高通量堆过去都采用^{235}U丰度为90%的高浓铀燃料,20世纪90年代后采用丰度为20%中浓铀燃料。快中子堆采用高浓铀或高浓钚作为燃料,因为快中子对易裂变核素的裂变截面小,为达临界需使用高浓燃料。^{235}U丰度在90%以上的高浓铀和高浓钚也是核武器的装料。

天然铀中^{235}U的含量只有0.72%。在核工业核燃料生产中,需采用同位素分离的方法提高^{235}U的丰度。根据不同的需要,^{235}U的最高含量可达到93.5%。这一分离过程称为铀浓缩,浓缩后的铀称为浓缩铀。一般来说,^{235}U丰度小于5%的称为低浓铀,^{235}U丰度高于80%的称为高浓铀。经同位素分离后,贫料中的^{235}U丰度降低到0.3%或0.25%,称为贫铀。

贫铀可用做快中子增殖堆的增殖材料或中子反射层,也是核武器中子反射层材料,还可用做放射性物料的屏蔽容器。

1.4　核燃料循环

核燃料循环是指核燃料进入反应堆前的制备和在反应堆中燃烧后处理的整个过程,包括铀矿冶、铀转化、铀浓缩、燃料元件制造、燃料元件的堆内燃烧释放能量、乏燃料的贮存和后处理等过程(图1.4.1)。

核燃料循环模式分为两种:一次通过的开路循环模式和闭式循环模式。一次通过模式不对乏燃料进行后处理,而是在暂存后直接进行永久处置。闭式循环模式则对乏燃料进行回收处理,再对剩余的强放射性废物进行最后处置,完成整个循环过程。

(1)铀矿的采冶

传统方法开采的铀矿石经过破碎或进行初选后,用酸或碱浸取,然后用离子交换或溶剂萃取获得铀的化学浓缩物。中间产品的主要成分是重铀酸铵,含$40\%\sim70\%$的铀。现在采

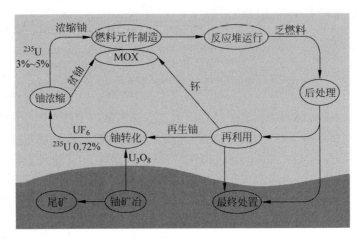

图 1.4.1　核燃料循环示意图

矿普遍采用地浸、堆浸技术。

（2）铀化学浓缩物的精制

化学浓缩物经过硝酸溶解和萃取纯化处理，得到核纯的硝酸铀酰、重铀酸铵（ADU）或三碳酸铀酰铵（AUC）。再将这些化合物煅烧热解成铀的氧化物，再进一步制成铀的氟化物 UF_4、UF_6。

（3）使用同位素分离方法进行铀的浓缩

以 UF_6 为分离介质，使用气体扩散分离、离心分离或激光分离法，将天然铀中 ^{235}U 的含量提高，得到浓缩铀。

（4）燃料材料的制备和燃料元件制造

将 UF_6 形式的浓缩铀进行化学转化，得到金属铀或铀的化合物，并进一步将浓缩铀或天然铀制备成不同形态的燃料材料——金属、陶瓷、弥散体，再加工为燃料元件。

（5）燃料入堆燃烧和燃料转换增殖

将可转换核素制成转换材料或进一步加工为增殖元件，与燃料元件一起放入反应堆中运行，燃料在燃烧消耗过程中将可转换核素转变为易裂变核素 ^{239}Pu 或 ^{233}U。

（6）燃料后处理

乏燃料元件从堆内卸出后，从烧过的乏燃料和辐照过的转换材料中提取未耗尽的和新生的易裂变核素，并从裂变产物中提取有用的同位素。

（7）燃料的再利用

调整提取出的易裂变核素的富集度，加工成燃料材料制成燃料元件，入堆复用。如在乏燃料处理过程中包含此步骤，则为闭式核燃料循环，否则为开路循环模式或一次通过模式。

（8）乏燃料废物最终处置

将提取了易裂变核素和有用同位素以后的强放射性废物进行处理和最终处置。这是核燃料循环的最后过程。

本书将按照核燃料循环的流程，对各个环节的原理、工艺及相关技术进行介绍。第 2 章介绍铀资源及铀矿冶相关技术，第 3 章介绍铀纯化及转化相关工艺，第 4 章介绍铀浓缩的主要原理、理论和同位素分离技术，第 5 章介绍不同核燃料元件的特点及制造技术，第 6 章简要介绍核燃料元件在反应堆中的运行,第 7 章为乏燃料后处理工艺及相关技术的介绍,核燃料安全是当前核工业发展的前提和重要保证,相关知识在第 8 章中进行系统介绍。

参考文献

[1] World Nuclear Power Reactors & Uranium Requirements[EB/OL]. http://www.world-nuclear.org/information-library/facts-and-figures/world-nuclear-power-reactors-archive/reactor-archive-january-2016.aspx.

第 2 章

铀资源与铀矿冶

作为唯一的天然裂变元素,铀元素在自然界分布广泛,但易于开采的铀矿石品位一般较低。核燃料对铀纯度的要求很高(金属铀的纯度要求大于 99.9%),与普通金属相比,铀的提取过程比较复杂,要先把矿石加工成含铀 60%~70% 的化学浓缩物(重铀酸铵,呈黄色,俗称黄饼),再进一步加工精制。

本章主要介绍铀矿资源和铀的化学浓缩物的制备过程,包括铀矿开采、铀的酸法和碱法浸出、提取和沉淀过程,如图 2.0.1 所示。

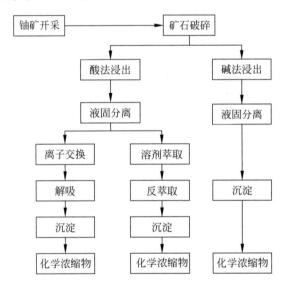

图 2.0.1　铀的化学浓缩物的制备过程

2.1　铀矿资源

2.1.1　铀矿分布特点

铀元素在自然界分布相当广泛,在地壳内和海水中均有存在,但储量并不丰富。地壳中铀的平均含量约为 2.5×10^{-6},即平均每吨地壳物质中约含 2.5g 铀,高于金、银、钨、汞等元素。在海水中,平均每吨海水含铀 3.3mg。

核燃料资源是指能从矿石中提取核燃料的矿物,主要是铀资源。铀矿石可以在多种地质条件下形成,分布较为广泛。可用的铀矿石主要来自陆地,一般以铀的氧化物形式存在,含量为 0.1%~0.3%。富矿很少,大量的矿床含铀量低于可开采品位。目前已发现的铀的原生、次生及变质矿物有 170 多种,具有工业开采价值的铀矿有 20 多种。

2.1.2　铀矿石分类

铀矿石可以分为原生铀矿和次生铀矿。已发现的铀矿物主要有:沥青铀矿、晶质铀矿、钛铀矿、钍铀矿、磷铀矿;次生矿物主要有铀黑、铜铀云母、钾钒铀矿、砷钙铀矿、硅钙铀矿等。

按照铀元素的含量即品位,铀矿可以分为富矿(＞0.3%)、普通矿(中矿)(0.1%~0.3%)和贫矿(0.05%~0.1%)。

按照氧化程度可以将铀矿石分为原生矿石、氧化矿石和混合矿石。

(1)原生矿石,以原生沥青为主(非晶质铀矿),呈致密块状、肾状、葡萄状等,沥青黑色,主要产于中低温热液矿床,是铀矿中最有工业价值的矿物;晶质铀矿呈黑色或黑褐色,主要产于伟晶岩与气化铀矿床中,也产于热液矿中。

(2)氧化矿石,以次生铀矿为主,矿石大部分被氧化。主要矿物为硅质铀矿,呈针状、柱状、纤维状、星点状,多为柠檬黄色、褐黄色;其次为钙铀云母与铜铀云母。

(3)混合矿石,原生矿物与次生铀矿物共存,氧化程度中等。

在垂直方向上,铀矿的分布呈现如下特点:地表为氧化带,地下为还原带,依次为硅质铀矿、钙铀云母、铜铀云母及铀的硫酸盐及铀的硫酸盐类矿物,最下为原生矿物。

按照铀矿石中的非金属成分划分,可以分为硅酸盐、碳酸盐、磷酸盐、硫化物,可燃性有机岩等。

铀矿石的性质和种类直接影响采矿方法的选择,开采富矿宜采用矿石贫化损失小的方案,开采贫矿则可采用效率高、费用低的方案。

铀矿石的氧化程度与其非金属组分则直接影响矿石的加工方法。

常见铀矿物见图 2.1.1。

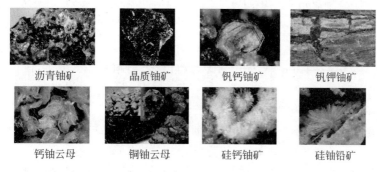

沥青铀矿　　　晶质铀矿　　　钒钙铀矿　　　钒钾铀矿

钙铀云母　　　铜铀云母　　　硅钙铀矿　　　硅铀铅矿

图 2.1.1　常见铀矿物

2.1.3　世界铀矿资源分布

世界铀矿资源的分布很不均匀,有 80 多个国家和地区发现铀矿床,主要产铀区分布在澳大利亚、哈萨克斯坦、俄罗斯、加拿大、尼日尔、纳米比亚、南非、巴西、美国、中国、蒙古、乌克兰、乌兹别克斯坦等。到目前为止,世界已探明铀可开采储量约为 590 万 t,详见表 2.1.1。

表 2.1.1　世界已探明铀资源(2015 年)

排位	国　家	铀储量/t	比例/%
1	澳大利亚	1 706 100	28.9
2	哈萨克斯坦	679 300	11.5
3	俄罗斯	505 900	8.6
4	加拿大	493 900	8.4
5	尼日尔	404 900	6.9
6	纳米比亚	382 800	6.5
7	南非	338 100	5.7
8	巴西	276 100	4.7
9	美国	207 400	3.5
10	中国	199 100	3.4
11	蒙古	141 500	2.4
12	乌克兰	117 700	2.0
13	乌兹别克斯坦	91 300	1.5
14	博茨瓦纳	68 800	1.2
15	坦桑尼亚	58 500	1.0
16	约旦	33 800	0.6
	其他	191 500	3.2
	全世界合计	5 896 700	

2.1.4　中国的铀资源

我国铀矿探明储量居世界第 10 位。矿石品位偏低,通常有磷、硫以及有色金属、稀有金属矿产共生或伴生。矿床类型主要有花岗岩型、火山岩型、砂岩型、碳硅泥岩型铀矿床 4 种。

我国铀矿资源有如下特点:

(1) 矿床类型多,以花岗岩型、火山岩型、碳硅泥岩型和砂岩型为主,占比分别为 34%、22%、20% 和 15%。

(2) 成矿年代跨度大,从古生代、中生代到新生代均有。

(3) 矿床规模小,埋藏不深。在已探明的 200 多个铀矿床中,中小型矿床占总储量的 60% 以上。

(4) 分布不均。我国已有 23 个省(区)发现铀矿床,分布不均匀,以江西、湖南、广东、广西四省(区)为主,占探明储量的 74%。

我国铀矿资源有很大的潜力,"十一五"以来,大型铀矿资源基地、老的铀矿田和重点远景区勘查都取得重要进展,新探明了数个中大型至特大型铀矿床,并发现了超大型铀矿床,如伊犁地区的中国第一个万吨级砂岩型铀矿床,鄂尔多斯地区先后探明了中国最大的铀矿床。

2.2　铀的常规开采技术

我国的铀矿常规开采以地下开采为主,占 80％～85％,露天开采较少,占 15％～20％;在采矿方法方面,种类较多,但以充填采矿法为主。

与金属矿床地下开采相同,铀矿的地下开采可分为开拓、采准、切割和回采四个步骤。**矿床开拓**是从地面与矿体之间掘进一系列巷道,构建完整的提升、运输、通风、排水、行人、安全通道及动力供应等系统。**矿块采准**是指在开拓完毕阶段,掘进采准巷道和切割巷道,将阶段划分成矿块作为回采的独立单元,并在矿块内形成行人、凿岩、出矿、通风、安全出口等条件。**切割**是指在已采准完毕的矿块里,为大规模回采矿石开辟自由面和自由空间,为大规模采矿创造良好的爆破和出矿条件。在切割完成后,就可以进行大规模的采矿,即**回采**,包括落矿、运搬和地压管理三大主要工艺。

与一般金属矿山相比,铀矿床开采工作的特殊性主要表现在 3 个方面:

(1) 在回采过程中,自始至终要依靠放射性物探识别矿石与废石及矿石品位,圈定矿体和围岩边界,指导落矿、运搬及地压管理工作,是贯穿回采过程的主要生产工艺。

(2) 铀矿石品位较低,铀金属重要且稀有,因此回采过程要尽量降低贫化损失和采用贫化(由于回采过程中围岩等的混入,使得开采出矿石的品位降低的现象)损失较低的采矿方法。

(3) 安全防护工作。回采过程中要加强通风、洒水和个人防护工作,降低工作面氡和氡子体浓度,降低工作人员的放射性污染。

常规的铀矿冶技术是先将铀矿石开采出来,再进一步加工,通常是矿冶一体建厂。开采阶段的主要任务是铀矿床开拓和铀矿开采。

2.2.1　铀矿床开拓

与一般的矿床开拓方法相同,开发地下铀矿床需要在地面与矿床之间开拓井巷系统,这些井巷的建造称为铀矿床开拓。铀矿山开采系统由运输矿石的主要巷道和辅助开拓巷道构成,称为铀矿床开拓系统。

根据矿脉走向和矿山的具体情况,铀矿地下矿床开拓方式主要有:平硐、斜井、竖井、斜坡道以及联合开拓法等。

1. 平硐开拓法

以平硐为主要巷道开拓矿床的方式称为平硐开拓法,对赋存位置在当地侵蚀基准面以上的矿体比较适用。该方法能充分利用矿石的自重溜放,便于通风、排水、多阶段出矿,具有施工简单、建设速度快、投资省、管理方便等特点。如矿山条件许可,应优先采用此方法。

按照平硐与矿脉方向的不同,平硐开拓法也有不同的方式(图2.2.1)。

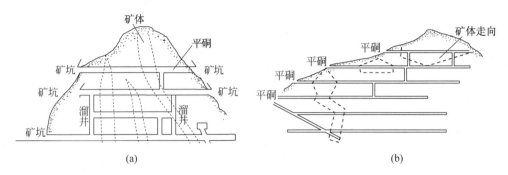

图 2.2.1   平硐开拓法示意图

(a) 垂直矿体走向;(b) 沿矿体走向

一种是垂直矿体走向平硐开拓法,又分为两种情况:当矿脉与山坡倾斜方向相同时,从矿体上盘掘进平硐穿过矿脉,称为上盘平硐开拓法;当矿脉与地表山坡倾斜方向相反时,由矿体下盘进行平硐开拓穿过矿脉,称为下盘平硐开拓法。我国的中小型脉状矿床广泛采用上盘和下盘平硐开拓法。

另外一种是沿矿体走向平硐开拓法。平硐沿矿体走向布置,一般设在脉内,但是对铀矿床则不宜。此方法适用于矿体倾角倾斜到急倾斜,矿脉侧翼沿山坡露出的矿床。

2. 斜井开拓法

赋存在当地侵蚀基准面下且埋藏不深、缓倾斜矿体(倾角15°～45°)的小型矿床采用斜井开拓法是合适的。根据斜井和矿山的相对位置,又分为脉内斜井开拓法、下盘斜井开拓法、侧翼斜井开拓法,如图2.2.2所示。

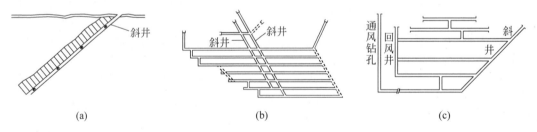

图 2.2.2   斜井开拓法示意图

(a) 脉内斜井开拓法;(b) 下盘双斜井开拓法;(c) 侧翼斜井开拓法

脉内斜井开拓法适用于倾斜起伏不大、产状比较规整、无褶皱或断层的矿体。由于铀矿床赋存条件复杂,一般不宜采用此方法。

3. 竖井开拓法

竖井开拓法适用于赋存在当地侵蚀基准面以下、矿体倾角大于45°或小于15°并且埋藏较深的矿体。竖井的提升能力大,易于维护,金属矿山广泛采用竖井开拓法。根据竖井位置的不同,分为下盘竖井开拓法、上盘竖井开拓法、侧翼竖井开拓法,如图2.2.3所示。

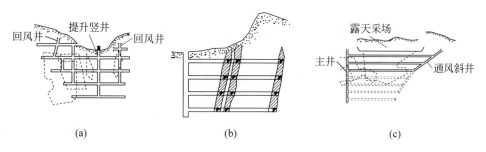

图 2.2.3　竖井开拓法示意图

（a）下盘竖井开拓法；（b）上盘竖井开拓法；（c）侧翼竖井开拓法

4. 斜坡道开拓法

斜坡道可作为主要开拓巷道单独使用，也可用作辅助开拓巷道配合其他主要开拓巷道使用，实际应用中，有螺旋式和折返式斜坡道两种形式，如图 2.2.4 所示。

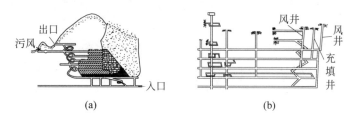

图 2.2.4　斜坡道开拓法示意图

（a）螺旋式斜坡道开拓法；（b）折返式斜坡道开拓法

在实际的铀矿开采中，如矿体埋藏较深或矿体深部倾角变化，则需要使用联合开拓法，即在矿床上部采用某种主要开拓巷道开拓，而深部根据需要采用另外一种开拓巷道。常见的联合开拓法见表 2.2.1，本节不再详细介绍。

表 2.2.1　联合开拓方法

开 拓 方 法	主要开拓巷道的形式和位置
平硐盲竖井开拓	上部：平硐；深部：盲竖井
平硐盲斜井开拓	上部：平硐；深部：盲斜井
竖井盲竖井开拓	上部：竖井；深部：盲竖井
竖井盲斜井开拓	上部：竖井；深部：盲斜井
斜井盲竖井开拓	上部：斜井；深部：盲竖井
斜井盲斜井开拓	上部：斜井；深部：盲斜井

2.2.2　铀矿地下开采方法

从矿块中开采矿石所进行的采准、切割和回采工作总称为采矿，采矿方法则是采准、切割和回采工作在时间和空间上的顺序与配合。由于铀矿床赋存条件复杂多样，矿石和围岩的力学性质不同，在生产实践中，铀矿采矿方法种类繁多。按照地压管理方式的不同，采矿方法可以分为四类：

（1）空场采矿法，即自然支承采矿法。此方法适用于矿石和围岩均稳固的矿床。将矿块划分为矿房和矿柱，回采分为回采矿房和回采矿柱两个步骤。回采矿房时形成采空区，利用矿柱和矿岩本身的强度进行维护。留矿采矿法属于此类方法。

（2）充填采矿法。适用于各种矿岩赋存条件，在回采过程中，随着回采工作面的推进逐步用充填料充填采空区，或充填料和支架共同配合进行地压管理。

（3）崩落采矿法。此类方法的特点是随回采工作面的推进，崩落围岩充填采空区，从而进行地压管理。

（4）组合采矿法，即在同一矿块回采工作中采用两类或两类以上的采矿方法，提高回采效率，降低回采成本。

1. 空场采矿法

空场采矿法具有成本低、生产能力大、劳动生产率高、基建时间短、容易达产的优点。其主要缺点是留下大量矿柱和采空区，需要进行第二步骤的回采和处理，同时由于地压随开采深度增加而变大，深部开采难度大。

由于空场采矿法的上述优点，且我国铀矿开采深度一般都不太大，因此空场采矿法在国内外铀矿开采中应用比重较大。目前空场法中应用较为广泛的几种方法有全面采矿法、房柱采矿法、留矿采矿法、分段矿房法和阶段矿房法。下面介绍留矿采矿法和房柱采矿法。

（1）留矿采矿法

留矿采矿法是铀矿山使用较早、较多的采矿方法之一。1987年的统计数据表明，该方法占铀矿山地下开采的22%。如图2.2.5所示，留矿采矿法的特点是将矿块划分成矿房和矿柱两步骤回采，矿房自下而上分层回采，工人直接在暴露面下的留矿堆上面作业。每次崩漏的矿石经矿块底部放出1/3左右，余下矿石暂时贮存在矿房中作为继续上采的工作平台，待矿房采完后取出，最后回采矿柱并处理采空区。

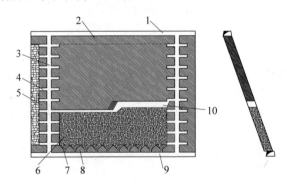

图 2.2.5 留矿采矿法

1—回风巷；2—待采矿石；3—天井；4—联络道；5—间柱；6—存留矿石；
7—漏斗；8—底柱；9—阶段运输巷道；10—回采空间

由于矿房中贮存大量矿石，因此矿石和围岩不能具有自燃性、氧化性和结块性，因此高硫矿床和有放射性的矿床应慎重采用。

（2）房柱采矿法

房柱采矿法的特点是沿走向或倾向划分为交替布置的矿房和矿柱，回采矿房时保留连续和间断的矿柱，以维护顶板岩石。适用于开采矿石和围岩稳固的水平或缓倾斜矿体。其结构如图 2.2.6 所示，一般情况下沿矿体走向划分为若干个盘区回采，盘区与盘区之间用连续的隔离矿柱分开，每个盘区划分 5～7 个矿块，盘区宽度主要根据盘区空场顶板安全跨度和盘区生产能力确定。

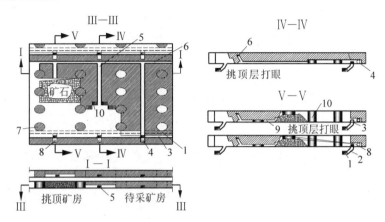

图 2.2.6　房柱采矿法
1—运输巷道；2—放矿溜井；3—切割平巷；4—电耙硐室；5—上山；
6—联络平巷；7—矿柱；8—绞车；9—凿岩机；10—炮孔

房柱采矿法采切工作量小，回采简单，矿房生产能力较大。其缺点是矿柱如果不回采，会造成 15%～40% 的矿量损失。对于铀和贵重金属矿石的开采，一般尽量采用间断矿柱而非连续矿柱，进一步的措施可采用混凝土矿柱代替自然矿柱，以提高回采率。

2. 充填采矿法

随着回采面的推进，逐步用充填料充填采空区的方法，称为充填采矿法。为维护采空区，也可以采用支架与充填料结合的方式，称为支架充填采矿法，也属于充填采矿法的一种。

充填形成的充填体可以较好地进行地压管理，控制围岩崩落和地表下沉，为回采工作创造安全和方便的条件。在铀矿地下开采中，还有利于减少并隔离氡和氡子体的辐射和析出，对自燃性矿石的内因火灾有预防作用。

按照矿块结构和回采工作面的推进方向，充填采矿法分为单层充填采矿法、上向水平分层充填法、倾斜式分层充填法、下向胶结充填采矿法、单层充填采矿法、近路充填采矿法、削壁式充填采矿法、方框支架充填采矿法等。下面以上向水平分层充填采矿法进行说明，其采矿示意如图 2.2.7 所示。

上向水平分层充填采矿法一般将矿块分为矿房和矿柱，第一步回采矿房，第二步回采矿柱。回采矿房时，自下而上水平分层进行，随工作面向上推进，逐步充填采空区，并留出继续上采的工作空间。充填体维护围岩，并作为上采的工作平台。崩落的矿石落在充填体的表面上，用机械方法将矿石运至溜井中。矿房回采到最上面分层时，进行接顶充填。矿柱则在采完若干矿房或全阶段采完后，再进行回采。回采矿房可以用干式充填、水力充填或胶结充填。

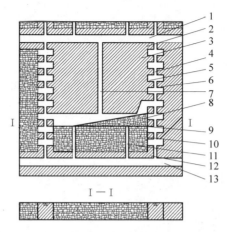

图 2.2.7 上向水平分层充填采矿法示意图

1—上中段回风巷道；2—顶柱；3—未采矿石；4—先行天井；5—天井联络道；6—间柱；

7—充填井；8—采下矿石；9—砂浆垫板；10—充填料；11—溜矿井；12—底柱；13—下终端运输巷道

3. 崩落采矿法

（1）分层崩落采矿法

其特点是按分层自上而下回采矿块，每一分层的回采是在人工假顶的保护下进行的。分层回采完毕后，上面覆盖的崩落岩石下移充填采空区（见图 2.2.8）。其适用条件是：①矿石松软破碎，矿体顶部覆盖岩石或上盘围岩稳固性差，易自然崩落；②缓倾斜矿体厚度不小于 5～6m，急倾斜的矿体厚度不小于 2m，一般矿体厚度以 5～6 米以上为宜；③矿石品位高、价值大；④地表允许崩落。

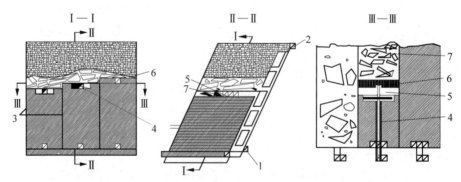

图 2.2.8 分层崩落法示意图

1—阶段运输巷道；2—回风巷道（上阶段运输巷道）；3—矿块边界；

4—分层运输巷道；5—回采巷道；6—垫板；7—假顶

（2）壁式崩落采矿法

此方法适用于开采矿石和围岩不稳固的水平或缓倾斜的薄或中厚层状矿体。采用平巷和切割上山将矿体划分为采区，然后自切割上山即壁式工作面沿走向推进进行回采（图 2.2.9 所示）。出矿后用支柱临时支护工作空间。工作面推进到一定距离后，撤除支护，将顶板岩石崩落，以减少工作面的地压，保证回采工作的正常进行。

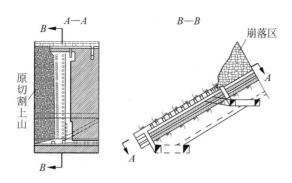

图 2.2.9　长壁式崩落采矿法

另外,下向分层胶结充填采矿法和削壁式充填采矿法在铀矿开采中也有应用。在此不做详细介绍。

2.2.3　放射性物探

与一般金属矿山常规采矿方法相同,铀矿开采的主要生产工艺包括落矿、矿石运搬和地压管理。落矿又称为崩矿,是将矿石从矿体上分离下来,并破碎成一定的块度;运搬是将矿石从落矿地点运到溜井或直接装入运输设备;地压是为了采矿面抵抗或利用地压所采取的相应措施。

与一般金属矿山不同,放射性物探在铀矿开采中占有重要地位。放射性物探利用铀矿石的放射性寻找并确定铀矿石,并贯穿回采全过程。铀矿回采过程中,自始至终要进行放射性物探,以区分矿石与非矿石并确定矿石品位。回采过程还应圈定矿体和围岩边界,指导落矿、矿石运搬以及地压管理。

落矿前物探工作的主要任务是编录、检查回采工作面矿化情况,准确圈定废石、表内矿石和高品位矿石的边界。

落矿后的物探工作,主要是对落下的矿石堆进行放射性检查和围壁检查,指导采区矿石运搬和边界回采工作。

由于矿区地质情况复杂,矿体范围和储量的勘探资料和实际往往有出入,因此在开采过程中需要边开采边探测矿体边界,以保证开采工作合理布置,不漏掉矿体。

铀矿开采一般是按照矿石的铀含量级别(如表内矿、表外矿、Ⅰ级、Ⅱ级等)分别开采,因而要求使用放射性物探方法进行矿体分级。常用的放射性物探方法有辐射取样、γ测井等。在开采过程中,常用γ测量方法圈定矿体范围,用辐射取样结果合理区分矿石和非矿石。

矿石检测时,常采用放射性测量方法测定矿石中金属铀的含量。这种方法可以放在地下坑道内或坑口处,根据表内和表外矿石之间的放射性差别,通过测定放射性强度直接给出铀含量来分选矿石。分选后的矿石和岩石分别按不同运输线送到相应的仓库中,这样就可减少矿石的贫化。

(1) 矿块地测物工序

矿块地测物工序包括地质、测量和物探三项工作。

每一回采分层均应按统一规定的比例绘制地质编录图。

矿块辐射取样和编录的任务是在采掘暴露矿岩表面上进行放射性测量,并根据测量结果确定矿体厚度、品位和圈定矿体边界。辐射取样分为 γ 取样、γ 能谱取样、γ-β 结合取样。我国铀矿山主要用 γ 取样。

(2)围壁探矿与切采找边

其主要任务是现场圈定矿体边界,给出切采、上采或横采工作面,以指导采场落矿范围的圈定。

2.3　铀矿石破碎

开采出的矿石须破碎成粒径较小的颗粒后才能获得较高的浸出率。目前广泛应用的铀矿石破碎方式有两种:一是机械力破碎,包括挤压、冲击、研磨和劈裂等;二是非机械力破碎方法,包括爆破、超声、热裂、高频电磁波和水力等。

破碎是一个非常复杂的物料块(矿石)尺寸变化过程,与多种无法估计的因素有关,包括:矿石的抗力强度、硬度、韧性、形状、尺寸、湿度、密度和均质性等,也包括外部因素,如矿石之间在破碎瞬间的相互作用和分布情况等。

破碎是不可逆的过程,也不会自行发生。矿石破碎是在矿石受到外力情况下,克服内部质点之间的内聚力造成的。矿石受外力作用出现破坏之前,首先产生弹性变形,这时矿石本身并没有破坏。当应力达到弹性极限时,矿石出现永久变形,进入塑性变形状态,当塑性变形达到极限时,矿石才会破坏。

2.3.1　破碎理论

破碎理论研究物料(矿石)从一定块度被破碎到要求的粒度与所需外部提供能量之间的关系。

1867 年,P. R. Rittinger 提出"面积说",认为在物料破碎过程中能量主要消耗在剪切变形,剪切力作用的结果是形成新的表面。因此,破碎时消耗额能量与破碎过程中物料新形成的表面积成正比:

$$E = K_R \cdot S$$

式中,E 为破碎过程中所消耗的能量,J;S 为新生成的表面积,m^2;K_R 为生成单位表面积所需要的能量,称为 Rittinger 系数,$J \cdot m^{-2}$。

1885 年,F. Kick 提出"体积说",认为物料在破碎时,首先发生压缩变形而后破裂,垂直压力起主要作用,即在一定的破碎比(X_1/X_2)条件下,破碎物料所消耗的能量与颗粒体积或质量成正比,即

$$E = K_K \cdot V$$

式中,V 为破碎物料的变形体积,cm^3;K_K 为破碎单位变形体积所需要的能量,称为 Kick 系数,$J \cdot m^{-3}$。

1952 年,F. C. Bond 提出"破碎裂缝说",认为外力作用于待破碎的物料必须克服作用于固体质点的内聚力,物料才能发生破碎。物料块在破碎时,最初是沿着薄弱面碎裂。随着破

碎过程的进行,物料的粒度不断减小,脆弱处不断减少,破碎就越困难。裂缝的存在对于破碎时的能耗有很大影响。物料在破碎时,首先产生变形,储留了部分能量,一旦局部应力超过临界点时,裂纹扩展形成新的表面。因此破碎物料所需的能量应当考虑"变形能"和"新生表面能"两项。变形能与物料体积 V 成正比,新生表面能与物料新生表面积 S 成正比。如果同时考虑这两项,则破碎物料所需的能量 E 应当与它们的几何平均值成正比,即 E 与 $(VS)^{1/2}$ 成正比。对于外形相似的矿块,矿石单位体积的表面积与矿石直径 X 成反比,因此 $E \propto 1/X^{1/2}$。可以认为,$1/X^{1/2}$ 有裂缝长度的意义,因此破碎一定质量的物料所需的能量正比于所生成裂缝长度:

$$E = K_B(VS)^{1/2} = C_B(1/X^{1/2})$$

式中,X 为颗粒直径,cm;K_B 或 C_B 为 Bond 系数。

2.3.2　破碎设备

工业上使用破碎机有颚式破碎机、圆锥破碎机、旋回破碎机、冲击作用破碎机等。

颚式破碎机具有结构简单、制造容易、工作可靠、维护方便、体积和高度较小等优点,最为常用,可用于粗碎、中碎和细碎。其主动颚板周期性靠近或离开固定颚的摆动运动,使进入破碎腔的物料受到挤压、劈裂、弯曲和冲击而破碎。破碎后的物料靠自重或颚板摆动时的下向摆力从排料口排出。

旋回破碎机是由旋转立盘式破碎机发展形成的,用于各种硬矿岩的粗碎。

圆锥破碎机具有破碎比大、效率高、功耗小,产品粒度均匀等优点,适用于对硬岩物料的中碎、细碎和超细破碎。

2.3.3　破碎流程

采矿得到的矿石块度一般在 $500 \sim 600\text{mm}$,而后续的磨矿机进料要求矿石粒度为 30mm 左右,由于破碎比较大,采用单段破碎不可能达到要求,故工业生产都采用多段破碎,形成破碎流程如下。

(1) 粗碎:供料为 $600 \sim 500\text{mm}$,破碎到 $125 \sim 250\text{mm}$;

(2) 中碎:供料为 $400 \sim 125\text{mm}$,破碎到 $25 \sim 100\text{mm}$;

(3) 细碎:供料为 $100 \sim 25\text{mm}$,破碎到 $5 \sim 25\text{mm}$;

(4) 超细碎:供料为 $100 \sim 25\text{mm}$,破碎到 6mm,约占 60%。

2.3.4　磨矿

磨矿作业是破碎作业的继续,磨矿的目的是为了获得细粒或超细粒产品,以更有效地浸出铀。磨矿作业的动力消耗和金属消耗很大,通常电耗 $5 \sim 30\text{kW} \cdot \text{h/t}$,因此,尽量多碎少磨。

常用的磨矿设备主要有球磨机(磨矿介质为钢球)、棒磨机(磨矿介质为钢棒)和砾磨机(磨矿介质为矿石或砾石)。磨矿产品的粒度一般为 $0.074 \sim 3\text{mm}$,由矿石中铀矿物赋存的粒度而确定。呈细分散状态存在的铀矿物,粒度通常在 $0.005 \sim 0.07 \text{mm}$。因此,为了使铀矿物充分暴露,通常需要把铀矿石磨到 200 目(0.074mm)占 50% 以上。

按照磨矿产品的粒度区分磨矿段,可以分为:粗磨,产品粒度 $0.15 \sim 3.00 \text{mm}$;细磨,产品粒度 $0.02 \sim 0.15 \text{mm}$;超细磨,产品粒度 $< 10 \mu \text{m}$,通常为 $0.05 \sim 1 \mu \text{m}$。

2.4 铀的浸出方法

铀矿石中的碳酸盐含量决定了铀矿石的浸出应采用的方法。当 CaO 含量小于 8% 时,一般采用酸法浸出;含量大于 12% 时,采用碱法浸出。对于含量 $8\% \sim 12\%$ 的矿石,则视其他条件而定。目前世界上多数铀水冶厂采用酸浸出法,少数采用碱浸出法,个别水冶厂同时采用两种方法。

2.4.1 酸法

1. 硫酸浸出过程

用硫酸溶液浸出铀矿石时,铀以铀酰离子 UO_2^{2+} 的形式进入溶液,并与硫酸根形成一系列的络离子,即

$$UO_2^{2+} \underset{SO_4^{2-}}{\rightleftharpoons} UO_2SO_4 \underset{SO_4^{2-}}{\rightleftharpoons} UO_2(SO_4)_2^{2-} \underset{SO_4^{2-}}{\rightleftharpoons} UO_2(SO_4)_3^{4-}$$

在浸出过程中,除了与有氧化物反应消耗少量酸外,大部分酸消耗于与杂质反应及保持浸出液的剩余酸度。目前工业上处理的大部分铀矿石为高硅铀矿,其典型组成见表 2.4.1。

表 2.4.1　典型高硅铀矿石的组分及含量

组分	U	SiO_2	Fe_2O_3	Al_2O_3	CaO	Mo	P_2O_3	F	TiO_2
含量/%	0.2648	74.83	3.58	10.75	4.03	0.028	0.30	2.25	0.226

由于矿石成分复杂,因而浸出过程的化学反应也是相当复杂的。硅土在硫酸溶液中发生如下反应:

$$nSiO_2 + nH_2O \xrightarrow{H_2SO_4} [H_2SiO_3]_n$$

反应生成的多硅酸以胶体状态进入溶液中,使得矿浆的澄清和过滤困难。一般 SiO_2 在浸出液中的溶解量不超过它在矿石中含量的 1%。

铝矾土在硫酸浸出液中的反应为

$$Al_2O_3 + 3H_2SO_4 \longrightarrow Al_2(SO_4)_3 + 3H_2O$$

但此反应进行比较困难,通常转入溶液的铝矾土不超过原矿石中含量的 $3\% \sim 5\%$。

三价铁氧化物一般较难与稀酸反应,其转入溶液的量不超过其总量的 $5\% \sim 8\%$。二价铁氧化物与稀酸的反应则容易得多,其转入溶液的量一般为其总量的 $40\% \sim 50\%$。它们的化学反应式为

$$Fe_2O_3 + 3H_2SO_4 \longrightarrow Fe_2(SO_4)_3 + 3H_2O$$

$$FeO + H_2SO_4 \longrightarrow FeSO_4 + H_2O$$

若有氧化剂存在,浸出时二价铁的硫酸盐可氧化成三价铁的硫酸盐。

钙镁化合物(CaO、MgO、$CaCO_3$ 和 $MgCO_3$)与稀硫酸作用几乎完全生成硫酸钙和硫酸镁:

$$CaCO_3 + H_2SO_4 \longrightarrow CaSO_4 + CO_2\uparrow + H_2O$$

$$MgCO_3 + H_2SO_4 \longrightarrow MgSO_4 + CO_2\uparrow + H_2O$$

硫酸钙的溶解度约为 $2g/L$,硫酸镁的溶解度相当大,全部转入溶液。一般来说,若矿石中的碳酸盐或钙镁氧化物含量超过 $8\% \sim 12\%$ 时,采用酸浸就不经济,需要除去碳酸盐或直接采用碳酸盐浸出。

磷酸盐和硫化物在稀酸中发生如下反应:

$$2PO_4^{3-} + 3H_2SO_4 \longrightarrow 2H_3PO_4 + 3SO_4^{2-}$$

$$S^{2-} + H_2SO_4 \longrightarrow H_2S\uparrow + SO_4^{2-}$$

生成的磷酸全部转入溶液。若矿石中含有钼,则生成物为 MoO_4^{4-} 或 $MoO_2(SO_4)_n^{-2(n-1)}$。矿石中含有钒时,则生成物可能是 VO_2^{+}、VO_3^{-}、$V_2O_7^{4-}$ 或 $VO_2(SO_4)_n^{-2(n-1)}$ 等形式之一。

由上述分析可知,铀浸出过程是铀与杂质的初步分离过程。

(2) 浸出方法与流程

浸出操作是铀矿石加工的重要步骤,浸出的费用占到总加工费用的 $1/3 \sim 1/2$,浸出成本的 $70\% \sim 80\%$ 为硫酸的费用。因此,应选择合适的浸出方法,尽量降低硫酸的消耗。常规搅拌浸出流程如图 2.4.1 所示。

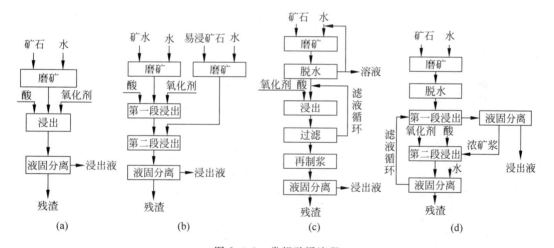

图 2.4.1　常规酸浸流程

其中流程(a)是常用的简单串联接触流程,此流程需要足够数量的浸出槽,以满足浸出矿浆所需要的停留时间($4 \sim 24h$)。

流程(b)为分段浸出流程,在流程(a)的基础进行了改进。在此流程中,矿石被分为难浸矿石和一般易浸矿石。两种矿石分别磨矿,使用浓酸在高温条件下对难浸矿石进行浸出处理,然后用剩余酸与易浸矿石进行反应,在降低酸耗的同时,使两类矿石都得到了较高的浸出率。

流程(c)为"酸液回流"浸出流程,浸出的矿浆过滤后,滤液返回浸出槽,因此从流程中仅回收滤饼中夹带的浸出液。此流程可以回收残留在浸出矿浆中的游离酸,且可节省中和酸所用的石灰。流程的缺点是可能造成浸出液中杂质过多积累。对于过滤设备的要求也比较高,增加了费用。

流程(d)为两段逆流浸出流程,是比较完善的浸出流程之一。该流程将浸出分为"中性"和"酸性"两段。未使用过的酸加入第二段(酸性段)中,维持矿石浸出的高酸度,以分解难浸矿石,其浸出矿浆经固液分离得到尾砂和浸出液,其中含有大量的剩余酸。将浸出液送到第一段(即中性段),与进入第一段的新矿石中的碳酸盐和金属铁反应。这种流程减少了酸耗,并且不必加试剂即可调整最终溶液的酸度和电位,在系统中也不会积累杂质,因此是降低酸耗、提高浸出率的一种较好的流程,可以用来处理原生矿、次生氧化矿、褐煤灰以及砂岩矿。

2.4.2　碱法(碳酸盐法)

由于溶液中的铀在较高 pH 值时发生水解,形成氢氧化物沉淀。因此,在碱性溶液条件下浸出矿石中的铀,必须采用可以与铀形成可溶性配合物的浸出剂。一般采用碳酸盐(钠盐或铵盐)作为碱性溶液浸出的浸出剂。与酸法相比,碱浸出法具有选择性好、产品溶液较纯以及设备腐蚀性小等优点,其缺点是浸出速度较慢、浸出率低、投资高。

1. 碱法浸出的化学过程

碳酸盐溶液选择性地与铀矿石中的铀氧化物发生化学反应,反应后铀以三碳酸铀酰离子的形式进入溶液。其反应式为

$$2UO_2 + O_2 \longrightarrow 2UO_3$$

$$UO_3 + Na_2CO_3 + 2NaHCO_3 \longrightarrow Na_4UO_2(CO_3)_3 + H_2O$$

浸出剂中需要加入碳酸氢盐,以避免溶液 pH 值大于 10.5 时,已经溶解的UO_2^{2+} 与浸出反应生成OH^-离子形成沉淀:

$$UO_3 + 3Na_2CO_3 + H_2O \longrightarrow Na_4UO_2(CO_3)_3 + 2NaOH$$

$$NaHCO_3 + NaOH \longrightarrow Na_2CO_3 + H_2O$$

在浸出液中碳酸氢盐是不可缺少的。但是,浸出液中碳酸氢盐的浓度应当尽可能低,以避免在黄饼沉淀过程中消耗过多的碱。

由于碳酸盐浸出是从矿石中选择性提取铀,而铁、铝、钛等化合物几乎不溶解在碳酸盐溶液中,因此碳酸盐浸出液的杂质较少,一般可以不再进行纯化处理,而是直接用氢氧化钠或氨水从浸出液中沉淀铀,制备黄饼。但由于溶液中CO_3^{2-} 的存在使铀不能完全沉淀,在沉淀前必须用酸中和,并把溶液加热煮沸,使溶液中的二氧化碳气体被完全去除。

2. 浸出流程

图 2.4.2 为典型的碱法浸出流程,一般操作步骤是将铀矿石在循环的浸出液中磨细,要求小于 200 目的粒度达到 $70\% \sim 80\%$,磨细的矿浆经脱水至固体含量为 $50\% \sim 60\%$ 后可作为浸出段进料。

3. 碱法浸出设备

碳酸盐的腐蚀性小,在碱法基础设备和管道材料中可用一般的铸铁和碳钢。常压碱浸的通用设备是空气搅拌槽(又称巴秋卡槽);加压碱浸则需要卧式或立式压煮器(压热釜)。

图 2.4.3 为空气搅拌浸出槽结构示意图,槽身为圆柱体,底部为倒圆锥形,矿浆和浸出液从进料口进入浸出槽,压缩空气从槽底部进入中央循环筒。压缩气体与料液的对流造成矿浆上下反复循环。在不断进料的条件下,筒内部分矿浆被空气提升,溢流到槽外。

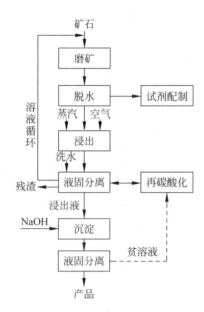

图 2.4.2 碱法浸出流程

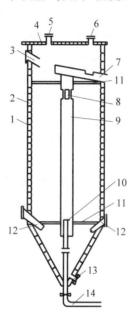

图 2.4.3 空气搅拌浸出槽

1—槽体;2—防酸层;3—进料口;4—塔盖;5—排气孔;6—人孔;7—溢流槽;8—循环孔;9—循环筒;10—空气花管;11—支架;12—蒸汽管;13—事故排浆管;14—空气管

卧式压煮器的结构如图 2.4.4 所示,每台压煮器有三个机械搅拌器,中间的一个为涡轮型搅拌器,分散给入压煮器中的空气,两边的搅拌器用来保持压煮器中矿浆固体颗粒的悬浮状态。

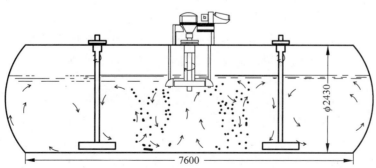

图 2.4.4 卧式压煮器

2.5 铀的提取方法

2.5.1 矿浆的固液分离和洗涤

矿石搅拌浸出以后,为了回收铀,需要从矿浆中去除固体(即提取铀后的矿石,或称为浸出渣),得到清液(含铀的浸出液),实现固液分离。固液分离不仅是铀矿加工中投资和操作费用较大的部分,而且由于浸出渣洗涤不完全会造成铀的损失,是降低工艺流程的回收率、造成"浸回差"的主要原因。

原地浸出、就地破碎浸出和地表堆浸的固液分离是自然实现的,通过原地浸出、就地破碎浸出和地表堆浸可以直接得到清液或带少量悬浮固体的溶液。在矿石搅拌浸出后,虽然可以采用矿浆吸附或矿浆萃取的方法从矿浆中提取铀,避免固液分离。但是,从矿浆中去除固体得到清液,对后续的浸出液纯化处理是有利的。因此,在铀矿加工工艺中,固液分离步骤可以根据流程的实际需要决定是否采用。

在铀矿加工工艺中采用的固液分离方法主要是浓密和过滤。在铀矿石搅拌浸出以后的固液分离,目的是取液体丢固体,而且处理量很大,以浓密和逆流洗涤的方法为主,过滤的方法为辅;从含铀溶液中沉淀产品以后的固液分离,目的是取固体丢液体,而且处理量较小,一般以过滤的方法为主,当沉淀物难以过滤时,也可以采用浓密的方法。

固液分离后对固体的洗涤过程是十分重要的。浸出渣的洗涤可以减少铀的损失,铀产品的洗涤是为了保证产品的纯度。

2.5.2 离子交换法提铀工艺

吸附或离子交换是溶液中的分子或离子在固-液两相之间的平衡,固相是吸附剂或离子交换剂,液相为需要处理的溶液,如铀矿浸出液。

离子交换法是一种从溶液中提取和分离元素的技术,利用离子交换剂在特定体系中对不同离子亲和力的差异,可以有效分离包括稀土元素在内的难分离元素。

一般来说,离子交换过程都在离子交换柱中进行。在铀矿加工工艺中,由于在硫酸浸出液中存在铀的配合阴离子,可以用阴离子交换树脂从硫酸浸出液中选择性地吸附铀,在吸附过程中使铀与浸出液中的其他元素(杂质)分离。

铀的浸出矿浆与浸出液,大致分为酸性和碱性两种,离子交换法提取既适用于酸性介质,也适用于碱性介质。由于不同介质浸出液组成不同,因此,交换过程中的化学反应以及影响因素也不同。

1. 从硫酸浸出液或矿浆中吸附铀

从硫酸浸出液中吸附铀,需要使用强碱性阴离子交换树脂,因为在硫酸体系中,铀以硫酸铀酰络离子 $UO_2(SO_4)_n^{-2(n-1)}$ 的形式存在。通常在硫酸浸出液中,铀的浓度为 $500\sim1000mg/L$,硫酸根的浓度为 $20\sim80g/L$,pH 值为 $1\sim2$。铀酰离子与硫酸根存在如下平衡

关系(其平衡常数分别为 K_1、K_2、K_3):

$$UO_2^{2+} + SO_4^{2-} \rightleftharpoons UO_2SO_4, \quad K_1 = \frac{[UO_2SO_4]}{[UO_2^{2+}][SO_4^{2-}]} = 50$$

$$UO_2^{2+} + 2SO_4^{2-} \rightleftharpoons UO_2(SO_4)_2^{2-}, \quad K_2 = \frac{[UO_2(SO_4)_2^{2-}]}{[UO_2^{2+}][SO_4^{2-}]^2} = 350$$

$$UO_2^{2+} + 3SO_4^{2-} \rightleftharpoons UO_2(SO_4)_3^{4-}, \quad K_3 = \frac{[UO_2(SO_4)_3^{4-}]}{[UO_2^{2+}][SO_4^{2-}]^3} = 2500$$

根据这些平衡关系可以导出

$$[UO_2SO_4] = 50[UO_2^{2+}][SO_4^{2-}]$$

$$[UO_2(SO_4)_2^{2-}] = 350[UO_2^{2+}][SO_4^{2-}]^2$$

$$[UO_2(SO_4)_3^{4-}] = 2500[UO_2^{2+}][SO_4^{2-}]^3$$

进而可以得到

$$[UO_2^{2+}] : [UO_2SO_4] : [UO_2(SO_4)_2^{2-}] : [UO_2(SO_4)_3^{4-}]$$
$$= 1 : 50[SO_4^{2-}] : 350[(SO_4^{2-})]^2 : 2500[(SO_4^{2-})]^3$$

由上式可知,二硫酸铀酰、三硫酸铀酰络离子所占的比例随溶液中 SO_4^{2-} 浓度的增大而呈多次方比例增加。通过上式计算可以得到浸出液中各种化学形式的比例为

$$[UO_2^{2+}] : [UO_2SO_4] : [UO_2(SO_4)_2^{2-}] : [UO_2(SO_4)_3^{4-}] = 1 : 12.5 : 22.0 : 39.5$$

可见,该条件下的硫酸浸出液中,铀大部分是以 $UO_2(SO_4)_3^{4-}$ 络离子形式存在,其次是 $UO_2(SO_4)_2^{2-}$,以 UO_2^{2+} 阳离子形式存在的最少。因此使用强碱性阴离子交换树脂吸附硫酸浸出液中的铀,大部分的铀是以 $UO_2(SO_4)_3^{4-}$ 的形式被吸附的,其化学反应为

$$4(R_4N)^+ Cl^- + UO_2^{2+} + 3SO_4^{2-} \rightleftharpoons (R_4N)_4[UO_2(SO_4)_3] + 4Cl^-$$

$$2(R_4N)^+ Cl^- + UO_2^{2+} + 2SO_4^{2-} \rightleftharpoons (R_4N)_2[UO_2(SO_4)_2] + 2Cl^-$$

其中第一个交换反应是主要的。

需要指出的是,硫酸浓度对强碱性阴离子交换树脂容量有较大影响,如图 2.5.1 所示。这是因为当硫酸浓度增高时,HSO_4^- 的浓度也会随之增加。而 HSO_4^- 与强碱性阴离子交换树脂有较大的亲和力,所以 HSO_4^- 与 $UO_2(SO_4)_3^{4-}$ 将会发生竞争吸附。树脂吸附铀的饱和程度会由于竞争作用而降低。

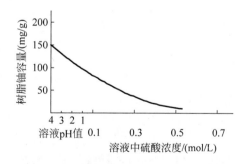

图 2.5.1　溶液酸度(pH 值)对 Amberlite IRA-400 树脂铀容量的影响

另一方面,pH 值也不能太大。当提高 pH 值到 3~4 时,铀酰离子将发生水解反应,反应方程式为

$$2UO_2^{2+} + 2OH^- \rightleftharpoons U_2O_5^{2+} + H_2O$$

伴随水解反应的进行,会发生如下反应:

$$U_2O_5^{2+} + 3SO_4^{2-} \rightleftharpoons U_2O_5(SO_4)_3^{4-}$$

$$U_2O_5^{2+} + 2SO_4^{2-} \rightleftharpoons U_2O_5(SO_4)_2^{2-}$$

上述两个反应式生成的产物也会被树脂所吸附,对铀的吸附有利;但是同时硫酸溶液中的杂质也会产生水解发生沉淀,从而吸附部分铀,增加了铀的损失。从总的效果来看,以损失居多。因此在工艺上,一般维持 pH 值为 1～2。

除铀外,浸出液中还含有大量的阳离子杂质,如 VO^{2+}、Fe^{2+}、Mn^{2+}、Co^{2+}、Ni^{2+}、Cu^{2+}、Zn^{2+} 等。当用阴离子交换树脂吸附铀时,这些离子不被吸附。但是对同时存在的 Fe^{3+} 浓度较高,并且和 SO_4^{2-} 发生如下反应:

$$Fe^{3+} + nSO_4^{2-} \rightleftharpoons Fe(SO_4)_n^{(3-2n)}$$

$Fe(SO_4)_n^{(3-2n)}$ 络阴离子与 $UO_2(SO_4)_3^{4-}$ 络阴离子将发生竞争吸附,但是其余阴离子交换树脂的亲和力不及铀络离子的大,因此如果控制得当,对铀的吸附影响不大。

2. 从碳酸盐浸出液或矿浆中吸附铀

在碳酸盐体系中,六价铀主要是以碳酸铀酰络离子 $UO_2(CO_3)_3^{4-}$ 的形式存在,同时也存在 $UO_2(CO_3)_2^{2-}$ 等离子,因此强碱性阴离子交换树脂也可以从碳酸盐浸出液或矿浆中吸附铀,其吸附反应为

$$4(R_4N)^+X^- + UO_2(CO_3)_3^{4-} \rightleftharpoons (R_4N)_4UO_2(CO_3)_3 + 4X^-$$

$$2(R_4N)^+X^- + UO_2(CO_3)_2^{2-} \rightleftharpoons (R_4N)_2UO_2(CO_3)_2 + 2X^-$$

在碳酸盐体系中,铀酰离子主要生成三碳酸铀酰络离子。由于 $UO_2(CO_3)_3^{4-}$ 电荷多,故它与阴离子交换树脂之间的亲和力较大。从吸附顺序来看,它处于浸出液中的 PO_4^{3-}、VO_4^-、SO_4^{2-}、AlO_2^-、SO_3^{2-}、$HClO_3^-$ 等阴离子之前,优先被吸附。

溶液中过剩的碳酸根离子和碳酸氢根离子对铀的吸收有较大的影响。随着碳酸根浓度提高,树脂对铀的吸附容量会下降。这是由于溶液中存在大量的碳酸根、碳酸氢根与三碳酸铀酰络离子发生竞争吸附的结果。由于碳酸盐浸出对铀的选择性高,浸出液中所含杂质较硫酸浸出液少,故其他杂质的竞争吸附一般情况无需考虑。

与从硫酸浸出液中吸附铀的情况相同,碳酸盐中的氯离子和硝酸根离子,对铀的吸附作用有强烈的干扰。

3. 树脂上铀的解吸

解吸是指将吸附在树脂上的有用组分转移到溶液中的过程。用作解吸的溶液称为解吸剂,所得产品称为解吸液。解吸实质上是吸附反应的逆过程。按照解吸剂的不同,典型的解吸体系有氯化物、硝酸盐、硫酸(硫酸盐)、碳酸盐等。

解吸主要依靠解吸剂中浓度较高的阴离子,取代树脂上铀的阴离子配合物。但是,单纯利用质量作用定律,解吸速度取决于解吸剂中可交换阴离子的浓度和相互交换的两种阴离子的扩散作用,因此需要较长的接触时间和较多的解吸剂用量,硫酸或硫酸盐解吸就是典型例子。如果解吸过程既利用质量作用定律,又利用解吸剂与铀形成树脂不吸附的中性或阳离子配合物,这样的解吸剂必然具有很好的解吸性能,解吸速度主要取决于配合物的扩散速度,硝酸盐解吸就是典型例子。因此,从强碱性阴离子交换树脂上解吸铀,硝酸盐的解吸效

率最高,其次是氯化物,而硫酸或硫酸盐的解吸效率较差。

由于工艺过程以及技术经济指标都有一定影响,解吸体系的选择不仅应考虑其解吸效率及解吸剂价格,而且应连同加工方法、产品形式、质量要求等进行全面衡量。

在工艺流程方面,需要考虑解吸液的进一步加工和废液返回使用及处理。目前解吸液的进一步加工主要有三种方法:沉淀法、萃取法和结晶法。如果采用沉淀法,则要求解吸剂的酸度尽量低、解吸液中铀浓度尽量高,以利于制备出高品位浓缩物。

在经济指标方面,不仅需要考虑解吸剂的价格,还应当考虑解吸工艺和设备条件,以至整个生产的经济性。硝酸盐价格昂贵,硫酸价格便宜;氯化物价格不高,但对设备的耐腐性要求较高;采用硝酸盐或氯化物作解吸剂,其工业废水处理复杂,需要建立一套工业设施;含硫酸的废水则可直接返回工艺流程,不需要特殊处理。

下面分别介绍各种解吸体系。

(1) 氯化物解吸体系

在氯化物体系中,一般多采用氯离子的稀溶液作为解吸剂。$NaCl$、NH_4Cl 都可以作为氯离子源。在生产上,为防止在解吸过程中一些元素发生水解或沉淀,解吸剂必须维持足够的酸度,一般要达到 $0.1mol/L$ 的 H^+ 即可。可以在解吸剂中加入 HCl 或 H_2SO_4,但 H_2SO_4 更便宜一些。

实际上,采用 $0.9mol/L$ 的 NH_4Cl 或 $NaCl$ 与 $0.1mol/L$ 的 HCl 或 H_2SO_4(溶液的 pH 值接近 1.0)的混合解吸剂,能取得最好的解吸效果。当采用 $NaCl$ 作为解吸剂时,树脂上的 SO_4^{2-} 会被交换而进入解吸液,因此采用 H_2SO_4 酸化的 $NaCl+H_2SO_4$ 混合溶液作为解吸剂是合适的。

在再循环的解吸剂中,SO_4^{2-} 和 H_2SO_4 可以积累到一个平衡值,这种积累会降低氯化物的解吸效率。当解吸剂中 SO_4^{2-} 的浓度从 $10g/L$ 增加到 $60g/L$,解吸剂的体积需要增加约 50%。

在碱性体系中,可以采用氯化物解吸树脂上的碳酸铀酰阴离子。采用 $NaCl$ 解吸时应当在解吸剂中加入碳酸氢钠,阻止解吸液中铀的水解,并能提高解吸效率。

(2) 硝酸盐解吸体系

硝酸根离子对硫酸铀酰离子吸附的影响十分明显。硝酸根浓度一般控制在 $0.8\sim1.2mol/L$,在此范围内,NO_3^- 与 UO_2^{2+} 不会形成阴离子配合物。在解吸剂中加入 $0.1mol/L$ 的 HNO_3 可使解吸剂保持酸性。

用硝酸盐解吸时,再循环的解吸剂中 SO_4^{2-} 和 HSO_4^- 积累的影响也与氯化物解吸相同,多数情况采用 $NH_4NO_3+HNO_3$ 解吸。对于总容量为 $1.25mol/L$,U_3O_8 容量为 $64g/L$ 的树脂,解吸 $1kg$ U_3O_8 消耗 NO_3^- $1.25\sim2.0kg$。

解吸剂中 SO_4^{2-} 和 HSO_4^- 的积累会造成操作困难。溶液中 $(NH_4)_2SO_4$ 浓度较高(SO_4^{2-} 达 $50\sim60g/L$)时,会使 $CaSO_4$ 的溶解度增加,一旦溶液的温度或浓度发生少许变化,$CaSO_4$ 便沉积在管道和容器中,造成严重结垢。当溶液中 SO_4^{2-} 的浓度控制在 $10\sim20g/L$ 范围内,这种结垢就能减到最少程度。

在碱性体系中,可以采用硝酸盐解吸树脂上的碳酸铀酰阴离子。采用 $NaNO_3$ 解吸时应在解吸剂中加入碳酸钠,阻止解吸液中铀的水解,并能提高解吸效率。

(3) 硫酸、硫酸盐解吸体系

硫酸作为解吸剂之所以引起注意是由于硫酸解吸剂不仅价格便宜,而且可能使整个工艺过程在一种介质(H_2SO_4)中进行。因此,20世纪50年代开始研究硫酸解吸,直到淋萃法的研究成功,才使得硫酸溶液作为解吸剂在工业上得到广泛应用。

由于铀矿石的酸法浸出采用硫酸作为浸出剂,因此采用硫酸或硫酸盐解吸,对流程排水的返回使用和消除废水有利。但是,硫酸解吸的效率不如硝酸盐和氯化物,需要的酸度较高(一般采用1mol/L的H_2SO_4),如果从解吸液直接沉淀铀的浓缩物,所需要沉淀剂(碱)的消耗较大,而且解吸液中的酸由于被中和而无法利用。因此,应当采用Eluex法(我国称为"淋萃"法)。这种方法是在硫酸解吸后,采用有机萃取剂从解吸液中萃取铀,解吸液可以返回使用,铀在萃取过程得到进一步纯化,通过反萃取后,从反萃取液可以制备铀的核纯化合物。

为提高硫酸解吸的效率,对硫酸解吸体系进行过大量的研究。联邦资源-美国核子合股公司加斯山厂采用了含H_2SO_4近100g/L并添加相同浓度的硫酸铵溶液作解吸剂,使解吸速度得到很大提高,合格解吸液中铀浓度达到10g/L。可见,高浓度的H_2SO_4 + $(NH_4)_2SO_4$解吸剂在实际生产上有重要的意义。

(4)碳酸盐解吸体系

碳酸盐解吸体系一般用于从碱性浸出液中吸附铀的树脂。碳酸盐介质中离子交换树脂吸附$UO_2(CO_3)_3^{4-}$、CO_3^{2-}、HCO_3^-等,采用酸性解吸剂进行解吸会产生CO_2气体,影响解吸,并且会加速交换树脂破裂。解吸剂采用NH_4HCO_3 + $(NH_4)_2CO_3$较好,解吸时要控制解吸剂的碳酸盐浓度,避免解吸液中铀浓度过高,造成$(NH_4)_4UO_2(CO_3)_3$晶体析出,影响解吸操作。

(5)有机萃取剂解吸

有机萃取剂与含铀树脂接触,可将铀从树脂上转移到有机相中。这实际上是把解吸和萃取两个过程结合在一起,因而可称为"解萃法"或"淋萃法"。解吸反应如下:

$$(R_4N)_4UO_2(SO_4)_3 + 4(R'_3HN)HSO_4 \rightleftharpoons 4(R_4N)HSO_4 + [(R'_3HN)_2SO_4]_2 \cdot UO_2SO_4$$

或

$$(R_4N)_4UO_2(SO_4)_3 + 2(R'_3HN)HSO_4 \rightleftharpoons 2(R_4N)_2HSO_4 + [(R'_3HN)_2SO_4]_2 \cdot UO_2SO_4$$

2.5.3　萃取法提铀工艺

萃取指利用物质在两种互不相溶(或微溶)的溶剂中溶解度或分配系数的不同,使物质从一种溶剂内转移到另外一种溶剂中,经过反复多次萃取,将绝大部分的物质提取出来的方法。

溶剂萃取法采用的有机相由有机萃取剂、稀释剂和其他添加剂组成,有机相与水不混溶,它和水相一起组成溶剂萃取体系。溶剂萃取的过程是两相混合然后分离的过程。由于两相互不混溶,必须通过搅拌才能达到两相均匀混合,使物质能在两相之间达到分配平衡的目的;一旦停止搅拌,由于不相混溶和密度差使两相自然分离。因此,溶剂萃取过程是很容易实现的。

在铀矿加工工艺中,由于在铀矿浸出液中存在铀的各种配合离子,利用有机萃取剂可以从铀矿浸出液中选择性地提取铀,使铀与浸出液中的其他元素(杂质)分离。溶剂萃取操作简便、快速,设备简单,萃取过程选择性好。因此,溶剂萃取法在铀矿加工工艺中得到广泛应用。

1. 有机溶剂

有机溶剂是指在萃取过程中构成连续有机相的液体。与被萃取物没有化学结合的有机溶剂称为惰性溶剂,与被萃取物产生化学结合的有机溶剂称为萃取溶剂。例如,用 TBP 的煤油溶液从硝酸溶液中萃取铀时,煤油是惰性溶剂,TBP 是萃取溶剂。惰性溶剂又可称为稀释剂,虽然与被萃取物没有化学结合,但是对有机萃取剂的萃取性能有影响。

有机萃取剂是能与被萃取物化学结合而溶于有机相,或形成的萃合物能溶于有机相的有机试剂。如果有机萃取剂在室温条件下呈液体状态,就能构成连续有机相,因此有机萃取剂也是有机溶剂,即萃取溶剂。在室温条件下呈固体状态的有机萃取剂不能称为有机溶剂,它们可以溶解在有机溶剂中形成有机相。

用于溶剂萃取的有机溶剂可以是单一溶剂,也可以是混合溶剂,在大多数情况下,采用有机萃取剂(萃取溶剂)溶于稀释剂(惰性溶剂)中形成有机溶液(有机相)。从萃取化学的角度,稀释剂主要有以下作用:

(1) 改变萃取剂的浓度,以便调整和控制萃取剂的萃取能力,使金属的提取和分离更有利和更经济。

(2) 如果在萃取剂与稀释剂之间存在某种相互作用时,可以改变有机萃取剂的萃取性能。

(3) 改变萃合物在有机相的溶解度。

在溶剂萃取中使用的有机溶剂(包括萃取剂和稀释剂),除了考虑萃取率高、选择性好以外,还有以下基本要求:

(1) 不能与水相混溶或发生化学反应。

(2) 与水有足够大的密度差,与水相容易分离,不易乳化。

(3) 黏度小,有利于与水相搅拌均匀,并容易分相。

(4) 沸点要高,在室温条件下的挥发性要小。

(5) 闪点必须超过 50℃,不易燃烧和爆炸。

(6) 折光率与水有差异,有机相与水相分离后界面清晰。

(7) 溶剂与溶质对光的吸收应当不重叠,以利于采用分光光度法进行分析。

(8) 烯烃含量小于 2%,不易被氧化;对酸、碱的化学稳定性好;无毒,安全。

(9) 容易制备,价格便宜。

符合上述要求可用于溶剂萃取的有机萃取剂很多,一般来说,可以分为中性配位萃取剂、阳离子萃取剂、阴离子萃取剂和螯合萃取剂四类。其中,阳离子萃取剂和阴离子萃取剂的萃取反应具有离子交换的特征,因此又称为液体离子交换剂。

1) 中性配位萃取剂

这类萃取剂有时与胺类萃取剂统称为碱性萃取剂,可以分为含氧萃取剂、中性含磷萃取剂和酰胺类萃取剂。

含氧萃取剂主要指醚、醇、酯、酮、醛类的有机化合物,用乙醚从硝酸溶液中萃取铀是人们最早使用的萃取剂。这类萃取剂中起萃取作用的官能团,醚类是—C—O—C—;醇类是—OH；酯类、酮类和醛类是 $\diagdown \!\!\!\!\!\!\diagup \!\! C = O$。这类萃取剂的萃取机理一般是：水相的金属离子与中性的含氧萃取剂结合成阳离子，然后与溶液中的阴离子形成离子缔合体（盐）而溶于有机相中。例如乙醚从硝酸溶液中萃取铀，形成 $\{UO_2[(C_2H_5)O]_2\}^{2+} \cdot 2NO_3^-$ 而溶于有机相。这类萃取剂的萃取能力一般按形成锌盐的能力增加而增加，其顺序为

$$醚(R_2O) < 醇(ROH) < 酯(R_1COOR_2) < 酮(R_1COR_2) < 醛(RCHO)$$

中性含磷萃取剂是研究最多、应用最广的一类萃取剂。根据萃取剂分子中 C—P 键数目的不同，可以分为四种类型：磷酸酯（TRP，$(RO)_3PO$）、膦酸酯（DRRP，$(RO)_2RPO$）、次膦酸酯（RDRP，$(RO)R_2PO$）、三烷基氧化膦（TRPO，R_3PO），萃取能力依次递增，即

$$(RO)_3PO < (RO)_2RPO < (RO)R_2PO < R_3PO$$

中性含磷萃取剂的萃取体系具有以下特点：

（1）被萃金属以中性化合物形式被萃取。例如：在硝酸溶液中，尽管铀可能以 UO_2^{2+}、$UO_2NO_3^+$、$UO_2(NO_3)_2$ 和 $UO_2(NO_3)_3^-$ 形式存在，但是只有 $UO_2(NO_3)_2$ 才能被萃取。

（2）萃取剂本身（例如 TBP）是以中性分子形式参与萃取反应。TBP 在非极性的稀释剂（如煤油）中，实际上是不离解的。

（3）被萃金属与萃取剂之间形成一定组成、一定结构的中性萃合物，或称为中性溶剂配合物，如 $UO_2(NO_3)_2 \cdot 2TBP$。

这类萃取剂通常黏度较大，在使用时需要加入稀释剂。稀释剂对萃取剂的萃取能力有一定的影响，通常随稀释剂极性的增加，萃取剂的萃取能力降低。因此，采用非极性的脂肪烃或脂环烃作为稀释剂比较合适。

取代酰胺的通式如下：

$$R_1 \!-\! \overset{\displaystyle O}{\overset{\displaystyle \|}{C}} \!\!\diagup^{R_2}_{R_3}$$

它是以羰基作官能团的碱性萃取剂，这种萃取剂的羰基给电子能力比酮类强。取代酰胺虽然黏度比酮类和醇类大，但抗氧化能力比酮类和醇类强。经过多年工业应用实践证明，这类弱碱性萃取剂具有稳定性高、水溶性小、挥发性低和选择性好等优点，适用于钽、铌分离以及铊、铼、镓、锂的提取。

2）阳离子萃取剂

这类萃取剂也称为酸性萃取剂，在萃取过程中发生阳离子交换是这类萃取剂的主要特征，阳离子萃取剂可以分为羧酸、磺酸和酸性含磷萃取剂三类。

羧酸是一种弱酸性萃取剂，羟基上的氢能解离成氢离子，使羟基的氧带有一个负电荷，可以与溶液中的阳离子结合。羧酸的羧基有一个"活泼"的氢，使得羧基之间可以有效地彼此缔合。羧酸及其盐类在水中的溶解度较大，作为萃取剂的羧酸要有足够长的碳链以减少其水溶性，在工业上经常采用碳原子数为 7~9 的羧酸作为萃取剂。它们的化学性能稳定、物理性能好、具有较好的选择性和价格便宜，所以在湿法冶金工业中受到重视。羧酸能有效地从微酸性或碱性溶液中进行萃取，萃取能力主要受水相酸度、金属阳离子电荷数和金属碱性的影响，通常当萃取体系的 pH 值刚好低于金属氢氧化物沉淀的 pH 值时，可以得到最大

萃取率。

磷酸的通式为 RSO_3H，是一种强酸性萃取剂，由于分子中存在—SO_3H，使它具有较大的吸湿性和水溶性。为了降低它在水中的溶解度，需要把长链的烷基苯或萘取代基引入磷酸分子。这类萃取剂的一个显著特点是能够从 pH 值小于 1 的酸性溶液中萃取金属离子，甚至从 2mol/L 的酸溶液中也能有效萃取。但是，这类萃取剂的选择性差，容易乳化。

酸性含磷萃取剂是正磷酸 H_3PO_4 或焦磷酸 $H_4P_2O_7$ 中的—H 或—OH 部分被烷基—R 取代的化合物。主要有二烷基磷酸（$(RO)_2POOH$）、烷基磷酸单烷基酯（$(RO)RPOOH$）、二烷基次膦酸（R_2POOH）、单烷基磷酸（$(RO)(OH)POOH$）等几类。其中作为二烷基磷酸的二(2-乙基己基)磷酸（D_2EHPA，国内代号 P204），具有水溶性小、稳定性高、与被萃取金属生成的萃合物在稀释剂中溶解度大、价廉易得等优点，因此在湿法冶金工业中应用最广。这类萃取剂萃取水相的金属阳离子，萃取的选择性不高。由于铀矿石的酸性浸出液中杂质阳离子很多，因此阳离子萃取剂很少用于从酸性浸出液中提取铀，但是可以用于从离子交换树脂的解吸液中提取铀，形成 Eluex 流程。

3）阴离子萃取剂

这类萃取剂也称为碱性萃取剂。在酸性体系中萃取剂首先发生"质子化"形成阳离子，然后与水相中金属配位阴离子形成离子缔合物而溶于有机相。由于在萃取过程中只萃取金属配位阴离子，因此萃取过程具有较高的选择性。属于这类萃取剂的有各种含氧、含氮、含磷和含硫的有机化合物，在萃取过程中分别形成𨦡盐、铵盐、镁盐和锍盐，统称为𨦡盐（Onium）。从铀矿加工工艺考虑，主要应用含氮的胺类萃取剂。由于胺类萃取剂以阴离子交换为特征，适合从铀矿石的酸性浸出液中选择性地提取铀。

4）螯合萃取剂

这类萃取剂在萃取过程中生成具有螯合环的萃合物，即螯合物。

在螯合萃取剂中至少要有两个参加反应的官能团，其中一个为—OH 或—SH 基团，另一个为具有给电子性质的碱性官能团。金属置换—OH 或—SH 基团上的氢，并与碱性官能团配位，形成稳定的五元或六元环（从键角考虑，五元或六元环最稳定）。为了满足萃取剂亲有机相的基本要求，还必须在萃取剂分子中引入适当的取代基，并且在萃取剂分子中不应有亲水性基团。

2. 从溶液中回收铀的溶剂萃取工艺

溶剂萃取的工艺过程，除了萃取和反萃取这两个主要工序以外，还包括负载有机相的洗涤和贫有机相再生两个工序。由有机萃取剂、添加剂和有机溶剂（稀释剂）组成的有机相，从溶液（或矿浆）中萃取铀，萃余水相在回收有机相后废弃；负载铀的有机相采用洗涤剂，通过洗涤去除部分杂质；然后用反萃取剂把铀转入水相，得到反萃取成品液，用于制备铀化合物产品。如果反萃取过程中还有部分杂质留在有机相中，需要采用其他试剂（再生剂）使这些杂质转入水相，同时使有机相再生，达到可以返回萃取的目的。萃取-洗涤-反萃取-再生-萃取，加上从水相中回收有机相，这就是溶剂萃取工艺的全部过程。每个具体的工艺流程可以根据实际情况的需要，决定采用全部或部分工序。表 2.5.1 给出了铀工业上常用的有机萃取剂及其基本性质。

表 2.5.1　铀工业中常用的有机萃取剂

名　　称	相对分子质量	溶解度/(g/L,25℃)	密度/(g/cm³)	黏度	沸点/℃	闪点/℃	介电常数
二乙醚	74.1	0.75	0.71	0.24	34.5	−41	4.33
二丁醚	130	0.004	0.77	—	142	—	—
甲基异丁基酮(MIBK)	100.16	0.37	0.80	0.546	116	27	13.11
磷酸三丁酯(TBP)	266.37	0.42	0.973	3.32	289	145	8.05
甲基膦酸二异戊酯(DiAMP)	236.29	1.9	0.953	4.48	256	130	—
甲基膦酸二甲庚酯(DMHMP，P350)	320.45	0.01	0.915	7.57	120~122	165	—
二(2-乙基己基)磷酸(D2EHPA，P204)	322.43	0.012	0.975	34.7	85	206	—
三辛胺(TOA)	353	<0.01	0.812	8.4	180~202	188	2.25
三脂肪胺(TFA，N235)	—	<0.01	0.815	10.4	180~230	189	2.44
三月桂胺(TLA)	522	—	0.82	25.3	224	—	—
三烷基甲基胺(N263)	448~459	—	0.89	19.4	—	150~160	—
煤油	—	—	0.74	0.3~0.5	170~240	62	—

溶剂萃取工艺的流程如图 2.5.2 所示。

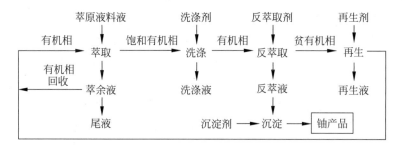

图 2.5.2　溶剂萃取工艺的流程

　　反萃取是萃取的逆过程,也是工艺过程不可缺少的工序。在选择有机萃取剂时,必须考虑负载有机相容易反萃取。一般来说,有机萃取剂的萃取能力越强,反萃取越困难。因此,为了达到容易反萃取的目的,只能按照工艺要求选择萃取能力不太强的萃取剂。

　　当有机萃取剂在萃取铀的同时,萃取了一定量的杂质,可以通过洗涤去除部分或全部杂质,使铀进一步纯化。但是,洗涤过程会有少量铀转入水相,为了避免铀的损失,洗涤液应当返回萃取。从原则上说,在考虑溶剂萃取工艺时,应当尽可能提高有机萃取剂的选择性,避免负载有机相的洗涤过程。

　　选择反萃取剂时,应当尽可能把负载有机相中的全部元素都转入反萃取液,避免萃取剂的再生。但是,为了满足萃取剂进行萃取的型式,必要的转型是需要的,例如:胺类萃取剂在采用碱反萃取后,必须用酸处理使萃取剂质子化,才能返回萃取。采用选择性反萃取时,有机相的再生是不可避免的。再生液应当尽可能考虑返回再生工序使用,以降低溶剂萃取工艺的成本。

原则上讲,萃取、反萃取、洗涤和再生工序,应当根据各自的需要,采用不同的设备进行。但是,由于各个工序都是采用混合-澄清的操作方式,有些工厂也采用相同类型的设备来完成不同工序的操作。

在溶剂萃取工艺流程中产生的各种水相,包括:萃余水相、洗涤液、反萃取液和再生液,都会夹带有机相,造成有机相损耗。从各种外排水相中回收有机相,不仅是降低溶剂萃取成本的重要方面,也是环境保护的需要。

一般而言,铀矿加工过程中,铀的矿石浸出液有两种:酸法浸出得到的含铀硫酸溶液和碱法浸出得到的含铀碳酸盐溶液。对于前者,一般采用酸性磷类萃取剂和胺类萃取剂提取铀;对于后者,目前只有采用季铵盐萃取剂提取铀。下面介绍几种典型的萃取工艺。

（1）烷基磷酸萃取工艺（Dapex 流程）

这是一种应用较早的溶剂萃取工艺,最初使用的是十二烷基磷酸（DDPA）。由于其与 UO_2^{2+} 的结合很牢固,需要高浓度的 HCl 才能反萃取,且萃取后的相分离速度较慢,因此被二(2-乙基己基)磷酸（D_2EHPA）取代。使用 D_2EHPA 的萃取工艺称为二烷基磷酸酯萃取过程（di-alkyl phosphate Extraction,Dapex 流程）。其萃取机理为:按阳离子交换反应形成萃合物的螯合物萃取,由于铀矿石的酸性浸出液中存在大量阳离子,因此烷基磷酸萃取剂从矿石浸出液中萃取铀的选择性不如胺类萃取剂。其流程如图 2.5.3 所示。

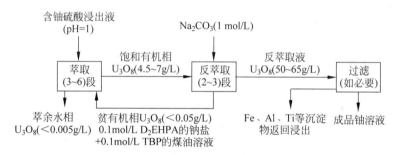

图 2.5.3　Dapex 流程

其中用铁屑和铀的硫酸浸出液接触,使溶液中的 Fe^{3+} 还原成 Fe^{2+},可以避免 D_2EHPA 在萃取铀的同时大量萃取铁。铀的饱和有机相用碳酸钠法萃取,过滤去除 Fe、Al、Ti 的水解沉淀物后,酸化成品液,用氨水沉淀为黄饼。

（2）胺类萃取工艺（Amex 流程）

Dapex 流程由于阳离子交换机理,从铀矿浸出液中大量萃取阳离子,因此 Dapex 流程萃取铀的选择性较差。在工艺实践中,Dapex 流程较快地被选择性较好的胺类萃取流程（amine extraction,Amex）所取代。Amex 流程一般采用叔胺萃取剂,例如三脂肪胺（N235）或三辛胺（TOA）,在从硫酸溶液萃取铀的过程中,叔胺萃取剂首先与酸作用（质子化）:

$$2R_3N + H_2SO_4 \Longrightarrow (R_3NH)_2SO_4$$
$$(R_3NH)_2SO_4 + H_2SO_4 \Longrightarrow 2(R_3NH)HSO_4$$

进而通过下列萃取反应从硫酸溶液中萃取铀:

$$UO_3(SO_4)_{2(a)}^{2-} + (R_3NH)_2SO_{4(o)} \Longrightarrow (R_3NH)_2UO_2(SO_4)_{2(o)} + SO_{4(a)}^{2-}$$

$$UO_2(SO_4)_{3(a)}^{4-} + 2(R_3NH)_2SO_{4(o)} \Longrightarrow (R_3NH)_4UO_2(SO_4)_{3(o)} + 2SO_{4(a)}^{2-}$$

其中下标(a)、(o)分别代表水相和有机相。从看上述反应式可以看出,胺类萃取剂从铀矿石浸出液中提取铀的机理是阴离子交换反应,质子化的叔胺与硫酸浸出液中铀的阴离子配合物形成离子缔合物,从水相进入有机相。Amex 流程见图 2.5.4。

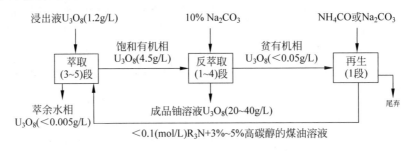

图 2.5.4　Amex 流程

由于是从铀的酸性浸出液中萃取铀,只要水相有足够的酸度,叔胺萃取剂的质子化可以在萃取铀的同时进行,不必预先用酸使胺质子化(酸化)。

胺类萃取剂对铀具有很高的萃取能力,萃取能力和选择性的高低与所用胺的类型有关系。胺类萃取剂的反萃取过程比酸性磷类萃取剂容易,不需要用浓酸或强的配位剂,采用硝酸盐、氯化物或硫酸盐都可以从负载有机相中反萃取铀。

(3) 季铵盐萃取工艺

强碱性的季铵盐萃取剂是唯一能从铀的碱性浸出液中提取铀的萃取剂,在季铵盐萃取剂的分子结构中,氮原子上连有四个烷基(R—),不大可能以加合反应方式与被萃离子配位成内配合物,因此在碱性溶液中季铵盐萃取剂的萃取反应是按照阴离子交换反应的机理进行的:

$$2(R_4N)_2CO_3 + UO_2(CO_3)_3^{4-} \Longrightarrow (R_4N)_4UO_2(CO_3)_3 + 2CO_3^{2-}$$

季铵盐萃取剂从碳酸盐浸出液中萃取铀的速度很快,当水相的 pH $=$ 7 时,季铵盐萃取铀的分配比最大,但是分相较慢;水相的 pH 值由 7 增加到 7.4 时,铀的分配比会迅速下降;水相的 pH 值大于 7.4,铀的分配比下降趋势变缓。

从负载铀的季铵盐萃取剂中反萃取铀,可以采用 NaOH,但是为了避免产生细颗粒重铀酸盐沉淀,一般采用高浓度的碳酸盐溶液反萃取。由于季铵盐萃取剂的强碱性质,在碱性体系中它与钼的亲和力很强。因此,当铀的碳酸盐溶液中含有钼时,季铵盐萃取剂首先萃取钼,使铀-钼分离;有机相中的钼可以用 1.5mol/L NaCl+1mol/L NaOH 反萃取。

2.6　新型采矿技术——溶浸采铀方法概述

溶浸采铀是一种集采、选、冶于一体的新型铀矿开采方法,将选择好的化学试剂溶液注入含矿层或矿堆,化学溶液与矿物充分接触,发生化学反应(氧化、溶解作用),从而将矿物溶解(在地下水中)出来,并加工处理成所需产品。溶浸采铀法涉及水文地质、采矿、化工、分析、冶金、机电、自动化等多个学科。溶浸采铀具有投资少、工艺简单、资源利用率高、环境污染小等特点。

按照浸出机理和工艺流程不同,可以分为原地浸铀采矿法(又可分为地表原地浸铀采矿法和井下原地浸铀采矿法)、地表堆浸法及原地破碎浸出法。

(1) 原地浸铀采矿法

原地浸铀采铀是将溶浸液钻孔注入天然的含矿的含水层中,在水力作用下沿矿层渗流,通过对流和扩散作用,选择性地氧化和溶解铀,形成含铀溶液,经抽液钻孔抽送至地表,再进行水冶处理得到所需的铀浓缩物产品。其工艺流程如下图 2.6.1 所示。

(2) 地表堆浸法

地表堆浸是将爆破后的矿石运送到地表,按要求破碎到一定程度,并在地表构筑堆场,喷淋溶浸液将矿石中的有用成分浸出。也就是说,矿石堆中某些矿物与化学试剂发生作用,矿物中的一些成分以离子或络合离子的形式从固相(矿石)转入到液相。其工艺流程如图 2.6.2 所示。工艺过程包括矿石加工、堆场建筑、矿石筑堆、布液及浸出等五大部分。

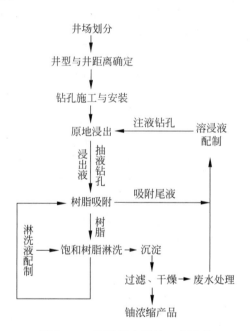

图 2.6.1　原地浸出采铀工艺流程

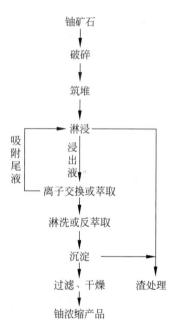

图 2.6.2　地表堆浸法工艺流程

(3) 原地破碎浸出法

原地破碎浸出法是指在露天或井下,利用补偿空间,采用爆破手段将矿体崩落、破碎至合适块度,并形成自然矿堆,再对矿堆进行布液、喷淋、浸出,得到的含铀溶液经集液系统收集后,送到水冶厂加工处理成铀产品。

与常规采铀相比,原地破碎浸出采铀方法的地表尾渣排放量只有 20%～30%,尾矿库容量减少 70%～80%,加上采区和浸出采场成为一个完整的封闭体,因此大大减少了环境污染。原地破碎浸出采场的内部结构形式如图 2.6.3 所示。

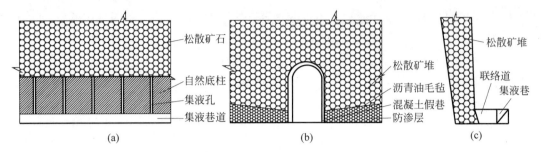

图 2.6.3　原地破碎浸出采场的内部结构形式

2.7　沉淀法和铀产品制备

铀矿加工的最终目的是得到符合核燃料要求的铀化合物。从铀矿石中提取铀（浸出）以后，除了浸出液铀浓度较高或溶液中杂质很少以外，一般都需要采用离子交换或溶剂萃取，或两者联合的方法对浸出液进行纯化。但是，无论是铀的浸出液，还是合格解吸液或反萃取液，在制备铀产品之前都应当达到工艺的纯化要求，才能采用沉淀法从溶液中沉淀铀化合物，得到合格的铀产品。

由于铀矿的酸性浸出液中，杂质的含量远远超过铀的含量，尽管工艺上采取各种分离措施，但是得到的铀浓缩物（黄饼）仍然含有相当数量的杂质。一般铀矿加工厂的产品是铀浓缩物（黄饼），以 U_3O_8 计的铀含量为 40%～80%，必须纯化精制以达到核纯。所谓“核纯”是指产品中不符合核燃料应用要求的杂质，其最高含量必须低于一定的要求。其中不符合核燃料应用要求的杂质包括热中子俘获截面大的杂质（B、Cd 和稀土）；对核燃料元件物理性能有害的元素和影响铀同位素分离的元素，例如 S、As、C、W、Mo、Cr、Co、Sm、Gd 等。

按照上述要求，各个国家或从事铀化合物转化或精制的公司都制定了各自的铀化学浓缩物的产品标准，我国制定的产品标准比国际原子能机构（IAEA）推荐的标准严格。表 2.7.1 和表 2.7.2 分别给出了我国和 IAEA 的铀浓缩物产品标准。

表 2.7.1　我国铀化学浓缩物标准

元素	标准值/%	最大值/%	备　注	元素	标准值/%	最大值/%	备　注
S	1.0	3.0	硫酸盐形式测定	C	0.10	0.30	碳酸盐形式测定
Fe	0.50	1.0		Mo	0.10		
Ca	0.50	1.0		Cl+Br+I	0.05	0.10	以 Cl 为代表测定
Na	0.50	1.0		F	0.05	0.10	
Th	0.50	1.0		B	0.05	0.10	
Mg	0.30			As	0.05	0.10	
P	0.20		磷酸盐形式测定	Zr	0.05		
K	0.20			V	0.05	0.20	
Si	0.20	1.0	硅酸盐形式测定	Ti	0.02		

铀化学浓缩物中铀含量（干基）：U_3O_8 应大于 75%，黄饼应大于 65%。

铀化学浓缩物中水含量（自然基）：U_3O_8 应小于 2%，黄饼应小于 10%。

铀化学浓缩物的粒度小于 6mm，铀化学浓缩物中化学杂质含量（铀基）。

表 2.7.2　IAEA 铀化学浓缩物标准　　　　　　　　　　　　　　%

项　　目	以 U_3O_8 计的含量	项　　目	以 U_3O_8 计的含量
U_3O_8	65	卤素(Cl^-、Br^-、I^-)	0.25
Na	7.50	V_2O_5	0.23
H_2O	5.00	稀土	0.20
SO_4^{2-}	3.50	F^-	0.15
K	3.00	Mo	0.15
Th	2.00	As	0.10
Fe	1.00	B	0.10
Ca	1.00	可萃取的有机物	0.10
Si	1.00	不溶于硝酸的铀	0.10
CO_3^{2-}	0.50	Ti	0.05
Mg	0.50	Ra-226	7.4kBq/g
Zr	0.50	最大粒径	6.35mm
PO_4^{3-}	0.35		

　　制备核纯铀化合物的转化和精制工艺,可以分为湿法和干法。两者的区别在于湿法是在铀化合物转化过程的初期,即采用 TBP 溶剂萃取法去除铀浓缩物中的杂质,达到核纯要求;干法是在铀化合物转化过程的最后阶段,即得到 UF_6 以后,采用蒸馏 UF_6 的方法去除杂质,达到核纯。

　　湿法得到的核纯硝酸铀酰,可以沉淀成重铀酸铵(ADU),制备核纯 UO_2 和 UF_4,进而制备金属铀,供采用天然 UO_2 和天然金属铀的反应堆使用。采用湿法可以制备 UF_4,但是从 UF_4 制备 UF_6 只能采用干法。

　　可以采用干法由铀浓缩物制备 UF_6:首先把不纯的铀浓缩物煅烧为 UO_3,然后把 UO_3 还原为 UO_2 和把 UO_2 氢氟化为 UF_4,最后把 UF_4 氟化为 UF_6。由于干法工艺采用高温,在铀化合物的转化过程中可以使铀得到部分纯化。最后采用蒸馏 UF_6 的方法,可以有效去除形成不挥发性氟化物的金属,也可以有效去除形成挥发性氟化物或氟氧化物的金属,达到核纯。

　　如果从铀的化学浓缩物(黄饼)出发,以核纯 UF_6 作为铀化合物转化和精制的最终目标,采用干法从铀的化学浓缩物(黄饼)直接制备核纯 UF_6,可能成为今后铀化合物转化和精制的方向。

　　要得到固体状态的铀产品,必须把铀从溶液状态通过沉淀转化为固体,沉淀法是从含铀溶液中制备合格铀化合物的主要方法。

　　沉淀法是最早采用的从铀矿浸出液中制备铀化合物的方法,由于在沉淀过程中,铀矿浸出液中的大量杂质不可避免地进入铀的沉淀物中,不能制备合格的铀产品。因此,除了碱法浸出液以外,从铀矿浸出液直接沉淀的方法已经不再使用,沉淀法现在只用于从已经纯化的铀溶液中制备合格的铀化合物。

　　一般采用 NH_4OH 或 $NaOH$ 从酸性溶液中沉淀铀,发生铀的水解反应,由于水解反应的复杂性,得到的铀化合物的组成难以按确定的分子式进行描述,一般将其称为铀的化学浓缩物(黄饼),表征其铀含量高于矿石,也称为铀精矿。

2.7.1　从酸性溶液中沉淀铀

（1）用氨制备重铀酸铵产品

重铀酸铵（ammonium diuranate，ADU），分子式为$(NH_4)_2U_2O_7$，它的相对分子质量为624，铀含量76.28%，是铀矿加工工艺中最重要的产品。

使用氨水（NH_4OH）或氨＋空气（1∶3）的气体混合物作为沉淀剂，得到的工业产品中包括重铀酸铵、碱式硫酸铀酰和氢氧化铀等，其沉淀反应为

$$2UO_2SO_4 + 6NH_4OH == (NH_4)_2U_2O_7 + 2(NH_4)_2SO_4 + 3H_2O$$

在沉淀过程中，会产生碱式硫酸铀酰，反应如下：

$$2UO_2SO_4 + 2NH_3 + 6H_2O == (UO_2)_2SO_4(OH)_2 \cdot 4H_2O + (NH_4)_2SO_4$$

或

$$2UO_2SO_4 + 2NH_4OH + 4H_2O == (UO_2)_2SO_4(OH)_2 \cdot 4H_2O + (NH_4)_2SO_4$$

也会产生水合氧化物（或氢氧化物）：

$$UO_2SO_4 + 2NH_4OH + (x-1)H_2O == UO_3 \cdot xH_2O + (NH_4)_2SO_4$$

重铀酸铵的工业产品中存在上述三种化合物，其物理性质不同。碱式硫酸铀酰通常是很好的晶体，容易沉淀和过滤；重铀酸铵往往是无定形的细粒，其沉淀与过滤性能与溶液的性质和沉淀条件有密切关系；水合氧化物呈胶凝状，是产品中最难过滤的化合物，但是杂质很少。

（2）用氧化镁制备铀的水合氧化物

若氨供应困难或对NH_4^+的环境要求较高，可以采用氧化镁代替氨，从酸性溶液中沉淀铀，反应如下：

$$UO_2SO_4 + MgO + xH_2O == UO_3 \cdot xH_2O + MgSO_4$$

氧化镁沉淀的产品结晶性能比重铀酸盐好。澳大利亚的铀工厂，包括 Rum Jungle 工厂和 Mary Kathleen 工厂，都采用氧化镁制备铀的浓缩物。但是，这种固态试剂需要 2 h 才能充分反应，各批试剂的沉淀性能变化较大，试剂中常含有二氧化硅和碳酸盐等有害杂质。因此，氧化镁沉淀法的应用受到限制。

（3）用过氧化氢制备过氧化铀产品

把过氧化氢加入含铀的酸性溶液中，可以沉淀出水合过氧化铀产品。这个方法对铀具有较高的选择性，尤其溶液中的钼、钒、镍和砷不被沉淀，使铀得到纯化，控制沉淀条件可以制备结晶较好的产品。用过氧化氢沉淀铀的反应为

$$UO_2SO_4 + 2NH_4OH + (x-1)H_2O == UO_3 \cdot xH_2O + (NH_4)_2SO_4$$

这个反应需要过量的过氧化氢才能进行完全，最初沉淀出来的水合物含结晶水较多，经100℃干燥后，最稳定的水合物是$UO_4 \cdot 2H_2O$，铀含量70.41%。

2.7.2　从碱性溶液中沉淀铀

从铀的碳酸钠溶液中直接沉淀铀，一般采用氢氧化钠作为沉淀剂，可以得到重铀酸钠（Sodium Diuranate，SDU），分子式为$Na_2U_2O_7$，相对分子质量为634，铀含量73.50%。

当氢氧化钠加入含铀的碳酸钠-碳酸氢钠溶液中时,它首先与 HCO_3^- 作用,当溶液的 pH 值超过 12,过量的氢氧化钠会使溶液中的铀水解并生成 $Na_2U_2O_7$ 沉淀:

$$NaHCO_3 + NaOH \Longrightarrow Na_2CO_3 + H_2O$$

$$2Na_4UO_2(CO_3)_3 + 6NaOH \Longrightarrow Na_2U_2O_7 + 6Na_2CO_3 + 3H_2O$$

因此,用氢氧化钠从铀的碳酸钠浸出液中沉淀铀,可以达到沉淀铀和补充浸出剂的双重目的。过量的 NaOH 有利于 $UO_2(CO_3)_3^{4-}$ 的分解,由于 $UO_2(CO_3)_3^{4-}$ 离子极其稳定,因此溶液中的铀难以完全沉淀。但是,由于沉淀母液返回浸出,节省了碳酸钠浸出剂,在经济上是合适的。

通过上述沉淀方法得到的重铀酸铵和重铀酸钠,即为核燃料循环过程中重要的中间产品,为了进行下一步的铀浓缩和燃料元件制造,还需要进行纯化以达到核纯,并进行一系列转化制备相应的铀化合物。

参考文献

[1] 李觉,雷荣天,等.当代中国核工业[M].北京:中国社会科学出版社,1987.

[2] Supply of Uranium [M/OL]. http://www.world-nuclear.org/info/Nuclear-Fuel-Cycle/Uranium-Resources/Supply-of-Uranium. 2015.09.

[3] MUDD G M. The future of Yellowcake:a global assessment of uranium resources and mining[J]. Science of the Total Environment,2014,472:590-607.

[4] 张金带,李子颖,蔡煜琦,等.全国铀矿资源潜力评价工作进展与主要成果[J].铀矿地质,2012, 28(6):321-326.

[5] FIORI F, ZHOU Z. Sustainability of the Chinese nuclear expansion:natural uranium resources availability, Pu cycle, fuel utilization efficiency and spent fuel management [J]. Annals of Nuclear Energy,2015,83:246-257.

[6] 蔡煜琦,张金带,李子颖,等.中国铀矿资源特征及成矿规律概要[J].地质学报,2015,89(6):1051-1069.

[7] 黄净白,黄世杰.中国铀资源区域成矿特征[J].铀矿地质,2005,21(3):129-138.

[8] 王昌汉.铀矿床开采[M].北京:原子能出版社,1997.

[9] 杨仕教.原地破碎浸铀理论与实践[M].长沙:中南大学出版社,2003.

[10] 高席生,译.铀的冶金矿物学与矿物加工[M].北京:原子能出版社,1986.

[11] 卢国元,姚永星.冲击式破碎工艺在铀矿石粉碎中的应用研究[J].绿色科技,2014(3):277-278.

[12] 侯英,印万忠,等.不同破碎方式下产品磨矿特性的对比研究[J].有色金属,2014(1):5-8.

[13] 赵国华,王海龙,等.含绿泥石铀矿石破碎工艺和设备应用研究[J].铀矿冶,2013,32(2):92-95.

[14] 母福生.破碎及磨矿技术在国内外的技术发展和行业展望[J].矿山机械,2011.39(12):58-65.

[15] 周芳春.铀矿石的破碎磨矿设备[J].核设备与核材料,1982.

[16] 王永莲.地浸采铀工艺技术[M].长沙:国防科技大学出版社,2007.

[17] 王海峰,谭亚辉,杜运斌,等.原地浸出采铀井场工艺[M].北京:冶金工业出版社,2002.

[18] 阙为民,谭亚辉,杜运斌,等.原地浸出采铀反应动力学和物质运移[M].北京:原子能出版社,2002.

[19] 王海峰,阙为民,钟平汝,等.原地浸出采铀技术与实践[M].北京:原子能出版社,1998.

[20] 王昌汉.溶浸采铀(矿)[M].北京:原子能出版社,1998.

[21] 李尚远.铀、金、铜矿石堆浸原理与实践[M].北京:原子能出版社,1997.

[22] 王中海,周源,钟洪鸣,等.微生物浸矿技术发展现状[J].金属矿山,2007,374(8):4-6.

[23] 陈向,廖德华.国内外铀矿石生物浸出机理及工艺应用研究现状[J].粉煤灰,2011,23(6):21-23.

[24] 阙为民,陈祥标.硝酸盐作为酸法地浸氧化剂的研究[J].铀矿冶,2000,19(1):24-31.

[25] 周锡堂,阙为民.原地浸出采铀元素的迁移与沉淀[J].铀矿冶,2000,19(2):9-14.

[26] 全爱国.原地爆破浸出采铀的工艺技术研究及应用前景[J].铀矿冶,1998,17(1):1-6.

[27] 才锡民.用高铁离子循环浸出铀矿石的研究[J].铀矿冶,1994,13(2):103-106.

[28] 王昌汉,李开文.细菌浸矿技术在我国的应用及其发展前景[J].铀矿冶,1992,11(4):24-30.

[29] 伍三民.粘土矿物在稀硫酸和碳酸钠浸出中的行为[J].铀矿冶,1990,9(2):1-8.

[30] 朱禹钧.铀矿加压碱浸的研究和应用[J].铀矿冶,1989,8(2):7-17.

[31] 胡业藏,田淑芳,宋焕笔.湿法磨矿-浓酸浸出的工艺研究[J].铀矿冶,1988,7(3):58-62.

[32] 王西文.原地浸出采铀研究[J].铀矿冶,1987,6(2):6-13.

[33] 胡长柏,陆锡寿,等.某铀矿石的浮选分组及其浸出研究[J].铀矿冶,1983,2(1):15-19,53.

[34] 朱屯.萃取与离子交换[M].北京:冶金工业出版社,2005.

[35] 国际原子能机构酸法地浸采铀工艺手册[M].马飞,张书成,潘燕,等译.北京:原子能出版社,2003.

[36] 浸矿技术编委会.浸矿技术[M].北京:原子能出版社,1994.

[37] 杨伯和.有机萃取剂体系中的离子交换[M].北京:冶金工业出版社,1993.

[38] 姜志新,竟清,宋正孝.离子交换分离过程[M].天津:天津大学出版社,1992.

[39] 张镛,许根福.离子交换及铀的提取[M].北京:原子能出版社,1991.

[40] 王德义,谌竟清,赵淑良,等.铀的提取与精致工艺学[M].北京:原子能出版社,1982.

[41] 马荣骏.溶剂萃取在湿法冶金中的应用[M].北京:冶金工业出版社,1979.

[42] [美]R.C.梅里特.铀的提取冶金学[M].北京:科学出版社,1978.

[43] 许根福.处理地(堆)浸铀浸出液离子交换装置类型的选择[J].铀矿冶,2008,27(1):14-20.

[44] 宫传文.密实移动床离子交换提铀设备的结构特点及选型计算[J].铀矿冶,2007,(3):135-141.

[45] 宫传文.溶剂萃取设备在我国铀水冶工艺中的应用[J].铀矿冶,2006,25(2):80-86.

[46] 真宝娣.江西铀提取工艺的实践及方向[J].铀矿冶,1997,16(3):156-166.

[47] 于湘浩,周秀溪,刘正镛,等.密实移动床吸附塔吸附及多塔串联淋洗的研究[J].铀矿冶,1997,16(3):167-174.

[48] 彭显佐,梁建龙,曾毅君,等.碱性堆浸溶液中铀钼分离及回收的研究[J].铀矿冶,1995,14(3):200-204.

[49] 肖成珍,金绮珍,张蓉芳,等.用支撑液膜法从硫酸铀酰溶液中萃取铀[J].铀矿冶,1990,9(4):32-36.

[50] 王长善,皮文超.采用密实移动床淋洗塔协同淋洗钴[J].铀矿冶,1990,9(2):22-26.

[51] 杨伯和.强碱性阴离子交换树脂从硫酸溶液中吸附铀的机理[J].铀矿冶,1988,7(1).

[52] 杨伯和,王光鹏,林嗣荣,等.用有机解吸剂直接从饱和树脂上解吸铀[J].铀矿选冶,1979(3).

[53] 施祖远.我国铀矿开采技术成就与发展对策[J].铀矿冶,2011,30(4):175-179.

[54] 敏玉.世界铀矿开采现状及发展前景[J].国土资源情报,2009(5):27-31.

[55] 阙为民,王海峰,牛玉清,等.中国铀矿采冶技术发展与展望[J].中国工程科学,2008,10(3):44-53.

[56] 张超,杨建明.铀矿开采项目经济评价方法研究[J].矿冶,2005,14(1):20-23.

[57] 李开文.中国铀矿开采技术特点及发展水平[J].中国矿业,2002,11(1):23-27.

[58] 杨金辉,王清良,等.铀矿冶分析原理与方法[M].北京:化学工业出版社,2012.

[59] 沈朝纯,沈天荣.铀及其化合物的化学与工艺学[M].北京:原子能出版社,1991.

[60] 黄伦光,庄海兴,等.国内外铀纯化工艺状况[J].铀矿冶,1998.17(1):31-42.

[61] 李建华,曾毅君,李尚远,等.两步沉淀法生产黄饼新工艺研究[J].铀矿冶,1997,16(3).

[62] 何阿弟,叶明吕,周祖铭,等.隔膜电解还原法制备四价铀的研究[J].核技术,1997,20(7):413-417.

[63] 陈志洪,黄昌海,刘凤山,等.用流态化技术制取优质粗粒重铀酸铵[J].铀矿冶,1994,13(1):14-19.

[64] 李林新.晶种循环常温沉淀法从低浓度铀溶液中回收铀[J].铀矿冶,1984.3(2).

[65] 哈迪,金鑫.铀的水冶化学[J].铀矿冶,1981(4).

第 3 章

铀的化学转化

在整个核燃料循环体系中,不同阶段采用的铀的化合物的形态通常是不同的,铀浓缩使用的介质为 UF_6,而核电站核燃料组件中使用的为 UO_2,因此,铀的化学转化在核燃料循环不同环节间是必不可少的。

3.1　概述

从铀水冶厂得到的化学浓缩物,一般为重铀酸盐(ADC)或三碳酸铀酰盐(AUC)。这些化合物无论从纯度和化学形态上都还不能满足在工业上应用的要求,因此需要作进一步的纯化和转化工作。铀化学浓缩物首先用溶剂萃取法纯化,接着把纯化后的铀转化成为 UO_2、UF_6 或金属铀等比较有实用价值的产品形式。

典型天然铀化合物转化流程如图 3.1.1 所示。

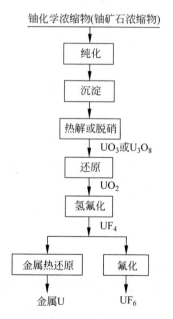

图 3.1.1　典型天然铀化合物转化流程示意图

3.2　铀的纯化

　　铀纯化的主要目的是使铀与杂质进行分离,除去那些热中子俘获截面大的杂质元素和影响冶金性能的杂质元素。铀与杂质元素的分离,除铀矿石经水冶加工除去与铀共生的绝大部分杂质外,还要在纯化阶段对铀进行进一步提纯。纯化转化工艺以 U_3O_8(黄饼)为原料,用硝酸溶液制成硝酸铀酰溶液,用30％TBP-煤油萃取(有机相),而杂质留在水相中。含铀有机相用稀硝酸反萃取得到纯化的硝酸铀酰溶液。铀的纯化流程见图 3.2.1。利用纯化硝酸铀酰溶液可生产 UO_3、UO_2。

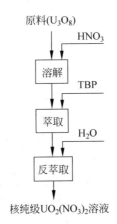

图 3.2.1　铀纯化流程主要步骤

3.3　铀氧化物的制备

3.3.1　铀氧化物的物理化学性质

　　铀-氧二元体系相图的研究发现,在 $UO_{2.00}$～$UO_{3.00}$ 组成区间内,存在着许多铀氧化物相,然而有实用价值的铀氧化物一般仅限于 UO_2、UO_3、U_3O_8 三种。其中,UO_2 是目前动力堆的主要燃料,具有十分重要的意义;UO_3、U_3O_8 通常作为制备二氧化铀的起始物料。

1. 二氧化铀(UO_2)

　　UO_2 是一种粉末状化合物,颜色与制取它所用的原料和方法密切相关,从褐色到黑色均有。UO_2 的理论密度为 $10.96g/cm^3$,松装密度随制取时用的原料和方法不同而不同,在较宽的范围内波动。二氧化铀的熔点为 $2860℃±45℃$。UO_2 的导热性与其精确的组成(主要是氧铀比)、密度、纯度和温度有关。符合化学计量的 UO_2,其热导率随温度的降低和密度的增加而迅速增高;偏离化学计量的 UO_2,其热导率随氧铀比的增加而急剧降低。UO_2 的线膨胀是各向同性的,与金属铀相比,其膨胀系数要低得多。在空气中,UO_2 即使在室温下

也会慢慢氧化,在较高温度下,迅速氧化为 U_3O_8:

$$3UO_2 + O_2 \xrightarrow{\;>200℃\;} U_3O_8$$

UO_2 不溶于水,微溶于稀硫酸,与浓硫酸共沸生成 UO_2SO_4。极易溶于硝酸,生成 $UO_2(NO_3)_2$。与浓盐酸反应时,生成 UCl_4。UO_2 不溶于氢氟酸,但能完全地溶于硫酸与氢氟酸的混合溶液中。UO_2 不溶于碱,但能溶于过氧化钠溶液,生成铀酸钠。

2. 三氧化铀(UO_3)

三氧化铀也称做铀酸酐,为橙红色,不溶于水。迄今为止,已经证实存在 6 种晶型结构,即 α-UO_3、β-UO_3、γ-UO_3、δ-UO_3、ε-UO_3、η-UO_3 和 1 种无定形态结构 UO_3(A),不同结晶形态的 UO_3,其晶体结构、密度、颜色和热稳定性不尽相同具体性质参数见表 3.3.1。其中 γ-UO_3 是最稳定的 UO_3 结晶异构体,在氧存在下加压煅烧时,其余晶态的 UO_3 都会转化为 γ-UO_3。

表 3.3.1 各种晶态三氧化铀的性质

晶型	颜色	晶体结构	密度/(g/cm^3)		$-\Delta H_{298K}^{\ominus}$/(kJ/molU)	$S_{298K}^{\ominus}$/(J/(mol·K))
			X 射线值	试验值		
α-UO_3	褐色	斜方	8.39	7.25	1221.7±4.2	99.48
β-UO_3	橙色	单斜	8.30	8.25	1225±4.2	96.38
γ-UO_3	黄色	单斜假正方	8.00	7.80	1228.8±4.2	98.81±0.42
δ-UO_3	红色	立方	6.67	6.99	1214.2	—
ε-UO_3	砖红色	三斜	8.73	8.54	1214±4.2	—
η-UO_3	深橙色	斜方	8.85	8.62	—	—
UO_3(A)	深橙色	—	—	8.60	—	—

UO_3 可由铀酰的化合物,如碳酸铀酰、草酸铀酰或硝酸铀酰分解制得。UO_3 的水合物主要有 $UO_3·H_2O$ 和 $UO_3·2H_2O$ 两种。UO_3 和 UO_3 的水合物都是两性化合物,它们与酸反应生成铀酰盐;与碱性氧化物(如 Na_2O_2 或 BaO)一起加热进行反应,生成铀酸盐,如果用水提取生成物,则得到重铀酸盐。

UO_3 用途较广泛,主要用于制取六氟化铀以及其他各种铀化合物。

3. 八氧化三铀(U_3O_8)

U_3O_8 是最重要的铀氧化物之一,呈暗绿色至黑色。密度 8.38g/cm^3,1300℃升华,是最稳定的铀的氧化物。

通常情况下,煅烧过的 U_3O_8 几乎不与稀硫酸、稀盐酸作用,但在浓盐酸中有较高的溶解速度。有氧化剂存在的条件下,U_3O_8 在盐酸中能很快溶解,并生成氯化铀酰。浓硫酸能溶解 U_3O_8,生成 U(IV) 和 U(VI) 硫酸盐的混合物:

$$U_3O_8 + 4H_2SO_4 \longrightarrow 2UO_2SO_4 + U(SO_4)_2 + 4H_2O$$

硝酸能够迅速溶解 U_3O_8,反应式为:

$$2U_3O_8 + 14HNO_3 \longrightarrow 6UO_2(NO_3)_2 + NO + 7H_2O + NO_2$$

3.3.2 铀氧化物的生产

1. UO_3 的生产

(1) TDN 法制备 UO_3

UO_3 是制取 UO_2、U_3O_8、UF_4 及 UF_6 的重要中间产物。目前工业上应用最广泛的是热解脱硝法(TDN 法),将硝酸铀酰溶液(UNH)浓缩至铀含量达到 $900\sim1200g/L$ 后,经热脱水和脱硝,以制备 UO_3(图 3.3.1)。因无需经由沉淀步骤,具有流程短、不产生液体废物等优点,是目前被普遍采取的方法。应用该方法生产 UO_3 的代表国家有美国、英国、加拿大和西班牙。

硝酸铀酰(缩写为 UNH)是铀矿石经浸出、萃取加工精制的产物,是铀工艺中最重要的含氧盐之一。硝酸铀酰以六水合物 $UO_2(NO_3)_2 \cdot 6H_2O$、三水合物 $UO_2(NO_3)_2 \cdot 3H_2O$、二水合物 $UO_2(NO_3)_2 \cdot 2H_2O$ 和无水盐几种形态存在。其中六水合物是室温下组成最稳定的化合物,也是 $UO_2(NO_3)_2 \cdot H_2O$ 体系最具有工业价值的化合物。

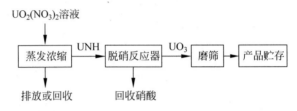

图 3.3.1 硝酸铀酰制备 UO_3 流程示意图

由 $UO_2(NO_3)_2$ 溶液生产 UO_3 主要包括蒸发浓缩和脱硝两个步骤(图 3.3.1)。

加热硝酸铀酰,使之蒸发到开始结晶,接着再冷却至室温,此时 $UO_2(NO_3)_2 \cdot 6H_2O$ 就能生成并析出。硝酸铀酰热解脱硝是一个强吸热反应,一般可表示如下:

$$UO_2(NO_3)_2 \cdot nH_2O \xrightarrow{\text{加热}} UO_3 + NO_2 + NO + O_2 + nH_2O$$

脱硝过程是一个复杂的过程,在不同条件下,硝酸铀酰的分解温度大体相同,当温度超过 $300\,^{\circ}\mathrm{C}$ 时,脱硝已进行得相当完全。从蒸发到脱硝使用到的关键设备分别为蒸发器和脱硝反应器,其中流化床脱硝器是应用最为广泛的脱硝器。

该方法不使用沉淀剂,因为脱硝产生的气体可以直接回收成硝酸,基本不产生废液或固体废弃物。

(2) UO_3 的还原

流化床脱硝制备的 UO_3,通常为 $\gamma\text{-}UO_3$,活性较低,可采取必要的措施,对 $\gamma\text{-}UO_3$ 进行化学处理,以彻底破坏原颗粒的晶体结构,使其转变为活性 UO_3。UO_3 活化处理的方法,研究比较充分的有氧化-还原循环法和水化-脱水循环法。活化后的 UO_3,以氢气、裂解氨等作还原剂,可在还原反应器中制备 UO_2。

2. UO_2 的生产

(1) 三氧化铀还原

还原铀的高价氧化物是工业上生产 UO_2 的一条重要工艺路线。氢、氨是主要的还原

剂,一氧化碳也可以作为还原剂,其化学反应方程式如下:

$$UO_3 + H_2 \longrightarrow UO_2 + H_2O$$

$$UO_3 + \frac{2}{3}NH_3 \longrightarrow UO_2 + \frac{1}{3}N_2 + H_2O$$

$$UO_3 + CO \longrightarrow UO_2 + CO_2$$

(2) 一步法脱硝还原

一步法脱硝还原,是指在一个反应器内硝酸铀酰与还原性气体(氢或氨)反应直接生成 UO_2 的工艺过程。

浓缩过的硝酸铀酰溶液以雾滴形式喷入反应器中,首先硝酸铀酰分解为 UO_3,接着 UO_3 被送入反应器,与氢气作用,被还原为 UO_2。

$$UO_2(NO_3)_2 \cdot 6H_2O + 4H_2 \xrightarrow{>620℃} UO_2 + 2NO + 10H_2O$$

实际进行的反应要比上式所表达的过程复杂得多。

(3) 三碳酸铀酰铵热解还原

隔绝空气热解还原三碳酸铀酰铵(AUC),可方便地制得高活性的、具有良好流动性的 UO_2。三碳酸铀酰铵分解方程式如下:

$$(NH_4)_4UO_2(CO_3)_3 \xrightarrow{>620℃} UO_2 + 2NH_3 + 3CO_2 + 2H_2 + N_2 + 3H_2O$$

3.3.3　UF_6 转化为 UO_2

UF_6 转化为 UO_2 是制作核燃料元件的关键一步。UO_2 燃料元件具有熔点高、热膨胀系数小、高温下辐照稳定性好、燃耗深等优点,因而被广泛用于各种动力堆中。目前,使用低浓 ^{235}U(铀中 ^{235}U 含量通常在 $3\%\sim5\%$)的 UO_2 燃料的轻水反应堆,已占全部动力堆的近 90%。

UO_2 芯块的质量对充分发挥 UO_2 的优良性能、减轻其导热性不良带来的影响、保证反应堆稳定运行、提高核动力的经济效益有重要影响。为制得合乎给定要求的芯块,UO_2 粉末应具备一些特殊性能:粉末不仅要有合适的化学组成,而且应有良好的压制和烧结性能。UF_6 还原制取 UO_2 的生产过程和工艺参数的选择、控制,应依据这些要求进行。

工业上利用 UF_6 制备低浓 UO_2 的方法可概括为湿法和干法两类。

所谓湿法是指,在水溶液中 UF_6 先转化为重铀酸铵(ADU)或三碳酸铀酰铵,然后,这些铀盐进行热解,还原和脱氟,以转化为 UO_2,这些过程分别称为 ADU 过程和 AUC 过程。

所谓干法是指,在高温下,气态 UF_6 在反应器内同水蒸气(或氧气)和氢气(或氨气)等进行气相反应,转化为 UO_2。一般来说,湿法工艺(尤其是 ADU 过程)在技术上比较成熟,其生产过程可以用于处理被污染物料和返料,对原料的适应性较强,产品 UO_2 反应活性高,同时兼备于生产天然陶瓷 UO_2 粉末;其缺点在于产品质量不稳定、含氟量高。湿法中的 AUC 法所制得的产品具有良好的流动性和充填性,可不经制粒、不加粘结剂而直接压制成生坯,产品的含氟量低;其缺点是流程长、工序多、产率低、废液量较大。相比之下,干法过程具有流程短、含铀废液产量少等优点,其缺点是对原料变化适应性差,不能处理生产过程的返料、回收料等。

1. 湿法制备低浓 UO_2(图 3.3.2)

(1) ADU 法

重铀酸铵(ADU)是制备 UO_2 的主要的铀酰盐之一。在天然铀转化加工工艺中,用氨水(或 NH_3)从 $UO_2(NO_3)_2$ 水溶液中沉淀出 ADU,之后将其煅烧为 UO_3,再还原为 UO_2,或在 H_2 作用下直接分解-还原为 UO_2。若制备供轻水堆所需的陶瓷 UO_2 粉末,则以低浓缩度的 UF_6 为原料,从其水解液中沉淀出 ADU,再转化为 UO_2。

六氟化铀在水中进行液相水解可以得到沉淀 ADU 用的铀酰溶液,其过程如下:

$$UF_6 + 2H_2O \longrightarrow UO_2F_2 + 4HF$$

重铀酸铵的化学式通常写为 $(NH_4)_2U_2O_7$,实际上它是组成不恒定、非化学计量的化合物,沉淀条件不同,沉淀物的化学组成也不同。

从 UO_2F_2 溶液中沉淀 ADU,方程式如下:

$$2UO_2F_2 + 6NH_4OH \longrightarrow (NH_4)_2U_2O_7 \downarrow + 4NH_4F + 3H_2O$$

通过 $UO_2(NO_3)_2$ 沉淀 ADU,方程式如下:

$$2UO_2(NO_3)_2 + 6NH_4OH \longrightarrow (NH_4)_2U_2O_7 \downarrow + 4NH_4NO_3 + 3H_2O$$

过滤得到的滤饼,含水量通常在 45% 左右。因此,在进行 ADU 热解还原前,需进一步干燥脱水。

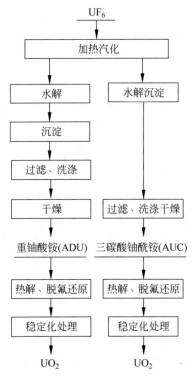

图 3.3.2　湿法制备陶瓷级 UO_2 流程简图

热解还原 ADU 至 UO_2 有三种方法，ADU 可在 H_2 氛围下直接煅烧为 UO_2，在空气或者 N_2 气中热解为 UO_3 或 U_3O_8，之后再还原为 UO_2（图 3.3.3）。

ADU 工艺的关键设备为还原反应器。目前主要应用该方法的国家包括法国、印度、巴西等。

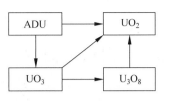

图 3.3.3　热解还原 ADU 至 UO_2 的三种方法

（2）AUC 法

UF_6 经 AUC 热解还原制备陶瓷级 UO_2 是德国研制出来的一种湿法流程。

该流程包括气态 UF_6 与 NH_3（气）和 CO_2（气）在水相的反应、AUC 结晶生成、晶体过滤、洗涤和热解还原等工序，最后制得 UO_2 粉末，相关反应式为

$$UF_6 + 5H_2O + 10NH_3 + 3CO_2 \longrightarrow (NH_4)_4[UO_2(CO_3)_3]\downarrow + 6NH_4F$$

在氢气情况下，三碳酸铀酰铵（AUC）分解产物为 UO_2。

$$(NH_4)_4UO_2(CO_3)_3 + H_2 \xrightarrow{500\sim600℃} UO_2 + 4NH_3 + 3CO_2 + 3H_2O$$

AUC 工艺中使用的关键设备为沉淀反应器、过滤与洗涤装置、分解还原反应器以及稳定化处理器。由于该反应吸热并释放出大量气体，要求分解、还原器具有良好的传热性能和密封性能。

2. 干法制备低浓 UO_2

（1）UF_6 高温水解还原法

$$UF_6(g) + 2H_2O(g) + H_2(g) \longrightarrow UO_2(s) + 6HF(g)$$

上式是总反应式，实际反应是非常复杂的。

该方法主要用于制备高密度颗粒二氧化铀，其缺点为：产品含氟量高；转化不完全；为保证产品质量，需消耗大量的氢和水蒸气。

（2）UF_6 中温水解——UO_2F_2 氢还原法

UF_6 与水蒸气相遇时，水解反应即发生，形成白色浓烟并伴有微尘下落。水解温度达到 110℃ 以上时，UF_6 与过量水蒸气反应的固体产物为 UO_2F_2。氢气还原 UO_2F_2 即可获得 UO_2。

（3）UF_6 中温水解转化——U_3O_8 氢还原法

UF_6 首先水解为 UO_2F_2，接着再用水蒸气进一步处理，使 UO_2F_2 转化为 U_3O_8。生成的 U_3O_8 再用氢气还原为 UO_2。

（4）UF_6 与氢和氧反应法

这是一种独特的一步转化过程。在火焰炉中，气体 UF_6 与含氧气体和还原气体形成活性火焰，反应温度在 760℃ 以上时可直接得到 UO_2。

（5）UF_6 氨还原——高温水解法

UF_6 与氨气在 $100\sim200℃$ 间反应生成五氟铀铵：

$$3UF_6 + 8NH_3 \longrightarrow 3NH_4UF_5 + 3NH_4F + N_2$$

在 500℃ 左右，五氟铀铵可在真空中分解为 UF_4 和 NH_4F；在水蒸气存在下，它也可直接水解为 UO_2：

$$NH_4UF_5 + 2H_2O \longrightarrow UO_2 + NH_3 + 5HF$$

3.4　四氟化铀制备

3.4.1　UF₄的物理化学性质

1. 物理性质

四氟化铀是绿色的晶体,所以又叫绿盐,有 α、β 两种晶型。X 射线测量四氟化铀的密度为 $6.70g/cm^3 \pm 0.10g/cm^3$,而其堆密度随制备方法的不同而有所差异,一般为 $1.5 \sim 3.5g/cm^3$,通常干法制得的 UF₄ 堆密度比湿法制备的堆密度要大。

UF₄ 的熔点为 1036℃,沸点为 1415℃。它难以挥发,固态 UF₄ 的蒸气压为

$$\lg P = \frac{-16\,412}{T} - 3.016\lg T + 24.739$$

液态 UF₄ 的蒸气压为

$$\lg P = \frac{-16\,840}{T} - 7.549\lg T + 39.211$$

式中:P 为 UF₄ 的蒸气压(Pa);T 为热力学温度(K)。

UF₄ 难溶于水,在水中的溶解度随温度的升高而增大,在某些稀酸中的溶解度也很小,工艺上这一点特别重要,湿法生产 UF₄ 就充分利用了这一性质。

2. 化学性质

四氟化铀是一种稳定的化合物。但在一定条件下,四氟化铀能和某些物质发生反应。

(1) 气固相氧化还原反应

在干燥的空气中,UF₄ 一直到 200℃ 都十分稳定。温度更高时,开始分解。在 $300 \sim 600℃$ 范围内,生成氟化铀酰和 U_3O_8,且温度越高分解速率越快。在 800℃ 时,纯净干燥的氧气可按下面反应将 UF₄ 氧化:

$$2UF_4 + O_2 \longrightarrow UO_2F_2 + UF_6 \uparrow$$

当温度高于 900℃ 时,UF₄ 被氢还原为 UF₃:

$$2UF_4 + H_2 \longrightarrow 2UF_3 + 2HF$$

在 $250 \sim 400℃$ 范围内,用氟处理 UF₄ 时,生成 UF₆:

$$UF_4 + F_2 \longrightarrow UF_6$$

(2) 水解反应

当温度高于 100℃ 时,水蒸气也能与 UF₄ 作用,发生水解反应:

$$UF_4 + 2H_2O \rightleftharpoons UO_2 + 4HF$$

如果水蒸气中有氧存在,UF₄ 在水解的同时还生成 UO_2F_2。反应按下列方程式进行:

$$2UF_4 + 2H_2O \rightleftharpoons 2UF_3(OH) + 2HF$$

$$2UF_3(OH) + 2H_2O \rightleftharpoons 2UF_2(OH)_2 + 2HF$$

$$2UF_2(OH)_2 + O_2 \longrightarrow 2UO_2F_2 + 2H_2O$$

或:

$$2UF_4 + O_2 + 2H_2O \longrightarrow 2UO_2F_2 + 4HF$$

在湿法生产 UF_4 的脱水过程中要设法避免水解反应。

（3）与酸的反应

在室温时，UF_4 几乎不与非氧化性酸（盐酸、硫酸、磷酸）反应，增大酸的浓度只能增加四氟化铀的溶解度。热的浓磷酸能将四氟化铀转化为四价铀的磷酸盐。而浓硫酸即使煮沸也不能溶解 UF_4，加入硼酸或二氧化硅时也只能部分溶解。但在浓硫酸中加入二氧化锰、金属铀屑、二氧化铀或过氧化氢时，四氟化铀能全部溶解。热的盐酸与四氟化铀反应很慢，当加入金属铀屑、过氧化氢或钼盐时，四氟化铀能全部溶解。

$$UF_4 + 16HCl + 3U \longrightarrow 4H(UCl_4F) + 6H_2 \uparrow$$
$$2UF_4 + 2HCl + 2H_2O_2 \longrightarrow UO_2Cl_2 + UO_2F_2 + 6HF$$

UF_4 极易溶解于氧化性酸，生成铀酰离子。发烟高氯酸是四氟化铀的最好溶剂。四氟化铀与硝酸作用较慢，但当加入硼酸或二氧化硅时，则能大大地加速其溶解反应。

（4）与碱的反应

加热时，碱、氨和苏打的水溶液能破坏 UF_4，可把 UF_4 转化为四价铀的氢氧化物，其反应方程式为：

$$UF_4 + 4NaOH \xrightarrow{90℃} U(OH)_4 + 4NaF$$

氢氧化铀在水中的溶解度为 $10^{-4}mg/L$，此反应可用于回收四氟化铀废料。

碱金属的过氧化物、含过氧化氢的氨溶液均能溶解四氟化铀，生成黄色的过铀酸盐。

（5）与某些盐的反应

高温时，四氟化铀能够与某些盐类发生反应，如：

$$6CaSO_4 + 3UF_4 \longrightarrow 6CaF_2 + U_3O_8 + 2SO_2 + 4SO_3$$

反应产物夹有少量的 $CaUO_4$ 和痕量的 UO_2F_2，这是由于 UO_3 是反应的中间产物。

当四氟化铀与熔融的无机氯化物（如 $AlCl_3$、$BiCl_3$ 或 $NaAlCl_4$）相互作用时，则可制得四氯化铀，反应应该在不含水的气氛中进行，温度与压力要控制在使氯化剂处于熔融状态的数值。

（6）热还原反应

四氟化铀在高温下能被钙、镁等强还原剂还原成金属铀：

$$UF_4 + 2Mg \longrightarrow U + 2MgF_2$$
$$UF_4 + 2Ca \longrightarrow U + 2CaF_2$$

这两个反应是工业上生产金属铀的重要反应。

（7）水合作用

无水四氟化铀与水及一定浓度的氟化氢水溶液发生水合作用。

从水溶液中沉淀四氟化铀时，因沉淀温度的不同，四氟化铀可以呈现出若干种水合晶体。室温下，水合晶体的组成为 $UF_4 \cdot 2.5H_2O$；在 $60\sim70℃$ 时为 $UF_4 \cdot (1.25\sim2.0)H_2O$；在 $100℃$ 左右可生成低结晶水的水合晶体 $UF_4 \cdot H_2O$、$UF_4 \cdot 0.75H_2O$、$UF_4 \cdot 0.5H_2O$ 等。$UF_4 \cdot 2.5H_2O$ 最稳定，其他水合晶体都会逐渐地转化成这种水合物。

（8）络合反应

由于四氟化铀中的 U^{4+} 配位不饱和，故能生成大量络合物。其中最稳定的络合物是四氟化铀与碱金属及碱金属氟化物的复盐。

复盐生成的途径有两种：在其他氟化物存在的条件下从水溶液中进行沉淀，或把四氟化铀与金属氟化物一起共熔：

$$U^{4+} + 5NH_4F \longrightarrow NH_4UF_5 \downarrow + 4NH_4^+$$

$$UF_4 + KF \xrightarrow{\text{熔融}} KUF_5$$

3.4.2　UF₄的制备

1. 湿法制备

UF₄湿法制备工艺主要指通过氢氟酸从四价铀溶液中沉淀出 UF₄水合晶体，再经过过滤、洗涤、干燥和煅烧等工艺处理过程后，制备无水 UF₄产品。其主要生产过程为：

(1) U^{4+} 料液的制备；

(2) 自 U^{4+} 料液中沉淀析出 UF₄水合晶体；

(3) UF₄水合晶体的过滤；

(4) UF₄水合晶体的干燥和煅烧。

2. 干法制备

干法制备的方程式为

$$UO_2(g) + 4HF(g) \rightleftharpoons UF_4(g) + 2H_2O(g)$$

在一定温度下，利用 UO_2 或某些铀盐与气态氟化氢或氟代烃发生气-固相反应，可以制备出无水 UF₄。

3.4.3　UF₆转化为UF₄

在核燃料循环过程中，六氟化铀还原为四氟化铀是加工浓缩的 UF₆ 和贫化 UF₆ 的基本步骤。气体分离法分离铀同位素时，原料和产品都以六氟化铀的状态存在。但在核武器制造、核反应堆燃料生产中，不论浓缩铀还是贫化铀，都是以金属铀或二氧化铀的形态被利用。四氟化铀既是六氟化铀转化成金属铀或二氧化铀的中间产物，也是一种合适的、用于储藏贫化铀的铀化合物，所以发展一种将六氟化铀转化为四氟化铀的有效方法是必要的。

六氟化铀转化为四氟化铀，早期曾采用经多次化工转化的湿法工艺。湿法过程存在着流程长、操作间歇、设备笨重、操作量大、废水多、成本高及氟不宜回收等缺点，现在使用更为广泛的是干法工艺。

实验研究发现，H_2、HCl、HBr、NH_3、SiF_4、PCl_3、$SOCl_2$、CS_2、H_2S、$CH_2 = CH_2$、C_3H_8、CCl_4、$CHCl = CCl_2$，以及其他氯代烃如 $CHCl_3$、CH_2Cl_2、$C_2H_4Cl_2$、$C_2H_2Cl_4$、C_2HCl_5、$C_3H_5Cl_3$ 和 $C_3H_4Cl_4$ 等，都能与六氟化铀直接生成四氟化铀，或者经过中间转化后再进一步加工可得到四氟化铀。从工业生产考虑，H_2、NH_3 和 CCl_4 是应用较多的还原剂。UF₆ 干法转化流程见图 3.4.1。

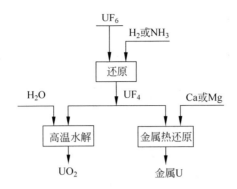

图 3.4.1　UF_6 干法加工转化一般流程示意图

1. 氢还原法

（1）原理

氢还原六氟化铀的反应方程式为

$$UF_6(g) + H_2(g) \longrightarrow UF_4(s) + 2HF(g) + 288kJ/mol$$

六氟化铀和氢之间的反应，实际上是个非基元反应的复杂过程，反应需要的活化能很大。为了使还原反应瞬间完成，或是从外界引入足够的能量，使反应分子活化；或是改变反应途径，以降低反应的活化能。根据反应活化能供给来源的不同，氢还原法包括热壁法和冷壁法两种。

（2）热壁法

热壁法中，反应器器壁由加热器加热升温，从而为反应提供所需的活化能（图 3.4.2）。

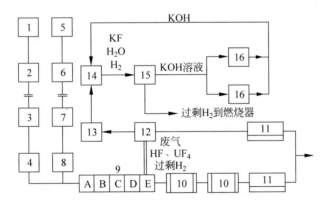

图 3.4.2　直径 203mm 热壁反应器系统设备流程图

1—UF_6 蒸气柜；2—UF_6 缓冲器；3—UF_6 止逆装置；4—UF_6 预热器；

5—H_2 总管；6—H_2 总管缓冲器；7—H_2 止逆装置；8—H_2 预热器；

9—反应器；10—料仓；11—产品接收器；12—多孔碳管过滤器；

13—蒙乃尔合金丝过滤器；14—文式洗涤器；15—贮槽；16—KOH 贮槽

热壁法存在反应器壁经常产生过热现象、烧结物在器壁上集聚、主反应区下移、氢气过剩量大等缺点。尤其是用氢气还原 UF_6 制备 UF_4 的热壁法过程中，无论原始反应器、中间规模反应器还是工厂生产用的反应器，都不能避免反应器器壁上烧结物的产生和集聚。

为了克服热壁法存在的反应器结壁严重的缺点,同时,也为了在还原高浓缩度的 UF_6 时,不致因严重的反应器结壁而带来核临界安全方面的问题,人们采用了提高反应气体预热温度的方法,但实践证明,即使能实现气体的预热,仍不能从根本上消除结壁现象。于是, UF_6 中引入氟气的冷壁法便应运而生。

（3）冷壁法

所谓冷壁法,是指在 UF_6 气体进入反应器之前,将一定量的氟连续引入其中,利用 H_2 与 F_2 反应放出的热量激发 H_2 和 UF_6 气相反应,因为氟氢反应是一个高放热反应:

$$F_2(g) + H_2(g) \longrightarrow 2HF(g)$$

$$\Delta H^{\ominus} = -539kJ/mol$$

实验中,紫红色的氢氟火焰温度至少可以达到 1093℃,而反应器器壁可用冷却方法使其保持在较低的温度,从而使 UF_6 与 H_2 气相还原反应在狭窄的火焰束内被激发并瞬间完成。这样反应器结壁现象就可消除,还原过程的连续操作就能实现。

2. 四氯化碳还原法

（1）原理

四氯化碳还原 UF_6 为 UF_4 的过程,既可在液相中进行,也可在气相中进行。 UF_6 易溶于 CCl_4 中,随着温度的升高,溶解度增加。其反应方程式为

$$UF_6 + 2CCl_4 \longrightarrow UF_4 + Cl_2 + 2CCl_3F$$

低温时,六氟化铀的四氯化碳溶液在几个星期内完全稳定,溶液中没有发现四价铀,也无沉淀生成。放置 30 天左右,才在溶液中发现有一定量的四价铀。可见该反应需要在一定的温度和压强下进行,可采用高压釜或回转炉进行还原。

（2）高压釜中的还原

利用高压釜可用四氯化碳间歇还原六氟化铀。

在高压釜中进行还原时, UF_4 的产率大于 99.7%,尾气中没有铀。 UF_4 的杂质含量（质量）见表 3.4.1。

表 3.4.1　高压釜中还原制得的四氟化铀中杂质的含量

杂质	C	Fe	Cr	Si	Ni
杂质含量 （质量分数）/%	0.0250	0.01	0.0025	0.0025	0.001

该方法适用于加工小批量的浓缩铀,易于控制 ^{235}U 的临界条件,还原剂四氟化碳的消耗量不大,副产品氟利昂也不必回收。工艺流程具有工艺可靠、过程温度低、操作简单易行等优点。

（3）回转炉中的还原

利用回转炉可进行四氯化碳连续气相还原六氟化铀,该工艺过程的主要设备是回转炉。

UF_6 与 CCl_4 通过同心喷嘴加入反应炉,炉中设有刮刀以去除粘结在炉壁上的物料。四氟化铀可以连续或间歇地卸出。在回转炉操作中,喷嘴端头都不可避免地生成烧结块。关于设备材料,碳钢镀镍的回转炉因腐蚀而不能长期运行。另外,在回转炉中用 CCl_4 转化大量的贫化六氟化铀时, CCl_4 消耗很大,如果氟氯甲烷不能有效利用,从经济性上看,其优点并不明显。

3. 其他还原法

（1）氢或裂解氨添加三氟化氯法

UF_6 气体，加入一定量的 ClF_3 后，用氢或裂解氨，能在高产率和进料管内不形成粘结物的情况下，将 UF_6 定量还原为高纯度的 UF_4。由于添加 ClF_3，大大增加了反应放出的热能，为此反应器必须进行冷却。该方法可解决反应器器壁上产生烧结物的根本问题，因而还原过程可以连续稳定地进行。但由于该方法要消耗昂贵的 ClF_3，因此这种方法适用于还原浓缩的 UF_6 为 UF_4。

（2）单原子氢法

此法基于如下的原理：当离解 1mol 的氢为原子氢时，需要吸收 431.8kJ 的热能。反之，当其再结合时，就放出相同的热量。以原子氢结合成氢分子时放出的热能，能在 UF_6 与 H_2 反应中直接提供反应所需的热量，物料不必预热。

（3）三氯乙烯法

三氯乙烯还原 UF_6 为 UF_4 的反应方程式为

$$UF_6 + CHCl = CCl_2 \longrightarrow UF_4 + HF + 氟利昂$$

氟利昂混合物是由卤素加成、取代和聚合反应而成的，同时也可由三氯乙烯裂解、氟化作用而成。

（4）氯化氢法

氯化氢是六氟化铀的良好还原剂，还原反应按下式进行：

$$UF_6 + 2HCl \longrightarrow UF_4 + 2HF + Cl_2$$

在镍制的装置内，将被氯气稀释的 UF_6 蒸汽和氯化氢相混合，生成白色和天蓝色的针状产物，它在空气中很快变绿。在真空条件下将晶体加热，可得到纯四氟化铀。

（5）氨还原法

氨是六氟化铀良好的还原剂，在"干冰"温度（$-72℃$）下，已能和六氟化铀进行反应。

$-50 \sim -30℃$ 时：

$$6UF_6 + 8NH_3 \longrightarrow 6UF_5 + 6NH_4F + N_2$$

$0 \sim 25℃$ 时：

$$4UF_6 + 8NH_3 \longrightarrow 2UF_5 + 2NH_4UF_5 + 4NH_4F + N_2$$

$100 \sim 200℃$ 时：

$$3UF_6 + 8NH_3 \longrightarrow 3NH_4UF_5 + 3NH_4F + N_2$$

可见，UF_6 与氨的还原反应是一个复杂的过程，随温度发生变化。

（6）三氟化磷或三氟化磷与氟化氢的混合物

三氟化磷还原六氟化铀的反应方程式如下：

$$UF_6(g) + PF_3(g) \longrightarrow UF_4(s) + PF_5(g)$$

还原反应在室温下就能进行，但实际上往往要在较高的温度下进行（如 $50 \sim 100℃$），目的是增加反应速度和六氟化铀的气化速度。在室温下，当三氟化磷与六氟化铀物质的量比为 2:1 时，六氟化铀完全被还原成四氟化铀。

若反应在气相中进行，除四氟化铀和铀的中间氟化物外，其他产物均为易挥发气体，因此产品易从反应产物中分离出来。

该法的缺点是介质对设备有腐蚀,且在较高温度下腐蚀更为严重。

3.5　六氟化铀制备

3.5.1　UF₆的物理化学性质

1. 物理性质

通常情况下,UF₆为白色固体,蒸气压很高(14.9kPa,即112mmHg)。它具有斜方晶体结构。在20.7℃时X射线测量密度为5.09g/cm³,25℃时为5.06g/cm³。标准大气压下,UF₆加热到56.4℃时,它不经熔化而直接升华。在较高压力和温度下,UF₆可熔化成易流动的无色透明液体。六氟化铀三相点温度为64.02℃,压力为151.65kPa(1137.5mmHg)。其临界点温度 $t_0=230.2℃$,临界压力 $P_0=4462$ kPa(45.5atm),临界密度为1.375g/cm³。65.1℃时,液态UF₆密度为3.667g/cm³,三相点时为3.674g/cm³。

UF₆的蒸气不能当作一种理想气体,在50～140℃之间,其密度状态方程如下:

$$\rho = 4.291 \frac{P}{T}\left(1 + 1.2328 \times 10^6 \frac{P}{T^3}\right)$$

式中: ρ 为UF₆气体密度,g/L; P 为体系压力,大气压; T 为热力学温度,K。

UF₆具有顺磁性,在300K时,其分子磁化率为 $+106 \times 10^{-6}$ (cm·g·s单位),并与温度无关。气体UF₆的偶极矩实际上等于0,可以认为UF₆分子是一种正八面体。

2. 化学性质

一般情况下,UF₆对于干燥的氧、氮、二氧化碳和氯气是完全稳定的。六氟化铀与氢气在225～250℃就开始反应,但到330℃,反应只能进行一半,甚至在500℃下,反应进行得仍较慢且不完全。

(1) 六氟化铀和水的反应

六氟化铀与水发生剧烈的水解反应,生成氟化铀酰和氟化氢并放出大量的热:

$$UF_6 + 2H_2O \longrightarrow UO_2F_2 + 4HF$$

$$\Delta H_{298}^{\ominus} = -211.38 \text{kJ/mol}(即 \Delta H_{298}^{\ominus} = -50.5 \text{kcal/mol})$$

所以UF₆在空气中冒白烟,利用该现象可以检查UF₆生产系统的密封性。UF₆与水蒸气相互作用,除生成氟化铀酰外,还生成氟化铀酰与水及氟化氢的络合物。加热到180℃时,这种络合物完全转化为氟化铀酰。

UF₆在各种试剂水溶液中水解的结果,与这些试剂和氟化铀酰及氢氟酸相互作用一样:

$$UF_6 + 2H_2O \longrightarrow UO_2F_2 + 4HF$$

$$HF + Na_2CO_3 \longrightarrow NaF + NaHCO_3$$

$$UO_2F_2 + 3Na_2CO_3 \longrightarrow Na_4[UO_2(CO_3)_3] \downarrow + 2NaF$$

因此,在生产中可以利用 Na_2CO_3 水溶液吸收工艺尾气中的 UF_6。

六氟化铀溶于氢氧化钠溶液时,主要生成重铀酸钠沉淀,而不是氟化铀酰:

$$2UF_6 + 14NaOH \longrightarrow Na_2U_2O_7 + 12NaF + 7H_2O$$

其反应热为 485kJ/mol(116kcal/mol)。因此,在用碱处理 UF_6 时,应将气态或液态的 UF_6 小心而缓慢地加入稀碱溶液中。

(2) 六氟化铀的复盐及其特性

在 25～100℃ 时,UF_6 与氟化银和碱金属氟化物形成具有下列组成的复盐:$3AgF \cdot UF_6$、$NaF \cdot UF_6$、$2NaF \cdot UF_6$、$3NaF \cdot UF_6$、$3KF \cdot UF_6$、$2RbF \cdot UF_6$ 等。这些复盐在 100℃ 以上会发生分解。它们在生产六氟化铀的工艺中,无论在纯化挥发性氟化物方面,还是在从尾气中捕集 UF_6 方面都可以找到很多的应用。

在干燥的氮气流中,$NaF \cdot UF_6$ 和 $3NaF \cdot UF_6$ 分解形成的六氟化铀的分压与温度的关系可用下列关系式来表示:

复盐 $NaF \cdot UF_6$:

$$\lg P = 13.18 - \frac{3.84 \times 10^3}{T}$$

复盐 $3NaF \cdot UF_6$:

$$\lg P = 12.90 - \frac{5.09 \times 10^3}{T}$$

式中:P——UF_6 的分压(Pa);T——热力学温度(K)。

当温度在 100℃ 以下时,UF_6 可被氟化钠选择性地吸附。当温度高于 363℃ 时,UF_6 从氟化钠中解析出来。但是,在解析时可能产生下列的副反应:

$$3NaF \cdot UF_6 \xrightarrow{245～345℃} 3NaF \cdot UF_5 + \frac{3}{2}F_2$$

$$3NaF \cdot UF_5 \xrightarrow{500℃} NaF \cdot UF_4 + 2NaF + \frac{1}{2}F_2$$

因此,在工业生产中,为了避免副反应,六氟化铀的解析常在氟气流中进行。

(3) 六氟化铀的氧化特性

六氟化铀是一种强氧化剂和氟化剂。它能被氢、四氯化碳、氯化氢、氯、溴化氢、氨、三氯乙烯等还原剂还原为 UF_4:

$$UF_6 + H_2 \longrightarrow UF_4 + 2HF$$

$$UF_6 + 2CCl_4 \longrightarrow UF_4 + Cl_2 + 2CCl_3F$$

$$UF_6 + 2HCl \longrightarrow UF_4 + 2HF + Cl_2$$

$$UF_6 + 2HBr \longrightarrow UF_4 + 2HF + Br_2$$

500℃ 以上时,H_2 还原 UF_6 的反应也不能定量地进行,但在氢气中加入少量的某些氯化物以后,还原反应能很好地进行。三氯乙烯和 UF_6 反应生成 UF_4 及氟氯代烃化合物。氨与六氟化铀在干冰($-72℃$)温度就可进行反应,但随反应温度的不同,得到的产物也不同:

$$3UF_6 + 4NH_3 \xrightarrow{-50～-30℃} 3UF_5 + 3NH_4F + \frac{1}{2}N_2$$

$$6UF_6 + (8+6n)NH_3 \xrightarrow{-20～0℃} 6UF_5 \cdot nNH_3 + 6NH_4F + N_2(n=0.73)$$

$$4UF_6 + 8NH_3 \xrightarrow{0 \sim 25°C} 2UF_5 + 2NH_4 \ UF_5 + 4NH_4 \ F + N_2$$

$$3UF_6 + 8NH_3 \xrightarrow{100 \sim 200°C} 3NH_4 \ UF_5 + 3NH_4 \ F + N_2$$

无定形碳在加热时将六氟化铀还原为四氟化铀,并生成四氟化碳及其他氟的化合物。硅、硫、磷和砷均能与六氟化铀反应,还原成四氟化铀:

$$2UF_6 + C \longrightarrow 2UF_4 + CF_4$$

$$2UF_6 + Si \longrightarrow 2UF_4 + SiF_4 \uparrow$$

$$2UF_6 + 4S \longrightarrow US_2 + UF_4 + 2SF_4$$

$$3UF_6 + 2P \longrightarrow 3UF_4 + 2PF_3$$

玻璃和石英对于干燥的六氟化铀是稳定的,但很少量的水即可发生下列反应,生成氟化氢,使玻璃和石英受到严重腐蚀:

$$UF_6 + 2H_2O \longrightarrow UO_2F_2 + 4HF$$

$$4HF + SiO_2 \longrightarrow SiF_4 \uparrow + 2H_2O$$

六氟化铀与氮的氧化物反应生成六氟化铀硝酰 NO_2UF_6 或六氟化铀亚硝酰 $NOUF_6$,这些化合物为微绿色固体,加水易反应生成氧化氮、硝酸、氢氟酸、四氟化铀和氟化铀酰。

（4）六氟化铀的溶解性

六氟化铀能与某些有机溶剂(如四氯化碳、三氯甲烷、五氯乙烷、四氯乙烷等)生成理想溶液、室温下能稳定存在几个星期之久。

六氟化铀在完全氟化的烷烃溶液中(如过氟环己烷)最稳定,而在室温时,能与乙醇、乙醚和苯反应。若溶剂分子中含氧时,则六氟化铀被转化为氟化铀酰。

六氟化铀与烃类作用,生成四氟化铀和铀的中间氟化物。六氟化铀不溶于二硫化碳,与某些无机溶液(如液态氟化氢、卤素氟化物)也能生成稳定的溶液。

在常温下,六氟化铀微溶于无水氢氟酸,溶解度随温度的升高而增大,与气体氟化氢能组成恒沸混合物。无论在加热或常温下,氯气和溴气对六氟化铀都是稳定的,但液态氯和液态溴能明显地溶解六氟化铀。

（5）六氟化铀与金属的反应

六氟化铀与金属的作用与元素氟相似。大多数金属能被 UF_6 腐蚀。金和铂只是在室温下对六氟化铀是稳定的,加热时它们就失去光泽。

汞与六氟化铀在常温下就起反应。铅、锡、锌和铁能很快被 UF_6 腐蚀。铜、铝、镍及它们的合金(蒙乃尔、因科镍)因在表面上生成一层细密的氟化膜,能阻止 UF_6 进一步腐蚀。因此,扩散分离管道都是要镀镍的。

碱金属和碱土金属在加热时能与 UF_6 剧烈反应,UF_6 被还原为金属铀:

$$UF_6 + 6Na \longrightarrow U + 6NaF$$

$$UF_6 + 3Ca \longrightarrow U + 3CaF_2$$

$$UF_6 + 3Mg \longrightarrow U + 3MgF_2$$

这些反应都强烈放热。若能解决设备的腐蚀问题,这些反应对从 UF_6 直接制备金属铀有重要意义。

3.5.2 UF₆的制备

1. 六氟化铀的生产

（1）UF$_4$氟化法

UF$_4$氟化法指 UF$_4$已由湿法精制达到核纯度，由它制取的 UF$_6$符合扩散级纯度规格，现在为世界上多数 UF$_6$生产厂所采用。

在生产六氟化铀的过程中，氟与四氟化铀相互作用，属非催化型气固相反应，其总反应式为

$$UF_4 + F_2 \longrightarrow UF_6$$
$$\Delta H_{298}^{\ominus} = -303.8 \text{kJ/mol（即} \Delta H_{298}^{\ominus} = -72.6 \text{kcal/mol）}$$

实验证明，在室温下氟化反应速率是很慢的。当低于 200℃时，几乎不生成 UF$_6$，而是转化为中间产物。当温度升至 250℃或更高时，反应以明显的速率进行，且随温度的升高反应速率加快。对于该氟化过程的反应机理，许多研究表明，在 $200\sim250$℃下，氟化反应分两步进行，阶段性十分明显，即四氟化铀先与氟作用生成五氟化铀：

$$UF_4 + \frac{1}{2}F_2 \longrightarrow UF_5$$

而后，五氟化铀才被进一步氟化成六氟化铀：

$$UF_5 + \frac{1}{2}F_2 \longrightarrow UF_6$$

反应过程中，第一个反应的速度比第二个反应速度快得多。因此，当所有的 UF$_4$尚未转化为 UF$_5$前，UF$_6$生成量极少。

（2）氟化物挥发法

该方法由美国联合化学公司开发，首先由铀矿浓缩物（U$_3$O$_8$或 UO$_3$）直接经干法转化为粗制 UF$_6$，再用分馏法纯化到扩散级规格。该方法相比于氟化法，具有工艺流程简化、节省投资、降低成本等优点，为美国、法国等国所采用。而由于我国黄饼中水分高达 27.8%～67.5%，不适用于氟化物挥发法所采用的预处理工艺，因而总体而言我国现在不适宜采用该方法。

2. 六氟化铀的冷凝收集

冷凝收集六氟化铀的方法通常有冷凝固化法、冷凝液化法和溶剂吸收法三种。目前，工业上多采用冷凝固化法，因为此种方法操作简单，所处理的六氟化铀浓度范围较宽。

（1）冷凝固化法的基本原理与过程

冷凝固化法收集六氟化铀的基本原理是：基于炉气中各组分的熔点不同，用冷冻的方法使六氟化铀凝集成固体而与其他组分分离。

在冷凝过程中，总的来说传热系数的绝对值是比较小的，欲使六氟化铀完全冷凝，热交换面积要大，而且冷凝器器壁的温度应当很低。为提高冷凝过程的效率，最大限度地收集六氟化铀产品，可采用控制温度不同的二级冷凝或三级冷凝法。冷凝后的六氟化铀需要从冷凝器内转移到成品容器内完成装瓶。

（2）冷凝液化法的基本原理与过程

冷凝液化法的基本原理与过程是：将含 UF_6 的混合气体压缩至 UF_6 分压达三相点压力以上，带压导入以水冷却冷凝器。此时，UF_6 可被液化，并连续地从冷凝器中排出。

此法的优点在于相应设备生产能力大、能耗少、设备结构简单。主要问题在于混合器需要压缩到较高压力，对设备和技术要求高；此外由于液化的一次收率较低，需在水冷凝器后增加一级冷冻冷凝。因此，使用此法应用受到一定限制，至今未得到推广。

（3）溶剂吸收法的基本原理与过程

用惰性稀释剂从混合组分中选择性地吸收气态六氟化铀，然后用分馏法将六氟化铀和溶剂分离，以得到纯净的六氟化铀，这种方法尚未见到工业规模的应用。

3. 六氟化铀的纯化

用作铀同位素分离厂供料的 UF_6，其中的杂质含量有严格的质量标准。美国原子能委员会制定有 UF_6 产品规格，英法等国也采用了这一标准（表 3.5.1）。

表 3.5.1　美国原子能委员会制定的六氟化铀规格

检 测 项 目	数　值
碳氢化合物、氯碳化合物、部分取代的卤代烃化合物的最大摩尔分数（或克分子）/%	0.01
物料中 UF_6 的最小质量百分数/%	99.5
93.3℃（200℉）时装满容器的最大蒸汽压/绝对压强	517Pa
下列元素的最大含量[（铀基）]/(μg/g)	
锑	1
镍	5
氯	100
铌	1
磷	50
钌	1
硅	100
钽	1
钛	1
下列元素或同位素的最大含量[（铀基）]/(μg/g)	
铬	500
钼	200
钨	200
钒	200
^{233}U	500
^{232}U	0.11
从热中子吸收截面（以硼当量表示）来讲，所有杂质元素最大含量[（铀基）]/(μg/g)	0.001

注：对于天然铀级 UF_6，下列杂质元素或同位素的允许含量[（铀基）]/(μg/g)：

铬：10.7，钼：1.4，钨：1.4，钒：1.4，^{233}U：3.6，^{232}U：0.0008。

UF_6 生产过程中不可避免地会产生一些有害杂质,其中铬、钼、钒、钨的氟化物和氟化氢应当尤其重视。这些重金属杂质进入同位素分离过程后,会使 ^{235}U 浓缩物的杂质含量增大,HF 进入分离系统则会腐蚀设备。因此对含有上述杂质的 UF_6,必须进行纯化处理。

1) 氟化氢的去除

UF_6 中的 HF 主要来源于电解法所制得的 F_2,因此,如果能预先将 F_2 中的 HF 去除,UF_6 的被污染程度则会大大降低。但这并不能得到不含 HF 杂质的 UF_6,因为 UF_6 生产系统漏入的水分会与之发生水解反应生成 HF。

(1) 冷冻分离法

在 UF_6-HF 二元体系凝聚相中存在一个低共熔点(约 $-85℃$),高于此温度(约 $-60℃$),体系由 UF_6 固体与饱和着 UF_6 的 HF 溶液组成。前者在液态 HF 中的溶解度与温度关系很大,在 $-20℃$ 以下不超过千分之几。体系的这一性质是被利用来纯化 UF_6 的基础。冷凝后几乎不含 UF_6 的液态 HF,可借助倾析法从冷凝器排出。

(2) 蒸馏分离法

此法是以 HF 的沸点和 UF_6 的升华点不同为基础进行分离的。在 $-60\sim-80℃$ 时,真空蒸馏可得到含 HF 仅为万分之几的 UF_6。但是,由于 HF 与 UF_6 形成恒沸混合物,从而引起相当量的损失。在工业上很少采取此法来纯化 UF_6 产品。

德国 URANIT 公司在其专利中提出,可以用全氟有机氮化物与 HF 作用生成一种比 UF_6 挥发度小的复盐,而后可用简单的蒸馏或升华的方法将 UF_6 从中分离出来。

2) 挥发性金属氟化物的去除

UF_4 氟化法制得的 UF_6,由于原料四氟化铀已精制纯化,而氟化、冷凝过程又对杂质元素有较高的纯化作用,所以,它含挥发性金属氟化物杂质很少,UF_6 常常不需要专门的纯化处理。但是铀浓缩物氟化法制得的 UF_6,因原料四氟化铀是由化学浓缩物未经纯化直接制得的,所以一些挥发性金属氟化物杂质(主要是铬、钼、钨、钒的氟化物)含量较多,这些杂质必须从六氟化铀中除去。由于这些金属氟化物很容易溶于液态六氟化铀,而它们的挥发度与六氟化铀有一定的差异,故可以用精馏法来除去铬、钼、钨、钒的氟化物杂质。

4. 排放气体的净化处理

六氟化铀生产厂排放气体包括两个部分:一是工艺尾气,即冷凝收集六氟化铀后的尾气;二是厂房排放气体。

工艺尾气通常含有一定量(0.05%~0.10%)的六氟化铀,未反应完的氟气及少量氟化氢;厂房空间也可能因操作事故和设备泄漏、维修等原因被有毒工艺气体污染。因此,它们在排放前都必须加以净化。上述两种气体所含有害物质浓度和气体量相差甚大,因而处理方法和设备也不同。

(1) 工艺尾气的净化

固体吸附法:工业生产中常用的固体吸附剂包括四氟化铀、木炭以及硫酸钙、氟化钙、氧化铝等。四氟化铀、木炭为化学吸附,其余三种吸附剂主要为物理吸附,它们对工艺尾气有良好的净化作用。

溶液淋洗法:工艺尾气与水或水溶液接触时,六氟化铀即水解为氟化铀酰及氟化氢转入溶液。氟气也能与水作用。

生产上,固体吸附和溶液淋洗结合一起使用。

(2) 厂房内排放空气的净化

厂房排放空气的净化,一般采用泡沫淋洗塔和框式过滤器组成两级净化系统。

泡沫淋洗塔用 1%～2%的碳酸钠溶液做淋洗剂,由塔上部向下喷淋,需净化的气体由塔下部导入。

框式过滤器所用滤布由聚氯乙烯纤维制成。在静电作用下,将气体中残余的氟化铀酰等气溶胶吸附干净。

3.6 目前国内外铀转化现状

3.6.1 铀转化工艺发展情况

目前全球铀转化市场正处于过渡期,正在发生一系列重大事件,如重大合同变更、老设施关停以及新设施投产等。铀转化现货市场规模快速增长,但价格波动较大,几经涨跌目前已降至 8 美元/kgU 以下。期货价格一直维持在 16.75 美元/kgU,直到 2013 年 7 月才降至 16.00 美元/kgU。

根据能源资源国际公司(ERI)的最新预测,在基准情况下,全球六氟化铀转化服务需求从 2013 年的 58 000t 增至 2035 年的 89 000t,增幅为 53%。根据预测,在 2013—2035 年间,美国的年转化需求预计为 16 000～21 000t,西欧地区的转化需求可能下降 23%,而独联体国家及东欧地区、东亚地区和其他地区的转化需求预计将增长 36 100t,增幅高达 166%,这与中俄等国的核能发展预期一致。目前全球一次铀转化产量占当年总需求量的约 75%,二次供应能力则远高于剩余的需求量。这种供大于求的状态预计还将维持约 20 年,但供大于求的程度逐渐下降。

2014 年国际铀转化市场份额中,俄罗斯 Rosatom 公司占比 26%,加拿大的 Cameco 公司占比 17%,美国康弗登(ConverDyn)公司占比 20%,法国 Comurhex 公司占比 19%,英国 Springfields 公司占比 9%,中国中核集团占比 9%。

3.6.2 国内外相关公司情况

1. 加拿大矿业能源公司(Cameco)

加矿业能源公司成立于 2002 年,是世界最大的铀生产商之一。可为轻水堆生产 UF_6,并为加压重水堆生产 UO_2。该公司位于加拿大安大略省的布兰德河(Blind River)。精炼厂使用 U_3O_8 生产 UO_3,许可产能为 18 000tU(UO_3)/a。生产的大部分 UO_3 被运至安大略省的霍普港(Port Hope)转化厂,该转化厂的许可产能为 12 500tU(UF_6)/a 和 2800tU(UO_2)/a。根据加矿业能源公司于 2005 年 3 月与前英国核燃料公司(BNFL)签署的一份有效期至 2016 年的合同,从 2006 年 3 月开始,加矿业能源公司每年将 5000tU 的 UO_3 从布兰德河厂运至英国的斯普林菲尔兹(Springfields)燃料厂,以生产 UF_6。但加矿已于 2014 年 8 月提前两年结束这份协定,到 2014 年 12 月加矿最多从斯普林菲尔兹燃料厂获得 3700tU(UF_6)。在 2014 年,加拿大与和哈萨克斯坦国家原子能公司在铀转化技术转让方面的合作取得重大进展,加方同意向哈转让铀转化技术,双方目前正在开展可行性研究,如果研究结果可行,双方将于 2018 年动工建设一座产能达 6000tU/a 的铀精炼厂。

2. 法国阿海珐集团(AREVA)

阿海珐的马尔维西(Malvesi)厂能够生产 UF_4 和铀金属,皮埃尔拉特(Pierrelatte)厂利用来自马尔维西厂的 UF_4 或来自阿格(La Hague)后处理厂的硝酸铀酰(UNH)生产 UF_6。该集团的额定产能为 14 000tU(UF_6)/a。该集团于 2011 年宣布将降低铀转化产量,主要是因为日本的需求在福岛核事故之后出现下降。该集团 2011 年的产量为 10 500tU(UF_6),比 2010 年的 12 900tU(UF_6)下降了约 19%。阿海珐在最近几年中启动了在马尔维西和皮埃尔拉特建设新的铀转化设施的计划,以 Comurhex II 代替现有转化设施即 Comurhex I,Comurhex I 已于 2015 年关闭。在皮埃尔拉特的新转化设施于 2016 年全面投产前,该集团将用库存来满足市场需求;马尔维西的新转化设施已于 2014 年第二季度投产。新设施的产能达到 15 000tU(UF_6)/a。阿海珐曾表示,如果市场条件允许,将把新设施的产能提高至 21 000tU(UF_6)/a。

3. 美国康弗登公司(ConverDyn)

霍尼韦尔公司(Honeywell)和通用原子能公司(General Atomics)的合资公司康弗登公司是美国唯一一座铀转化厂即梅特罗波利斯(Metropolis)铀转化厂的独家代理商。梅特罗波利斯铀转化厂由霍尼韦尔公司负责运营,额定产能为 15 000tU(UF_6)/a,可持续产能接近 12 000tU(UF_6)/a。根据计划,该工厂还将继续扩大其生产能力。2020 年,其生产能力扩大到 23 000tU/a。康弗登公司目前占据约 20% 的全球市场份额,其 46% 的产量供应美国市场,34% 供应东亚市场,19% 供应欧洲市场,1% 供应其他市场。

4. 俄罗斯国家原子能公司(Rosatom)

俄国家原子能集团在安加尔斯克电解化学联合体(AECC)和谢韦尔斯克(Seversk)的西伯利亚化学联合体(SCC)运营着两座 UF_6 生产设施,生产原料来自于切佩茨克(Chepetsk)机械厂生产的 UF_4、新西伯利亚(Novosibirsk)相关企业生产的硝酸铀酰以及国内外铀矿开采企业生产的黄饼。安加尔斯克的 UF_6 生产已于 2014 年第一季度终止;俄计划在西伯利亚化学联合体对现有转化产能进行现代化升级,并建设一个铀转化中心,以将俄的所有铀转化产能均集中到该联合体。西伯利亚化学联合体还根据与阿海珐的合同提供堆后铀(即通过后处理从乏燃料中回收的铀)转化服务。虽然根据相关媒体报道,俄罗斯的额定总产能约为 25 000tU(UF_6)/a,但根据更为合理的估计,其实际可持续产能约为 11 000tU(UF_6)/a。其在最近几年中的年产量均为约 8500tU(UF_6)。在目前俄向外界提供的"转化服务"中,相当一部分来自于高浓铀稀释作业。

除了上述 4 家大型供应商之外,中国核工业集团(CNNC)也拥有一定的铀转化产能。公开信息显示,目前我国在役铀纯化转化设施实际产能为 5000tU/a,在建铀转化设施额定产能为 9000tU/a,在建设施投产后,产能达到 14 000tU/a。

参考文献

[1] 邓佐卿.我国天然铀纯化技术研究的发展与现状[J].铀矿冶,1998,17(4):231-238.

[2] 申红,阙骥,等.铀纯化和铀转化废物再循环再利用工艺途径探讨[J].核科学与工程,2014,34(1):142-144.

[3] E. H. P. 科德芬克.铀化学[M].《核原料》编辑部《铀化学》翻译组,译.北京:原子能出版社,1977:74-122.

[4] 杨金辉,王清良,等.铀矿冶分析原理与方法[M].北京:化学工业出版社,2012:108-120.

[5] 王俊峰,粟万仁,等.铀转化工艺学[M].北京:中国原子能出版社,2012:50-58.

[6] HARRINGTON C D, et al. Uranium production technology[M]. Princeton: Van Nostrand, 1959:43-205.

[7] KNUDSEN I E, et al. Preliminary report on conversion of Uranium hexafluoride to Uranium dioxide in a one-step fluid-bed process[R]. USAEC-Rep. ANL-6023, 1959.

[8] H. Л. 加尔金,等.铀氟化物的化学及工艺学[M].严氢,江南,苏杭,译.北京:中国工业出版社,1965.

[9] 约·卡茨.铀化学:第一卷[M].伍丽素,范毅克,译.北京:化学工业出版社,1960.

[10] SMILEY S H,六氟化铀转化为四氟化铀[J].原子能译丛,1963(6).

[11] SPENCELEY R M, TEETZEL F M. Use of monatomic hydrogen in the UF_6-UF_4 reduction[R]. FMPC-400, 1953.

[12] OLIVER G D, et al. The vapor pressure and critical constant of Uranium hexafluoride[J]. J. Am. Chem. Soc, 1953, 75(12): 2827-2829.

[13] 夏德长.采用氟化物挥发法从黄饼生产 UF_6 的适应性[J].铀矿冶,2005,24(2):76-81.

[14] 沈朝纯,沈天荣.铀及其化合物的化学与工艺学[M].北京:原子能出版社,1991:286-292.

[15] 朱学蕊.铀转化产业亟待规模化发展[EB/OL]. http://paper. people. com. cn/zgnyb/html/2015-08/24/content_1602933. htm. 2016-09-22.

[16] 戴定.全球铀转化市场现状及未来展望[J].国外核新闻.2014(11):13-16.

第4章

铀 浓 缩

本章以气体离心法为主,兼顾其他方法,对铀浓缩方法进行介绍。对于气体离心法,阐释了其分离原理、单机分离基本理论,对铀浓缩级联也有所涉及,最后对当今世界的铀浓缩现状进行了介绍。

4.1 铀浓缩的意义

在三种易裂变核素 ^{235}U、^{239}Pu、^{233}U 中,^{235}U 是唯一天然存在的。天然铀元素由三种主要同位素组成:^{238}U(丰度为 99.28%)、^{235}U(0.71%)和 ^{234}U(0.0054%)。其中 ^{235}U 是唯一可裂变且天然稳定存在的同位素。通常反应堆核燃料要求 ^{235}U 的丰度在 3%~5%,称为低浓铀;而实验堆、增殖堆以及军用核材料等对 ^{235}U 的丰度要求更高,达到 20% 甚至 90% 以上,因此必须通过同位素分离技术提高 ^{235}U 的丰度以满足要求,此即为铀浓缩过程。

在人类的铀浓缩活动中,先后采用过电磁法、热扩散法、气体扩散法、气体离心法、激光法、喷嘴法等方法,其中实现工业化应用的是气体扩散法和气体离心法,激光法被认为是非常有应用前景的分离方法,目前尚处于实验室研究阶段。本书着重对这三种方法进行介绍。

4.2 气体扩散法

气体扩散法基于通过小孔的分子泻流中不同分子量的气体平均速度的差异实现同位素的分离。

4.2.1 气体扩散法的历史

1920 年,Aston 首先将气体扩散用于分离同位素,在氖气通过多孔黏土管时,实现了气体扩散单级的少量分离。Hertz 用 24~50 级的逆流循环级联大大地改善了分离,实现了 ^{20}Ne 和 ^{22}Ne 的分离,并且完全地分离了氢和氘。

第二次世界大战期间,为了制造原子弹需要大量的高浓铀,美国实施了曼哈顿计划。当时对四种分离方法进行了研究,这四种方法是:气体扩散法、热扩散法、电磁分离法和气体离心法。在气体扩散法被证明优于热扩散法和电磁法后,1945 年在橡树岭(Oak Ridge)建成第一个气体扩散工厂 K-25。美国在 1954 年于 Paducah 建成第二个气体扩散分离工厂，于 1956 年在 Portsmouth 建成第三个气体扩散分离工厂。英国和法国也分别在 20 世纪 50 年代和 60 年代建成了气体扩散法浓缩铀工厂。

苏联在 20 世纪 50 年代初期建成气体扩散分离工厂。中国也在 60 年代于兰州附近建成了气体扩散浓缩铀工厂。

气体扩散法是一种老方法，能耗高、经济性差。随着气体离心技术的不断发展，气体扩散法逐渐被离心法所取代。本书仅仅对气体扩散法的基本原理进行介绍，不对具体技术细节进行讨论。

4.2.2 气体扩散法的分离原理

首先研究通过小孔的分子泻流。考虑一个充有气体的容器（见图 4.2.1），有一个半径为 a 的小孔。

根据气体分子运动论，单位时间单位面积上的碰撞总数为 $n\bar{v}/4$，其中 n 为气体的数密度，$\bar{v}$ 为气体的平均速率。那么在单位时间内通过小孔的总分子数为 $\pi a^2 n \bar{v}/4$，在分子流状态下，气体的平均自由程远远大于小孔半径，因此，可以认为在通过小孔的过程中，分子之间无相互作用，过孔的分子数仅取决于小孔前后的分子数密度。因此单位时间内通过小孔的气体分子净流量 F 可以写成

$$F = \frac{\bar{v}}{4}(n_F - n_B)$$

其中下标"F"代表孔前，"B"代表孔后。假设孔前后的温度相同，则由气体的状态方程 $p = nkT$ 可知，

$$F = \frac{\bar{v}}{4kT}(p_F - p_B)$$

图 4.2.1 过小孔的分子泻流

其中 p_F、p_B 分别为孔前和孔后的气体压强，T 为气体温度。假设孔前、后的气体温度相同，过小孔的气体净流量就可以表示为

$$G = \pi a^2 F = \frac{\pi a^2 \bar{v}}{4kT}(p_F - p_B)$$

如果气体中含有分子量不同的两种组分，其相对分子质量分别为 M_1、M_2，那么不同组分的流量就可以写成如下形式：

$$G_i = \pi a^2 F_i = \frac{\pi a^2 \bar{v}_i}{4kT}(p_{iF} - p_{iB}), \quad i = 1, 2$$

若定义 C、C' 分别为孔前、后的轻组分摩尔丰度，则有 $\dfrac{p_{1F}}{p_{2F}} = \dfrac{C}{1-C}$，$\dfrac{p_{1B}}{p_{2B}} = \dfrac{C'}{1-C'}$。根据流量关系，有 $p_{1B}/p_{2B} = G_1/G_2$，因此有

$$\frac{C'}{1-C'} = \frac{\bar{v}_1}{\bar{v}_2} \frac{p_{1F} - p_{1B}}{p_{2F} - p_{2B}}$$

在分子流条件下,两种组分的平均速率之比有如下关系:

$$\frac{\overline{v}_1}{\overline{v}_2} = \sqrt{\frac{M_2}{M_1}}$$

因此可得

$$\frac{C'}{1-C'} = \frac{\sqrt{M_2}}{\sqrt{M_1}} \frac{p_{1F} - p_{1B}}{p_{2F} - p_{2B}}$$

由于 $p_{1F} \gg p_{1B}$,$p_{2F} \gg p_{2B}$,上式可进一步近似为

$$\frac{C'}{1-C'} = \sqrt{\frac{M_2}{M_1}} \frac{p_{1F}}{p_{2F}} = \sqrt{\frac{M_2}{M_1}} \frac{C}{1-C}$$

定义分离系数

$$\alpha \equiv \frac{\dfrac{C'}{1-C'}}{\dfrac{C}{1-C}}$$

则有

$$\alpha_0 = \frac{\sqrt{M_2}}{\sqrt{M_1}}$$

对于 $^{235}UF_6$ 和 $^{238}UF_6$ 而言,$\alpha_0 = \sqrt{352/349} \approx 1.004\,29$。

4.2.3　二元气体混合物通过单层分离膜的流动和分离

气体扩散法分离铀同位素的关键部件是分离膜,其制造工艺高度保密。分离膜有三种:金属膜、陶瓷或非金属无机物膜和氟化树脂(聚四氟乙烯)膜。无论何种膜,均应满足以下要求:

① 具备耐 UF_6 腐蚀的能力。

② 控制分离膜的孔径。过大或者过小都不利于分离。

③ 要有一定的机械强度,能够承受膜前后压差及机械弯曲和振动。

④ 要有合适的渗透值,保证有一定量的气体通过。

⑤ 成本低,容易大批量生产。

通常工业用的分离膜孔径约为100Å。图 4.2.2 给出了二元气体混合物流经分离膜时的示意图和所用符号。同位素组分为 1 和 2;G_1 和 G_2 分别表示轻重组分的摩尔流量。膜前用 ″ 表示,膜后用 ′ 表示。x'' 为膜前贴近膜表面处组分 1 的摩尔丰度,y' 为组分 1 在膜后的摩尔丰度,透过膜的毛细管的净流中轻组分的摩尔丰度 $\nu = G_1/(G_1 + G_2)$。

(1) 理想分离

当膜前压力很低,膜内微孔极小时,流动状态全部是分子流。如果膜后压强很低,甚至可忽略不计,此时反扩散的影响很小,同时忽略孔内分子间的碰撞,分离效应达到最大值。此时得到的

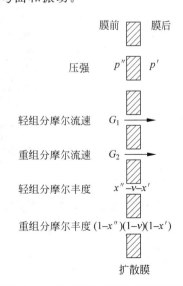

图 4.2.2　二元气体通过分离膜的流动

$$\alpha_0 = \sqrt{M_2/M_1}$$

称为扩散法理想分离因子。

（2）实际分离

由于膜后压强不为零,存在由膜后向膜前的反扩散;穿过膜的流动并不是纯分子流,分子间存在碰撞,实际的分离因子小于理想分离因子,具体理论推导不再给出,感兴趣的读者可查阅参考文献。可以指出,实际的扩散法单级分离系数约为 1.002,是很小的,因此要想达到要求的丰度,需要很多的扩散分离单元组成级联。

4.2.4 浓缩铀的气体扩散技术

多孔膜是气体扩散技术的第一关键部件。气体扩散法通过它实现了分子混合物中轻、重分子的分离过程。膜的质量——其平均孔径决定了铀浓缩过程的经济性。孔径越小,工作气体的压强就可以越高,在不增加气体扩散级的条件下可以达到更高的分离程度。

苏联使用的扩散膜由镍制成,是一个直径 15mm、长 550mm、壁厚为 0.15mm 的管子。该膜能够在相当高的压强下长时间在六氟化铀的化学腐蚀环境中高效地工作(图 4.2.3)。其机械强度能够承受压强变化和振动。扩散膜由两层构成:支撑层和分离层。支撑层保证必要的机械强度。分离层的厚度为 0.01mm,孔的平均直径为 $0.01\mu m$。这种膜有很好的分离特性并能够工作 10 年以上而不需要再生。

图 4.2.3 管状气体扩散膜装架

气体扩散技术的第二个关键部件是压缩机,它能在要求的 UF_6 流量下给出所需的压缩比。常温下气体 UF_6 的声速大约 90m/s,压缩机工作在超声速状态。

在美国和法国的气体扩散工厂中使用强大的多级轴流式超音速压缩机。向压缩机供入两股流量几乎相同的气体流。第一股是通过前一级分离器中分离膜,低压 p' 下的被浓缩气体。这些气体通过轴流式压缩机的所有级,而在其出口达到高压强 p。第二股是来自级联下一级分离器,沿着管状多孔膜流过的贫化气体,这股气体的压强 p'' 高于 p',比压强 p 略低。为了恢复到压强 p,这股气体仅通过压缩机的部分级(一级或者二级足够),这样可以减少压缩机功耗。

　　苏联制造并使用结构比较简单的单级超音速离心(径向)压缩机(图 4.2.4)。在每一级安装两台压缩机。向第一个压缩机供入压强为 p' 的浓缩气体,在压缩机出口升高到中间压强 p''。这股气体会同上一级出来的贫化气体一同进入第二个压缩机,达到压强 p。

图 4.2.4　级联中的气体扩散级(苏联)

　　气体进入压缩机中被压缩过程中温度升高,在进入分离器之前,要进入每级都有的水冷却器中冷却,达到分离所需的工作温度。图 4.2.5 给出了美国气体扩散级的布置。

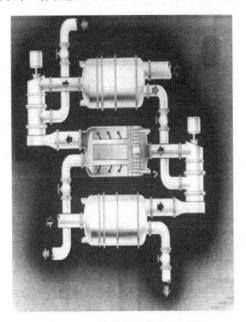

图 4.2.5　扩散级的布置(美国)

由于气体扩散机器内部的压强均低于大气压,因此必须采用密封系统来保证高度密闭性。在苏联的扩散工厂中,具有上万个法兰连接的扩散级联达到了非常高的密封性。如果把整个系统抽到深度真空后关闭,由于空气的泄漏压强将逐渐升高,但压强升到 0.5 个大气压需要几百年。

由于单级的分离系数很小,需要将大量的气体扩散分离单元连接起来,形成扩散级联,才能达到要求的浓缩铀丰度。

级联中的每一级都设计和建立可靠的轻、重组分调节系统,以保证在级联末端有比头部 UF_6 的流量小 6 个数量级的流量。设计和建立了阀门及所有为级联工作所需的辅助系统,包括强大的供电和冷却系统,铀同位素丰度分析仪器等。

一个生产供核能用的浓缩 ^{235}U 到 5% 的典型气体扩散级联含 1000 多级,每一级都有强大的压缩机,气体扩散级联所需的所有能量都转换为热而被冷却水带走。由于在膜上的分离是在远离热力学平衡的条件下进行的,因此气体扩散过程的比能耗非常大。美国的气体扩散工厂最初的比能耗为 3000kW·h/kgSWU(SWU 为分离功单位),改造以后减小到 2500kW·h/kgSWU。法国比较现代化的"欧洲扩散"气体扩散工厂的比能耗为 2400kW·h/kgSWU。要想进一步降低是很困难的。这也是气体扩散法逐步被离心法所取代的原因。图 4.2.6 为扩散工厂的内景。

(a) (b)

图 4.2.6 扩散工厂
(a) 苏联;(b) 美国

4.3 气体离心法

4.3.1 气体离心法的发展历史和现状

人类很早就发现,利用引力场可以分离不同分子量的物质,并在淘金等技术中应用了这种方法。利用引力场来分离不同分子质量的气体也已有百年历史。早在 1895 年,德国的布雷迪什(Bredig)首先利用这种方法分离了混合气体。后来,当发现了元素存在同位素以后,很快就有人提出用引力场来分离气体同位素。1919 年。林德曼(Lindemann)和阿斯顿(Aston)指出:若在地面和 30 000m 高空中分别对空气取样,则样品中的氖同位素组成将有显著的差别,并认为在实际工作中最有希望的分离方法是采用离心机。在这以后,一些科学家曾试图研制分离同位素的气体离心机,但都未获得成功。直到 1934 年,美国弗吉尼亚大学学者比姆斯(Beams)首先研制成功了能分离气体同位素的离心机,并实现了氯同位素的分离。至此,用离心机来分离同位素在理论和实验上都初步得到了确认。

当采用离心法分离不同分子质量的气体时,其分离效应仅取决于两种气体分子质量之差而与气体平均分子质量的大小无关。也就是说,离心法不像气体扩散法等其他分离方法那样,分离效应会随着气体平均分子质量的增大而减小。因此,用离心法分离重同位素是特别合适的。在第二次世界大战期间,一些国家开始研究生产核武器用的浓缩铀的方法,离心法被公认为是一种有希望的方法。于是,离心法研究工作进入了分离铀同位素的阶段。美国最先探索用气体离心机来分离铀同位素,在比姆斯研究工作的基础上改进了离心机,首先实现了铀同位素的分离。此后,他们又根据热扩散等分离方法中提出的多级化原理,成功地研制了利用轴向逆流方式使分离效应得到倍增的逆流离心机,使离心机取得了较好的分离效果。

20 世纪 50 年代起,离心法分离铀同位素的研究工作集中在离心机机型的研制方面,目的是研制满足工业生产要求的具有一定分离能力的离心机。在这方面做出贡献的主要是德国科学家,其中著名的有在苏联、联邦德国和美国从事研究的齐佩(Zippe)和在波恩大学从事研究的格罗特(Groth)。他们分别研制成了两种不同类型的离心机。其中齐佩研制的离心机最富有创造性,以其简单而独特的结构满足了工业用离心机长寿命、低能耗的要求,把离心法研究工作向前推进了一大步,为离心法由实验室研究向生产规模过渡做出了重要贡献。

20 世纪 60 年代中期,由于核电站的迅速发展,对核燃料的需要量激增,加上齐佩型离心机为工业化生产奠定了基础,离心法研究工作引起了更多国家的重视,并取得很大的发展。研究的领域从单台离心机逐步扩大到级联装置和小型试验工厂。在单机研究方面,为了增加分离能力采用了新的高强度转子材料,使离心机能在更高的圆周速度下运行,同时不断增加转子长度,这些为离心法的工业应用创造了更有利的条件。随着离心机性能的不断改进,气体离心法已经成为工业生产浓缩铀的主要方法。

目前世界各国的离心机均为齐佩型,其典型结构如图 4.3.1 所示。在几种常用的铀同位素分离方法中,气体离心法耗能相对较少,单级分离系数相对较大,技术也相对较为成熟,所以是目前工业上比较常用的铀浓缩方法。

根据离心机的分离功率大小,可以将离心机分为小型、中型和大型三种类型。

小型离心机的单机分离功率在几 kgSWU/a 量级,以俄罗斯和中国的离心机为代表;中型离心机为几十 kgSWU/a 量级,主要是 URENCO 的离心机技术;大型离心机的分离功率达到几百 kgSWU/a,以美国离心机为代表。

(1) 小型离心机

小型离心机以俄罗斯的亚临界机型为代表,俄罗斯的离心机以亚临界离心机为主,前 8 代离心机均为亚临界机,转子高度 0.5m,外套筒直径 18cm,

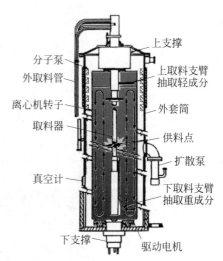

图 4.3.1 气体离心机机型和结构

通过技术改进,单机分离功率从 1kgSWU/a 提升至 6.8kgSWU/a。目前正开展第 9 代、第 10 代(均为超临界进行)离心机的研制,预计单机分离功率为 10～26kgSWU/a。俄罗斯离心机及各代的研发时间及分离性能如图 4.3.2 所示。

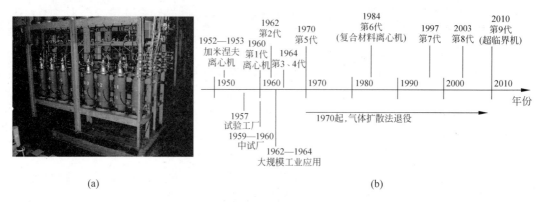

图 4.3.2   俄罗斯离心机

(a) 离心机级联;(b) 各代离心机的研发情况

(2) 中型离心机

以 URENCO 的离心机为代表,为超临界离心机。URENCO 于 1971 年由德国、荷兰和英国共同出资成立,共研制了 7 代离心机。前两代离心机为各国独立研制。从第三代离心机开始,采用碳纤维复合材料作为转子材料,均为超临界机型。目前的离心机机型为 TC12,TC12＋和 TC21(第六代),其中 TC21 的分离功率约为 100kgSWU/a,转子高度约为 6m。图 4.3.3 为 URENCO 的离心机。

图 4.3.3   URENCO 的离心机

URENCO 各代离心机的分离能力如图 4.3.4 所示。

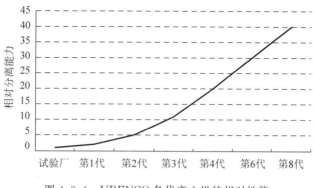

图 4.3.4　URENCO 各代离心机的相对性能

（3）大型离心机

大型离心机主要是美国开发的离心机技术。美国自 1939 年起开始研制出世界上第一台离心机，1960 年启动了离心铀浓缩计划，1982 年建成示范工厂。到 1985 年，共研制出了 5 代离心机，均为大型超临界离心机，采用了玻璃纤维作为转子材料。2002 年开始，美国重新开始研制离心机，采用碳纤维作为转子材料，并计划建立离心铀浓缩工厂，但目前该计划处于搁置状态。图 4.3.5 为美国离心机的最新机型 AC100，转子高度超过 12m，半径为 50cm，单机分离功率可达 350kgSWU/a。

图 4.3.5　美国的离心机（AC100）

4.3.2　气体离心法的基本原理

气体离心机可以看成一个中空的圆柱体，充入待分离的气体同位素混合物，由于转子的高速旋转，气体压强在径向上呈指数分布，在压强梯度的作用下，不同分子质量的组分在径向上产生分离效应，重组分在转子侧壁处得到浓缩，在中心区域轻组分丰度得到提高。

1. 径向上的气体压强分布

首先考虑气体离心机转子中单组分气体的压强分布。如图 4.3.6 所示,充有单组分气体的离心机转子内半径为 r_a,高度为 Z,以恒定角速度 Ω 旋转。采用圆柱坐标系 (r, θ, z),z 轴为旋转轴。转子内气体摩尔质量为 M,温度为 T_0,分布均匀。若气体为黏性连续介质,定常情况下,由于黏性力的作用,气体整体将以与转子相同的角速度绕轴线旋转。如果假设转子内部的气体除了旋转以外没有其他宏观运动,则气体的状态参量(压强 p 和密度 ρ)都只是径向坐标的函数。

为了确定气体压强沿径向的分布规律,考虑转子内一个微元体的受力。如图 4.3.7 所示,此微元体径向、角向和轴向的长度分别为 dr、$rd\theta$ 和 dz,其体积等于 $rd\theta dz$。

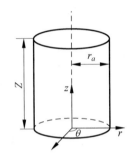
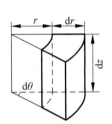

图 4.3.6　离心机转子示意图　　　　图 4.3.7　离心机中的体积元

当气体以角速度 Ω 绕 z 轴旋转时,这个体积元中的气体所受的离心力是 $(\rho r dr d\theta dz)\Omega^2 r$,方向指向转筒侧壁。在定常状态下,这个力必须与径向压强梯度所产生的力相平衡。若径向压强梯度为 dp/dr,则在这个体积元上产生的力是 $(dp/dr)rdrd\theta dz$,方向指向轴线。这两个力方向相反,大小相等,于是有

$$(\rho r dr d\theta dz)\Omega^2 r = \left(\frac{dp}{dr}\right)rdrd\theta dz$$

即

$$\left(\frac{dp}{dr}\right) = \rho\Omega^2 r \tag{4.1}$$

气体的压强和密度的关系是由热力学状态方程决定的。对于分离铀同位素的气体离心机来说[1],主要工作气体是 UF_6。根据已有资料,UF_6 的状态方程满足完全气体定律,即

$$p = \frac{\rho}{M}RT_0 \tag{4.2}$$

式(4.2)中 R 为摩尔气体常数,它等于 8.314J/(mol·K)。

在式(4.1)和式(4.2)中消去密度 ρ,可得到离心力场中气体压强的方程

$$\frac{dp}{dr} = \frac{Mp}{RT_0}\Omega^2 r \tag{4.3}$$

对这个方程求积分,并利用相应的边界条件,就可以得到离心力场中气体压强的表

---

① 本书将主要局限于铀同位素分离,除特殊说明外,均指分离铀同位素的离心机。

达式。

若给定的边界条件是轴线处中心压强 p_0，即 $r=0$ 时，$p=p_0$，则得

$$p(r) = p_0 \exp\left(\frac{M\Omega^2 r^2}{2RT_0}\right) \tag{4.4}$$

式中，$p(r)$ 为转子中半径为 r 的柱面上的压强。

若给定边界条件为转子侧壁处的压强 p_w，即 $r=r_a$ 时，$p=p_w$，则得

$$p(r) = p_w \exp\left(\frac{M\Omega^2}{2RT_0}\left(\frac{r^2}{r_a^2} - 1\right)\right) \tag{4.5}$$

由于饱和蒸气压的限制，UF_6 气体在侧壁处的压强不可能高于饱和蒸气压，因此式 (4.5) 更为常用。

2. 气体离心机的充气量

由式 (4.5) 及理想气体状态方程式 (4.2) 可以得到离心机径向上的密度分布

$$\rho(r) = \rho_w \exp\left(\frac{M\Omega^2}{2RT_0}\left(\frac{r^2}{r_a^2} - 1\right)\right) \tag{4.6}$$

其中，ρ_w 为转子侧壁处的气体密度。若不考虑离心机内气体的轴向流动，对式 (4.6) 在轴坐标系内进行积分，就可以得到离心机内部气体的质量（即充气量，也称为滞留量）：

$$\Gamma = 2\pi Z \int_0^{r_a} \rho(r) r \mathrm{d}r = \frac{2\pi \rho_w Z}{\Omega^2}\left[1 - \exp\left(-\frac{M\Omega^2 r_a^2}{2RT}\right)\right] \tag{4.7}$$

对于现代离心机，$M\Omega^2 r_a^2/2RT$ 的值通常较大，上式可以忽略其中的指数项，从而简化为

$$\Gamma = \frac{2\pi \rho_w Z}{\Omega^2} \tag{4.8}$$

进而可以得到半径 r_1 和转子半径 r_a（$r_1 < r_a$）之间的气体质量

$$\Delta\Gamma = 2\pi Z \int_{r_1}^{r_a} \rho(r) r \mathrm{d}r = \frac{2\pi \rho_w Z}{\Omega^2}\left[1 - \exp\left(-\frac{M\Omega^2 r_a^2}{2RT_0}\left(1 - \frac{r_1^2}{r_a^2}\right)\right)\right] \tag{4.9}$$

与式 (4.8) 联立可得

$$\frac{\Delta\Gamma}{\Gamma} = \frac{1 - \exp\left(-\dfrac{M\Omega^2 r_a^2}{2RT_0}\left(1 - \dfrac{r_1^2}{r_a^2}\right)\right)}{1 - \exp\left(-\dfrac{M\Omega^2 r_a^2}{2RT_0}\right)} \tag{4.10}$$

类似地，忽略 $\exp\left(-\dfrac{M\Omega^2 r_a^2}{2RT_0}\right)$，并针对 $\dfrac{r_1}{r_a}$ 求解可得

$$\frac{r_1}{r_a} \approx \left(1 + \ln\left(1 - \frac{\Delta\Gamma}{\Gamma}\right)/A^2\right) \tag{4.11}$$

其中 $A^2 = \dfrac{M\Omega^2 r_a^2}{2RT_0}$。

通过式 (4.8) 和式 (4.11) 可以比较方便地计算不同线速度和尺寸的转子中的充气量。与扩散机相比，离心机中的充气量是很小的。实际的级联生产中，离心机内的气体质量只占整个级联充气量的小部分，大部分气体均在供取料系统及级联管道内。

3. 气体离心机的径向分离效应

如果转子内充入的是多组分气体混合物，则式 (4.4) 和式 (4.5) 对每种组分分别成立。

对于相对分子质量分别为 M_1、M_2($M_1 > M_2$)的双组分气体,有下列关系:

$$p_1(r) = p_{w1} \exp\left(\frac{M_1 \Omega^2}{2RT_0}\left(\frac{r^2}{r_a^2} - 1\right)\right)$$

$$p_2(r) = p_{w2} \exp\left(\frac{M_2 \Omega^2}{2RT_0}\left(\frac{r^2}{r_a^2} - 1\right)\right) \tag{4.12}$$

若两种气体摩尔丰度相同,则两种气体的径向压强分布如图 4.3.8 所示。在离心力场作用下,分子质量的差异会导致径向压强分布的不同,轻、重组分的丰度也随径向位置变化。对轻组分来说,轴线处的丰度高于侧壁处,重组分则正好相反,这就是离心力场中的分离效应。

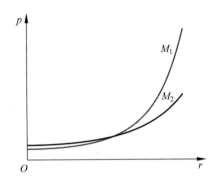

图 4.3.8　不同分子量的气体的径向压强分布

根据丰度的定义和压强表达式(4.12),可以求出离心力场中的径向分离系数。令离心机中半径为 r 的柱面处的丰度为 $C(r)$,轴线处的丰度为 $C(0)$,侧壁处的丰度为 $C(r_a)$,可以求出以下两种 $C(r)$ 的表达式:

$$C(r) = \left\{1 + \left[\frac{1 - C(0)}{C(0)}\right]\exp\left(\frac{\Delta M_1 \Omega^2 r^2}{2RT_0}\right)\right\}^{-1} \tag{4.13}$$

$$\frac{C(r)}{1 - C(r)} = \frac{C(r_a)}{1 - C(r_a)}\exp\left[\frac{\Delta M_1 \Omega^2 r^2}{2RT_0}(r_a^2 - r^2)\right]$$

式中

$$C(0) = \frac{p_{1c}}{p_{1c} + p_{2c}}, \quad C(r_a) = \frac{p_{1w}}{p_{1w} + p_{2w}}$$

通常把这种由离心力场中转子轴线处和侧壁处的丰度所确定的分离系数称为离心机的径向平衡分离系数,用 q_0 表示。相应的浓缩系数称为离心机的径向平衡浓缩系数,用 ε_0 表示。q_0 的表达式为

$$q_0 = \frac{C(0)}{1 - C(0)} \bigg/ \frac{C(r_a)}{1 - C(r_a)} \tag{4.14}$$

由式(4.13)可求得

$$q_0 = \exp\left(\frac{\Delta M \Omega^2 r_a^2}{2RT_0}\right) \tag{4.15}$$

其中 $\Delta M = M_1 - M_2$。在逆流离心机中,除了径向分离效应外,还有轴向倍增效应。所以也把 q_0 称为离心机的一次平衡分离系数。

根据式(4.15),可以分析影响离心机径向分离效应的各项因素:

（1）侧壁线速度 Ωr_a

离心机的径向分离系数与转子侧壁线速度 Ωr_a 的平方呈指数关系,线速度越高,径向分离系数越大。

（2）两种组分的摩尔质量差 ΔM

从理论上来说,离心法的径向分离系数仅仅与组分的摩尔质量之差 ΔM 有关,而与气体的平均分子量无关,因此离心法在分离重同位素(特别是铀同位素)具有优越性。

（3）温度

从表达式来看,降低工作温度是有利于提高径向分离系数。但实际上,温度不能太低。因为温度对离心机内气体的流动状态影响很大,它是影响离心机分离性能的重要因素之一。

图 4.3.9 给出了径向分离系数在温度为 300K 时随侧壁线速度的变化。可以看到,当侧壁线速度达到 600m/s 时,理论上径向分离系数高于 1.2,分离效应相当明显。

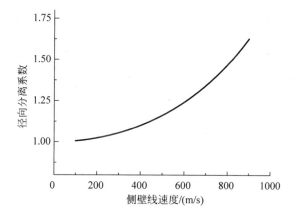

图 4.3.9　不同线速度下的径向分离系数($T=300$K)

需要指出,实际离心机的径向分离系数不可能达到理论值 q_0。主要有两方面原因:一是中心区域稀薄流区的影响;二是逆流离心机中轴向流动的影响。对于后一种影响,将在后面进行深入讨论。下面对第一种影响进行说明。

在实际离心机中,转子侧壁处的气体压强受到工作温度下饱和蒸气压的限制。对于 UF_6 气体,在常温下,如 300K 时,饱和蒸气压为 16 700Pa。如果离心机的圆周速度是 430m/s,根据计算,侧壁和中心压强之比为 4.8×10^5,所以即便侧壁处气体的压强为饱和蒸气压,中心压强亦仅为 0.035Pa,是相当低的。据已有资料,UF_6 气体在温度为 T_0、压强为 p 时,其分子平均自由程的经验值由下式表示:

$$\lambda = 2.98 \times \frac{p_0}{p} \left(\frac{T_0}{273}\right)^{1.433} \times 10^{-3}(\text{m})$$

式中,P_0 为 1atm,即 1.013×10^5 Pa。若用前面的中心压强和温度代入,$p=0.035$Pa,$T_0=$ 300K,则 λ 值达 0.1m。因此,当离心机圆周速度超过 430m/s 后,转子中心轴线附近气体的分子平均自由程将接近和大于转子半径,转子中心流区已不再是连续流区,而是低压强下的过渡区和自由分子流区。对这些区域,连续介质假设下的黏性流动假设已不再适用,这样就出现了两个问题:首先是前面推导径向平衡分离系数表达式时所采用的基本假设已不再在整个转子范围内成立。在中心稀薄区,气体的宏观运动角速度不可能全部达到与转子相同的旋转角速度,这当然要导致分离系数的降低。其次,实际离心机是一个连续分离过程,必须有一定量的供取料。为了达到一定的取料流量,取料位置上的气体压强不能低于一定的压强值。这样,当离心机圆周速度较高时,就不能在中心轴线附近取料,而必须在一定的半径位置上取料。此时就不可能全部利用径向平衡分离效应,因此实际径向分离系数低于 q_0。

式(4.15)给出的 q_0 值是径向分离系数的理论最大值,在实际离心机中,特别是圆周速度较高的离心机中,径向分离系数将明显低于 q_0。

在逆流离心机中,虽然径向分离系数达不到 q_0,但是合理的轴向环流使整个离心机的分离系数仍然可以大于 q_0 值。因此,逆流离心机的实际分离系数可以达到 1.1~1.5,甚至更高。

4.3.3　逆流离心机的倍增效应

现代铀浓缩工业所用的齐佩型离心机均为逆流型离心机。这种离心机根据化工技术中精馏塔和同位素分离技术中的热扩散柱等相关理论,在离心机转子内部再附加一个沿轴向的逆向气体环流,使径向分离效应得到倍增,从而增强了分离效果。下面对逆流倍增效应做简要介绍。

考虑一个封闭的转子,当其中的气体丰度分布达到稳定后,引入沿轴向的逆向环流,流动方向是轴线附近向上,侧壁附近向下,且两个方向上气体的总流量相等。随着环流的引入,两种组分沿轴向都产生输运。

在相同的总流量条件下,靠近轴线的轻组分含量更高,因此在同一横截面上,轻组分有一个向上的净流量。重组分则正好相反,这就是逆流离心机倍增效应的基础。由此,逆向环流产生了轴向丰度梯度,同时,轴向丰度梯度也产生了轴向反扩散。当轻组分净输运量与转子轴向丰度梯度而产生的向下的轻组分反扩散净输运量平衡时,达到新的定常态,丰度梯度不再发生变化。当离心机轴向尺寸足够高时,气体的轴向丰度差可以比径向丰度差大很多。下面用一台分成小室的离心机更形象地说明倍增效应的形成过程。

假设有一个离心机转子,其内可以按类似于精馏塔的塔板高度用垂直于转轴的平行隔板分隔成五个小室。令小室的序号由下而上依次为Ⅰ、Ⅱ、Ⅲ、Ⅳ、Ⅴ。在离心力作用下,每个小室内都有径向分离效应,轴线附近轻组分丰度比侧壁附近高出一个数值,现以 2δ 来表示这个径向丰度增量。若与径向平均丰度相比,则可以近似认为轴线附近丰度增加了 δ,而侧壁附近丰度减小了 δ。假设所有隔板上在近轴处和近侧壁处都开有小孔,有均匀的气流经过这两排小孔沿轴向逆向流动,近轴处气体往上流,侧壁处则往下流。其流动模型如图 4.3.10 所示。为了表示方便,图中用与径向平均丰度的差值来表示各室内的丰度值。显然,由于这种逆向环流的存在,各小室的丰度一定会发生变化。下面讨论没有供取料时这个转子内各小室中的丰度变化情况。

初始时转子内部的丰度分布如图 4.3.10(a)所示。各小室内的径向丰度分布相同,没有轴向的丰度差异。当逆向环流开始以后,首先在两端的Ⅰ室和Ⅴ室中丰度发生了变化。这两个小室与中间的三个小室不同,它们都只有一股流入和一股流出的气流。这两股气流虽然流量相等,但丰度不同。例如在Ⅴ室中,流入的气体丰度为 $+\delta$,而流出的气

体丰度为 $-\delta$。因而 V 室内轻组分就会逐渐增多。Ⅰ室内则情况正好相反。于是，经过一定时间以后，两端的小室内丰度就起了变化，这种变化又将影响到相邻的小室 Ⅱ 室和 Ⅳ 室。

在图 4.3.10(a) 的初始状态时，Ⅲ 室和 Ⅳ 室中轻组分的流入和流出总量是相等的。当轴向逆流引起 Ⅰ 室和 V 室内丰度发生变化以后，则 Ⅲ 室和 Ⅳ 室中轻组分流入和流出的平衡就无法继续保持，也要产生丰度变化。此时将出现图 4.3.10(b) 所示的中间状态，从 Ⅰ 室进入 Ⅱ 室的气体丰度不再是 $+\delta$，而是 $-\delta$，从 V 室进入 Ⅳ 室的气体丰度也不再是 $-\delta$，而是 $+\delta$。其结果是使 Ⅱ 室中轻组分减少，而 Ⅳ 室中轻组分增加，这样 Ⅰ 室和 Ⅳ 室中气体的丰度自然也就起了变化。

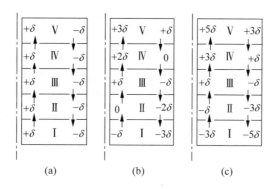

图 4.3.10　逆流离心机中的分离效应倍增

(a) 初始状态；(b) 中间状态；(c) 稳定状态

由于两端小室中流入和流出的气体丰度仍不相同，因此图 4.3.10(b) 还不是最后的稳定状态。最后达到的稳定状态由图 4.3.10(c) 所表示。此时各小室中轻组分的流入和流出总量都相等，轴向逆流已不再能改变各小室中的丰度。转子两端的最大丰度差达到 10δ，也就是单个小室所能达到的径向丰度差 2δ 的五倍。这种由于逆向环流所产生的径向分离效应的成倍增加称为**逆流离心机的倍增效应**。对于这里所举的例子来说，逆流离心机的分离效应倍增因子就等于离心机转子内小室的数目，五个小室使分离效应增加为五倍。显然，如果离心机转子有足够的长度，也就是有足够多的小室，则逆流离心机的分离系数就可以明显增大。这对于实际应用当然是很有价值的。不过小室当然要有一定的轴向高度，所以一定高度的离心机，其倍增效应也有一定的限度。

以上讨论只是为了定性说明逆流离心机的倍增效应而专门建立的理想流动模型，它与实际情况有较大的差别。首先，这种模型对转子内部气体各组分输运的物理过程缺乏全面考虑。在离心机转子内，气体混合物中轻组分的轴向质量输运不仅取决于宏观的对流流动，而且存在着轴向扩散流。此外，在实际离心机中并不是都用隔板把转子分成许多小室，气体沿轴向的逆流也不可能像图 4.3.10 所简化的那样，只是在一定半径处的两股气流。实际离心机内气体的轴向流动沿半径有一定的分布，是一种相当复杂的流动，它对丰度分布自然也会产生影响。最后，在实际离心机中必须有一定的供取料流量，它对整个分离过程也要产生影响。因此，逆流离心机的分离性能综合考虑上述各种因素才能确定。

4.3.4　逆流离心机的环流驱动方式

在逆流离心机中,为了实现径向分离效应的倍增,必须存在轴向环流。这种轴向环流可以采用不同方式产生,产生环流的方式通常称为环流驱动方式,分为外部驱动和内部驱动两种。外部驱动需要借助外部设备来维持环流,由于设备复杂、能耗较大而被淘汰,本书主要对内部驱动方式进行详细介绍。

内部驱动是一类不需要外部设备,完全依靠离心机自身的结构和运行条件来维持环流的驱动方式。根据驱动原理的不同,可以分为以下三种形式。

(1) 机械驱动

通过旋转气体和转子内贫取料器的相互作用来产生环流,它利用了离心机机械结构上的特点,所以称为机械驱动。

根据前面的分析,转子内气体沿径向的压强分布由式(4.4)表示。角速度降低时,压强分布就变得平坦,角速度增加,则压强分布就变得更陡。如果转子内沿轴向角速度有差别,就会产生环流。图 4.3.11 表示了机械驱动环流的基本原理。

一般而言,离心机分为贫取料室、分离腔、精取料室(沿轴向),其中贫取料室是产生机械驱动的部位。贫取料室的结构如图 4.3.11(a)所示。在取料器附近设有开孔的挡板,挡板除中心开孔外,在靠近转子侧壁处也开了孔。取料器是静止的,贫取料室内的旋转气体受到的阻力有两种:激波阻力和摩擦阻力(激波阻力是由于做超声速旋转运动的 UF_6 气体与静止的取料器作用产生激波导致的),这使得贫料室内气体的旋转角速度必然低于分离室。于是,在挡板两边就产生了图 4.3.11(b)所示的不同的压强分布,沿轴向产生了压差,结果就产生了轴向流动。在侧壁处,气体从分离室流入贫料室,而在近中心处气体由贫料室流入分离室。这样就形成了轴向环流。

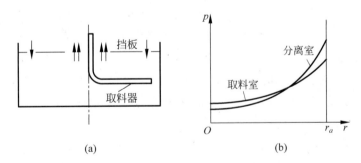

图 4.3.11　机械驱动环流的流动示意图

(a) 贫取料室结构;(b) 取料室与分离室内的压强分布

(2) 热驱动

热驱动通过控制转子上下端盖及侧壁上的温度分布来产生环流。可以分为侧壁热驱动和端盖热驱动。在实际离心机中,通过外套筒和分子泵等部件使转子侧壁有一定的温度分布,在两个端盖处侧壁与端盖的温度相同,即同时存在侧壁热驱动和端盖热驱动,合理的选择结构参数,控制温度分布,即可在转子内形成所需要的轴向环流。

从环流驱动原理上来看,热驱动是由于气体温度的不均匀而产生。定性地从物理原理上考虑,热驱动环流中基本原理如图 4.3.12 所示。图 4.3.12(a)为转子温度分布示意图。上端是冷端,下端是热端。假设气体导热良好,气体温度接近转子温度,根据转子内气体的压强分布规律,在轴向不同位置的气体的压强沿径向的分布有所不同。于是就产生了图 4.3.12(b)所示的压强分布。高温区分布平坦,低温区分布较陡,轴向有了压强差,环流也就产生。此时侧壁附近的气体由冷端流向热端,中心附近则由热端流向冷端。对铀同位素分离而言,冷端取出的是产品,热端取出的是贫料。

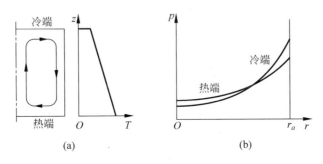

图 4.3.12　热驱动环流示意图

（3）供取料驱动

为实现连续生产,在实际应用的内部驱动逆流离心机中,必须维持一定的供取料流量。多数情况下,采用在转子中心区域供料,同时从两端通过取料器取料。这样的供取料方式当然也会对转子内气体的流动产生影响。如果对供取料装置的位置和结构作合理的选择,也可以形成轴向环流。供取料驱动又分为供料驱动和取料驱动。

在分离重同位素(尤其是铀同位素)时,中心区域压强很低,流动处于过渡区甚至是分子流区,因此供料以超声速气体射流的形式进入转子内部,供料射流可能跨越分子流区、过渡区,从而影响到靠近侧壁处的连续流区。显然,这种形式的环流在实际离心机内常常是相当复杂的,目前还难以用比较简单的流动模型来描述。

取料驱动是静止的取料器(也称为取料支臂)与取料室内部高速旋转的气体相互作用导致的。通常离心机有两个取料器,精取料器和贫取料器,两个取料器引起的环流方向相反,通常需要在离心机内部引入挡板,以限制精取料器引起的环流。

由于供取料总是存在的,因此,在研究转子内部的环流时,由供取料驱动引起的环流也必须加以考虑。

以上是有关三种内部驱动环流方式的简要说明。需要指出的是,这里只是从很简化的流动模型来定性地加以说明,可以采用这种方法对环流驱动条件产生的环流方向进行判断。近代旋转流体力学理论对离心机内的流动情况进行了更深入的研究,发现它是相当复杂的。在不同的驱动条件下,转子固体壁面附近将出现不同的边界层类型的流动。离心机内的这些现象与逆向环流有密切的联系。

4.3.5　逆流离心机的主要结构元件

如图 4.3.13 所示的现代气体离心机内部结构,整个离心机转子可以分成三个区域:上部气体取料室、分离室和下部气体取料室。上、下两个取料室分别布置在两个端盖和跟转子一起旋转的两块挡板之间。分离室也称为工作腔,占了转子的大部分容积。用于限定贫取料室容积的挡板称为环流挡板。布置于该环流挡板上方的、固定不动的、外形像镰刀状的弯曲小细管即为取料器。取料器还起着环流器的作用,在转子内驱动轴向环流。

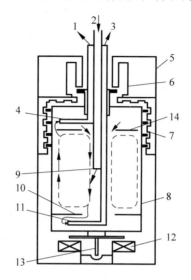

图 4.3.13　气体离心机内部结构以及内部流动示意图

1—贫料取料管;2—供料气流;3—精料取料管;4—上部气体取料器;

5—保护外套筒;6—磁轴承;7—分子泵;8—转子;9—供料气流引入点;

10—下挡板;11—下部气体取料器;12—定子;13—小轴;14—上挡板

在环流挡板上通常带有两组环形小孔。第一组环形小孔布置在转子侧壁处,是为了让贫料气流进入取料室中,其中的一部分气体被取料器取走,而其余部分则经由第二组环形小孔,以反方向回流进入分离室中。由于取料器的滞止作用,上部小室中的气体从转子外周向轴线流动,从而形成轴向环流,正是这种逆流使分离效应在轴向上获得倍增。

精料取料挡板只有一组小孔,这组小孔的位置处于气体稀薄区域的边界附近。被浓缩了的部分精料逆流,经由这组小孔进入下部小室,并且借助于固定不动的下部气体取料器,从转子中取出。下部气体取料器的形状与上部气体取料器类似。

这样的元件布置,在运行时产生的温度分布对环流的影响可以定性地解释如下:

固定不动的取料器使得超声速旋转的气体速度降低,使得贫取料室中的工作气体温度升高;而在转子的下部,气体因为下支承部位(小轴)存在摩擦而被额外加热。结果,在转子的侧壁上引起非线性温度分布,在转子的中间截面处温度最低。在转子的上部,被加热了的气体向轴线运行,使得原本受到上部取料器驱动的基本环流获得进一步强化。在转子侧壁下面部分存在法向温度梯度,会导致不太强烈的环流涡旋,其中含有逆向环流。设置在沿着转子高度的几个半径这种距离的条件之下,热驱动环流都可以给予分离室中的一般环流以显著的正面影响。不只是在定性关系方面(形成双涡旋型流动结构,这种涡旋具有各不相同的环流方向),而且还在定量关系方面(使径向分离效果倍增的基本环流强度的变化,以及环流分布沿着分离室高度的变化),机械环流驱动方法和热驱动环流方法都会表现出两者对于离心机转子内部气体流动的共同影响。除此之外,在转子分离室轴线附近处注入的供料,以及从转子取出的精料流和贫料流,也都会对环流强度及其轴向分布产生影响。

4.3.6　气体离心法的理论基础

1. 基本概念

（1）离心机特征参量

在简化的分离理论中，关键的离心机几何特征参量有三个：转子内壁的半径 r_a、转子轴向长度 Z 和贫料端与供料点之间的轴向距离 Z_F。

在这三个几何特征量中，r_a 和 Z 通常是根据对离心机分离能力和经济性的要求，在对转子材料的力学性能和转子的动力学特性综合考虑以后确定的。在分离理论计算时，把这两个量作为给定条件。只有供料点轴向位置 Z_F 根据分离性能计算确定。

（2）分离参数

在铀同位素分离中，供取料气体丰度用轻组分（$^{235}\mathrm{U}$）丰度表示。离心机都是一股供料流量和两股取料流量，它们的对应参数如下：

供料流量 F，供料丰度 C_F；产品流量 P，产品丰度 C_P；贫料流量 W，贫料丰度 C_W。

在定常情况下，离心机的总流量和轻组分流量都应当满足质量守恒，由此可以得到以下两个关系式：

$$F = P + W \tag{4.16}$$

$$FC_F = PC_P + WC_W \tag{4.17}$$

在上面列出的与供取料有关的六个参数中，有四个参数可以是互相独立的，但在供取料三个流量中只有两个流量是相互独立的。只要知道了四个互相独立的参数，就可以求出余下的两个参数。

在同位素分离理论中，通常把产品流量与供料流量之比定义为分流比，用 θ 表示，即

$$\theta \equiv \frac{P}{F} \tag{4.18}$$

因此轻组分物料守恒方程（4.17）也可以表示为

$$C_F = \theta C_P + (1 - \theta)C_W \tag{4.19}$$

或

$$\theta = \frac{C_F - C_W}{C_P - C_W} \tag{4.20}$$

这些关系式都是分离性能计算中经常用到的基本公式。

离心机除了上面介绍的分离参数和几何特征量之外，还有一些表征离心机分离能力和内部流动特性的量，如分离功率、环流量等，这些量将在后面介绍。

2. 离心机丰度方程

描述离心机内部轻组分的丰度分布规律的方程称为离心机丰度方程。根据质量守恒原理的常规表达式，对于没有源和汇的情况，轻组分微分形式的连续方程由式（4.21）表示

$$\frac{\partial}{\partial t}(\rho C) + \nabla \cdot \tau = 0 \tag{4.21}$$

式中：ρ 为混合气体的密度；C 为轻组分丰度；τ 为轻组分的质量通量，它表示单位时间内

通过单位面积的轻组分质量；t 为时间。方程左端第一项 $\partial(\rho C)/\partial t$ 表示在单位时间内单位体积中由于轻组分密度场的不定常性引起的轻组分质量变化；第二项 $\nabla \cdot \tau$ 表示单位时间内流出单位体积各表面的轻组分总质量。

有供取料时，在供、取料所在位置的微元处，上式右端的零应当由相应的源或汇取代。

在离心机中，由于扩散过程的存在，轻组分的质量输运中有一部分是扩散所造成的，当然也还存在着通常流体力学中由于气体宏观速度所造成的质量输运。前一部分称为扩散项，后一部分称为对流项。因此，轻组分质量通量 τ 的表达式可写成

$$\tau = J + \rho C V \tag{4.22}$$

式中，扩散项 J 为轻组分相对于气体宏观平均速度而产生的质量输运，其表达式为

$$J = \rho C(1-C)(V_1 - V_2) \tag{4.23}$$

其中：ρ 为气体密度；C 为轻组分丰度，$V_1 - V_2$ 为气体中轻、重两种组分的宏观平均速度差，即扩散速度，由气体输运理论可知：

$$V_1 - V_2 = -\frac{D}{C(1-C)}\left[\nabla C + C(1-C)\frac{\Delta M}{M}\nabla \ln p + \frac{D_T}{D}\nabla \ln T\right] \tag{4.24}$$

在温度分布均匀的状态下，式(4.24)可进一步简化为

$$V_1 - V_2 = -\frac{D}{C(1-C)}\left[\nabla C + C(1-C)\frac{\Delta M}{M}\nabla \ln p\right] \tag{4.25}$$

因此，轻组分扩散流 J 的表达式最终化为

$$J = -\rho D\left[\nabla C + C(1-C)\frac{\Delta M}{M}\nabla \ln p\right] \tag{4.26}$$

式(4.22)右端的对流项 $\rho C V$ 为轻组分随气体整体运动而产生的质量输运，V 是气体的整体宏观运动速度，它是根据离心机流体动力学求得的。

在通常情况下，离心机内的气体速度分布和密度分布都满足轴对称条件。当采用圆柱坐标时，式(4.21)可写成

$$\frac{\partial(\rho C)}{\partial t} + \frac{1}{r}\frac{\partial(r\tau_r)}{\partial r} + \frac{\partial \tau_z}{\partial z} = 0 \tag{4.27}$$

式中，τ_r 和 τ_z 分别表示轻组分的质量通量 τ 的径向和轴向分量。由式(4.22)可得

$$\tau_r = J_r + \rho C V_r \tag{4.28}$$

$$\tau_z = J_z + \rho C V_z \tag{4.29}$$

式中，V_r 和 V_z 分别表示气体宏观平均速度 V 的径向和轴向分量。若把以上的 τ_r 和 τ_z 表达式代入式(4.27)中，则得

$$\frac{\partial(\rho C)}{\partial t} + \frac{1}{r}\frac{\partial}{\partial r}(rJ_r + r\rho C V_r) + \frac{\partial}{\partial z}(J_z + \rho C V_z) = 0 \tag{4.30}$$

扩散流分量 J_r 和 J_z 的表达式分别为

$$J_r = -\rho D\left[\frac{\partial C}{\partial r} + \frac{\Delta M \Omega^2 r}{RT}C(1-C)\right] \tag{4.31}$$

$$J_z = -\rho D\frac{\partial C}{\partial z} \tag{4.32}$$

代入上式以后，可得

$$\frac{\partial(\rho C)}{\partial t} = \frac{1}{r}\rho D\frac{\partial}{\partial r}\left[r\frac{\partial C}{\partial r} + \frac{\Delta M \Omega^2 r^2}{RT_0}C(1-C)\right] - \frac{1}{r}\frac{\partial(\rho C r V_r)}{\partial r} + \rho D\frac{\partial^2 C}{\partial z^2} - \frac{\partial(\rho C V_z)}{\partial z} = 0 \tag{4.33}$$

利用混合气体总的连续方程

$$\frac{\partial \rho}{\partial t} + \frac{1}{r}\frac{\partial(\rho r V_r)}{\partial r} + \frac{\partial(\rho V_z)}{\partial z} = 0 \tag{4.34}$$

则式(4.33)变为

$$\rho\frac{\partial C}{\partial t} = \frac{\rho D}{r}\frac{\partial}{\partial r}\left[r\frac{\partial C}{\partial r} + \frac{\Delta M\Omega^2 r^2}{RT_0}C(1-C)\right] - \rho V_r\frac{\partial C}{\partial r} - \rho V_z\frac{\partial C}{\partial z} + \rho D\frac{\partial^2 C}{\partial z^2} \tag{4.35}$$

这就是离心机丰度偏微分方程,也称为离心机丰度的普遍方程。在定常状态下,丰度偏微分方程为

$$\rho V_r\frac{\partial C}{\partial r} + \rho V_z\frac{\partial C}{\partial z} - \frac{\rho D}{r}\frac{\partial}{\partial r}\left[r\frac{\partial C}{\partial r} + \frac{\Delta M\Omega^2 r^2}{RT_0}C(1-C)\right] - \rho D\frac{\partial^2 C}{\partial z^2} = 0 \tag{4.36}$$

对于不同类型的离心机,配合相应的边界条件,求解上述方程,即可得到离心机内部的丰度分布。常用的求解方法有径向平均法、改进的径向平均法、数值解法等,感兴趣的读者可参阅《离心分离理论》一书。

3. 离心机的分离功率和分离效率

分离功率是同位素分离领域中一个重要的专用物理量,它是一个分离装置或系统在单位时间内所能提供的分离能力的量度,为了表征分离功率,还需要一个重要的物理量——价值函数。

价值函数是同位素分离技术中的一个专用特征函数,它是单位质量同位素混合物的"价值"。价值函数是一个无量纲量,为便于对不同分离装置的分离能力进行评价,要求它只是同位素混合物的丰度 C 的函数,而与获得此混合物的分离过程无关,以 $V(C)$ 表示。在铀浓缩中,常用价值函数形式为

$$V(C) = (2C - 1)\ln\frac{C}{1-C} \tag{4.37}$$

图 4.3.14 给出了上述函数的图形。应当指出,价值增量才具有物理意义,而价值本身的大小并无实际意义。

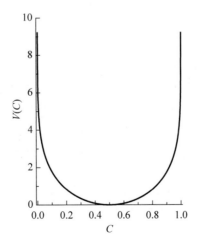

图 4.3.14　价值函数曲线

　　离心机的分离功率是一个分离装置或一个分离级联在单位时间内所能提供的分离能力的量度,它等于在定常态下一定量的同位素混合物通过一个分离系统(分离装置或分离级联)时输出流相对于输入流的价值增率,即单位时间内输出的同位素混合物的价值总和与输入的同位素混合物的价值总和之差,用符号 δU 表示。其量纲与质量流量相同,其单位取千克分离功单位/年(kgSWU/a)或吨分离功单位/年(tSWU/a)。在分离铀同位素的情况下,工作气体是六氟化铀。在表示质量流量时,可以是六氟化铀的流量,也可以折合成铀的流量,所以在表示分离功率时,有 $(UF_6)kgSWU/a$ 和 $(U)kgSWU/a$ 的区别。但是目前一般讨论分离功率时都取铀的流量,而且就表示为 kgSWU/a,在计算时应当注意到这一点。一个分离单元的分离功率由这个单元的分离性能所决定,因此一个分离单元的分离功率应当由表征该分离单元性能的物理参数来确定。

　　根据分离功率的定义,它的基本表达式是

$$\delta U = \theta F V(C_P) + (1 - \theta) F V(C_w) - F V(C_F) \tag{4.38}$$

式中,θ 为分离系统的分流比,即精料流量与供料流量之比;F 为供料流量;C_F、C_P、C_w 分别为供料、精料和贫料丰度。

　　对于离心机而言,通过求解离心机丰度方程得到离心机内部丰度分布后,即可求得单机的分离功率。

4. 气体离心机的最大分离能力

　　从价值函数的定义可知,在分离系统内部,$V(C)$ 可以看成是气体的特性,因此,从宏观上来看,对于离心机转子内部,可以写出如下的混合物价值守恒规律:

$$\frac{\partial(\rho V)}{\partial t} + \nabla \cdot (\rho V V + J_v) = R_v \tag{4.39}$$

式中,ρV 为同位素混合物的价值密度;V 为混合物的平均速度;J_v 与扩散流相关的"价值"通量;R_v 为分离功率密度,即分离系统单位体积内对同位素混合物的有效分离功率。

　　在双组分气体中,$J_v = J_1 \cdot (\partial V / \partial C)$,其中 J_1 为轻组分的扩散流,以下用 J 代替。

　　可以求得

$$R_v = \frac{1}{C^2 (1 - C)^2} J \cdot \nabla C \tag{4.40}$$

即为离心机分离功率密度的普遍表达式,适用于各种类型的离心机。在一般情况下,离心机内的丰度和扩散流都是时间及空间位置的函数,所以离心机内某一点处的分离功率密度也是时间和空间位置的函数。后面只讨论定常态下的情况,所以这些量就都和时间无关。

　　在轴对称条件下,把扩散流分量的表达式为

$$J_r = -\rho D \left[\frac{\partial C}{\partial r} + \frac{\Delta M \Omega^2 r}{RT} C(1 - C) \right]$$

$$J_z = -\rho D \frac{\partial C}{\partial z} \tag{4.41}$$

将其代入式(4.40)可得,

$$R_v = -\frac{\rho D}{C^2 (1 - C)^2} \left\{ \left[\frac{\Delta M \Omega^2 r}{RT} C(1 - C) + \frac{\partial C}{\partial r} \right] \frac{\partial C}{\partial r} + \left(\frac{\partial C}{\partial z} \right)^2 \right\} \tag{4.42}$$

此时把 r 和 C 看作常数,极值条件是

$$\frac{\partial R_V}{\partial\left(\frac{\partial C}{\partial r}\right)}=0,\quad\frac{\partial R_V}{\partial\left(\frac{\partial C}{\partial z}\right)}=0$$

根据式(4.42),求得两个丰度梯度的最佳值分别为

$$\left(\frac{\partial C}{\partial r}\right)_{\text{opt}}=-\frac{\Delta M\Omega^2 r}{RT}C(1-C)\tag{4.43}$$

$$\left(\frac{\partial C}{\partial z}\right)_{\text{opt}}=0\tag{4.44}$$

这个结果表明,当离心机内某一点在轴向没有丰度梯度,而径向丰度梯度等于径向平衡丰度梯度的一半时,该处的分离功率密度就达到最大。用 $R_{V\text{max}}$ 表示分离功率密度的极值,则有

$$R_{V\text{max}}=\rho D\left(\frac{\Delta M\Omega^2 r}{RT}\right)^2\tag{4.45}$$

即 $R_{V\text{max}}$ 只与径向位置 r 有关,而与丰度 C 和轴向位置 z 无关。因此其对应的离心机理论最大分离功率 δU_{max} 为

$$\delta U_{\text{max}}=\frac{\pi}{2}\rho D\left(\frac{\Delta M\Omega^2 r_a^2}{RT}\right)^2 Z\tag{4.46}$$

从上述公式可以提出改善离心机分离性能的几条原则:

(1) 增加转子长度可以提高离心机的分离功率。

δU_{max} 与转子长度 Z 成正比,为了增大单机的分离能力,应当发展长转子类型的超临界离心机。

(2) 提高离心机的圆周速度是增加离心机分离功率的最有效措施。

δU_{max} 与圆周速度的四次方成正比,提高圆周速度可以使分离功率大大增加。

实际中,通常使用的分离功率用 δU 表示,$\delta U=\eta\delta U_{\text{max}}$,其中 η 为离心机分离功率的计算值或测量值与理论最大分离功率之比,称为离心机的分离效率。现代离心机的分离效率约为 20%。

5. 气体离心机的转子材料选择

在改善分离性能的两类措施中,增加转子的长度需要分析转子的稳定性,研究弯曲振动频率与转子长度的关系;若提高转子的线速度,则必须分析旋转状态下转子材料的内部应力,给出转子材料允许的最大转速。

首先分析转子最大转速与转子材料特性间的关系。我们可以对转子上的一个薄壳单元进行受力分析。如图 4.3.15 所示,其中 σ_m 为转子薄壳单元的环向应力,此单元对应的小角度为 $d\theta$,对应的侧向截面面积为 dS_m,r 为此薄壳单元对应的半径。若转子材料密度为 ρ_m,则以角速度 Ω 旋转的该薄壳单元上的离心力 F_c 可以写成如下形式:

$$F_c=(\rho_m r\,d\theta dS_m)\Omega^2 r\tag{4.47}$$

考虑单元的受力平衡条件,在 $d\theta$ 很小的条件下,可以写成如下关系式

$$(\rho_m r\,d\theta dS_m)\Omega^2 r=2\sigma_m dS_m\sin\left(\frac{d\theta}{2}\right)\approx\sigma_m dS_m d\theta\tag{4.48}$$

可得

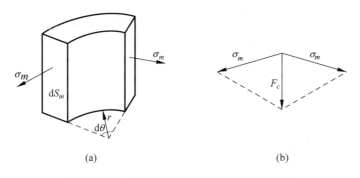

图 4.3.15　旋转的转子单元及其受力示意图

$$(\Omega r)^2 = \frac{\sigma_m}{\rho_m} \tag{4.49}$$

可以看出,转子材料所受的应力与当地线速度的平方成正比,当线速度的增加使得应力增大至极限 σ_{max} 时,转子材料将发生结构性破坏。因此要想获得更高的线速度,转子材料的比强度(即最大应力与密度之比 σ_{max}/ρ_m)应当尽量高。表 4.3.1 给出了几种可用于离心机转子的材料的性能参数及其允许的线速度。

表 4.3.1　离心机转子材料特性

材　　料	$\sigma_{max}/(kg/mm^2)$	$\rho_m/(g/cm^3)$	$(\Omega r)_{max}/(m/s)$
铝合金	50	2.3	425
钛	90	4.6	440
合金钢	170	8.0	455
马氏体时效钢	$20\sim300$	8.1	$550\sim600$
玻璃纤维/塑料	70	1.9	600
碳纤维/环氧树脂	160	1.55	950

在离心机的不同发展阶段,最初使用铝合金来制造包括转子、端盖和挡板等离心机的旋转部件,后来钛合金与马氏体时效钢也曾被用于加工制造离心机转子。为提高单机分离能力,需要进一步提高离心机的转速,可以通过在铝合金转子上缠绕玻璃纤维或碳纤维的方式提高转子强度。更高转速的转子则使用全碳纤维转子。

离心机转子的特点是一旦启动达到工作转速后,即不再停止,直至转子损坏。转子的使用期限(一般在 $10\sim20$ 年)不仅取决于材料的极限强度,还取决于材料的蠕变性能,即长期恒定负载作用下产生的塑性变形,材料的蠕变在整个运行期限内应处于允许范围内。

另一个影响离心机寿命的因素是固体沉积层,其主要成分为氟化铀酰(UO_2F_2),通常是由气态 UF_6 与水蒸气反应生成,水蒸气主要来源于级联系统漏率。反应式如下:

$$UF_6 + 2H_2O \longrightarrow UO_2F_2 + 4HF \tag{4.50}$$

反应生成的 HF 如果含量过高,会造成外套筒内的真空度降低,转子功耗增大,严重的可导致离心机损坏。在不停机的情况下,固体沉积层不会影响离心机的寿命和分离性能。但是在停机后再启动的情况下,固体沉积层会导致转子平衡条件的破坏,转子再启动时的损机率会显著上升。

4.3.7　离心级联

无论是流量还是分离系数,单个离心机的分离性能都是有限的,无法满足铀浓缩的需求,必须将成千上万台离心机以合理的方式连接起来,这就是离心级联。限于篇幅,本书不对级联理论进行深入阐述,仅介绍级联的基础知识和当前铀浓缩工厂的离心级联。

1. 理想级联

一台离心机有一个供料口,两个取料口,从理论分析和工艺实现的角度来看,双管道级联都是最简单的连接方式,即每一级的供料由其前级的精料和后级的贫料汇合,本级的精料和贫料则分别供入后级和前级。典型的双管道级联的连接方式如图 4.3.16 所示,级联两端无回流。

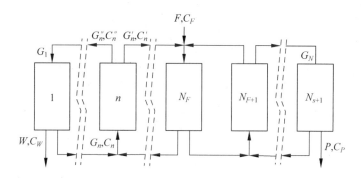

图 4.3.16　级联结构示意图

N_S 表示级联的级数,N_F 表示级联的供料级;W,C_W,P,C_P,F,C_F 分别表示级联的重端(重组分浓缩端)取料、轻端(轻组分浓缩端)取料和供料的流量与丰度;$G''_n,C''_n,$ G'_n,C'_n,G_n,C_n 分别表示级联第 n 级的重端取料、轻端取料和供料的流量与丰度

对于双管道级联,根据物质的量守恒和每级的分离效应,只考虑级联的定常态,可以得到级联的定常态方程组。

(1) 总物质质量守恒

在浓化区,根据总物质量守恒和轻物质量守恒,可以得到

$$\theta_n G_n - (1-\theta_n)G_{n+1} = P$$
$$\theta_n G_n C'_n - (1-\theta_n)G_{n+1}C''_{n+1} = PC_P, \quad n = N_F, N_{F+1}, \cdots, N_S$$

其中 θ_n 为第 n 级的分流比。根据前面的定义,上式可以简化为

$$G'_n - G''_{n+1} = P$$
$$G'_n C'_n - G''_{n+1}C''_{n+1} = PC_P, \quad n = N_F, N_{F+1}, \cdots, N_S$$

相应地,在贫化区有

$$G'_n - G''_{n+1} = -W$$
$$G'_n C'_n - G''_{n+1}C''_{n+1} = WC_W, \quad n = 1, 2, \cdots, N_F - 1$$

(2) 级的轻组分质量守恒

考虑每一级的轻组分质量守恒,有

$$G_n C_n = G_n \theta_n C'_n + G_n (1 - \theta_n) C''_n$$

即

$$C_n = \theta_n C'_n + (1 - \theta_n) C''_n, \quad n = 1, 2, \cdots, N_F - 1$$

（3）级的浓缩效应

为表征单个分离级的分离能力，首先给出相对丰度的概念，其定义式为

$$R \equiv \frac{C}{1 - C}$$

对于一个第 n 级，其分离系数 q 可以用相对丰度表示为

$$q \equiv \alpha\beta \equiv \frac{R'_n}{R''_n}$$

其中浓缩分离系数 $\alpha \equiv R'_n / R_n$，贫化分离系数 $\beta = R_n / R''_n$。对于分离级联来说，q、α、β 可以看成是已知量。

从上述方程来看，如果要确定方程的所有参数，基本上每级缺一个方程，这个方程需要通过级联的形式或其他约束条件给出。

如果在每个交汇点处都没有丰度混合，也就意味着没有不同丰度的料流混合带来的分离功损失，这样的级联称为理想级联。理想级联在实际上不能完全实现，但是从理想级联得到的一些基本概念却很重要，为实际级联的设计和优化指出了方向。

对于图 4.3.16 所示的双管道级联，每级有一个汇合点。以第 n 为例，流入的流量为 G_n，是由第 $n+1$ 级的重端取料 G''_{n+1} 和第 $n-1$ 级的轻端取料 G'_{n-1} 在汇合点处混合的流量。如果丰度 $C''_{n+1} = C'_{n-1} = C_n$，则在汇合点处丰度无混合，如果所有汇合点处丰度都无丰度混合，这样的级联就是理想级联。

上述条件即

$$R'_{n-1} = R_n = R''_{n+1}$$

可得

$$\alpha = \beta = \sqrt{q}$$

因此理想级联有两个重要的性质：①丰度无混合；②对称分离。

由 $R'_n = R'_{n-1}$ 可知

$$R'_{N_S} = \alpha^{N_S - 1} R'_1$$

而

$$R'_{N_S} = \frac{C_P}{1 - C_P}$$

$$R'_1 = \alpha^2 R''_1 = \alpha^2 \frac{C_W}{1 - C_W}$$

因此有

$$\frac{C_P}{1 - C_P} = \alpha^{N_S + 1} \frac{C_W}{1 - C_W}$$

可以求得级联的总级数为

$$N_S = \frac{1}{\ln\alpha} \ln\left[\frac{C_P(1 - C_W)}{(1 - C_P)C_W}\right] - 1$$

同样还可以求得浓缩段、贫化段的级数分别为

$$N_1 = \frac{1}{\ln\alpha}\ln\left[\frac{C_P(1-C_F)}{(1-C_P)C_F}\right] - 1$$

$$N_2 = \frac{1}{\ln\alpha}\ln\left[\frac{C_F(1-C_W)}{(1-C_F)C_W}\right] - 1$$

下面给出级联参数的求解过程,分别对浓缩段和贫化段求解。

各级的分流比为

$$\theta_n = \frac{C_n - C_n''}{C_n' - C_n''} = \frac{(\alpha R_n + 1)(\beta - 1)}{(R_n + 1)(\alpha\beta - 1)}$$

其中 $R_n = \alpha^{n-N_F}R_F$。

下面对求解各级的流量分布。

对浓缩段,根据总物质质量守恒方程和轻物质质量守恒方程可得

$$G_n' = \frac{(C_P - C_W)P}{C_n(\alpha - 1)}$$

同理,对贫化段有

$$G_n' = \frac{(C_n - C_W)W}{C_n(\alpha - 1)}$$

利用 G_n、G_n'、θ_n 的关系可以得到各级流量 G_n 的表达式为

$$G_n = G_n'/\theta_n = \begin{cases} \dfrac{(C_P - C_n)P}{C_n(\alpha - 1)} \cdot \dfrac{(R_n + 1)(\alpha\beta - 1)}{(\alpha R_n + 1)(\beta - 1)}, & n \geqslant N_F \\[3mm] \dfrac{(C_n - C_W)W}{C_n(\alpha - 1)} \cdot \dfrac{(R_n + 1)(\alpha\beta - 1)}{(\alpha R_n + 1)(\beta - 1)}, & n < N_F \end{cases}$$

利用 C_n 与 R_n 的关系 $C_n = R_n/(1+R_n)$,以及 $\alpha = \beta = \sqrt{q}$,流量表达式可以简化为

$$G_n = \begin{cases} P\left(C_P - \dfrac{R_n}{1+R_n}\right) \cdot \dfrac{(R_n+1)^2}{R_n(\alpha R_n + 1)} \cdot \dfrac{(\alpha+1)}{(\alpha-1)}, & n \geqslant N_F \\[3mm] W\left(\dfrac{R_n}{1+R_n} - C_W\right) \cdot \dfrac{(R_n+1)^2}{R_n(\alpha R_n + 1)} \cdot \dfrac{(\alpha+1)}{(\alpha-1)}, & n < N_F \end{cases}$$

其中 $R_n = \alpha^{n-N_F}R_F$。

理想级联的流量分布曲线如图 4.3.17 所示。

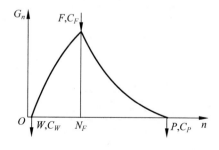

图 4.3.17　理想级联流量分布曲线

2. 浓缩工厂的离心级联

目前离心工厂所用的级联形式有两种,分别是欧式刚性级联和俄式多层架柔性级联。

以 URENCO 为代表,欧式刚性级联其每一级的机器数按照理想级联的流量要求进行布置,近似做到和理想级联类似的流量分布从而使其效率接近理想级联。刚性级联的最大特点是精料与贫料的丰度调节范围很小,一旦组装完毕级联结构就无法改变。但在同一工厂内,刚性级联可由多个并联的小级联构成,从而实现在某一个时间段内同时生产几种固定丰度的浓缩铀产品。若需要其他丰度的铀产品,则需利用生产好的两种相邻丰度进行混合调配。这种级联结构用于只生产单一丰度的产品的同位素分离工厂。其示意图如图 4.3.18 所示。

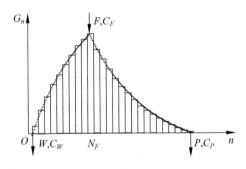

图 4.3.18   刚性级联示意图

俄式多层架柔性级联是将几个阶梯级联或矩形级联连接在一起,通过叠加达到近似于理想级联流量分布的目的。我国从俄罗斯引进的便是柔性级联技术,整个工厂由一个大级联组成。由于机组比较大,每一级的机器数目不可能非常接近理想级联的流量分布。之所以称之为柔性级联,一方面是由于其管路是可以调节的,通过调节管路可以换做各种不同的级联;另一方面是每一级的贫料压强都可以调节,这也就意味着每台离心机的分离系数和分流比都可以调节。因此柔性级联可以生产不同丰度的产品。其缺点是管路连接复杂,调节装置较多,级联建造成本较高。一种柔性级联的示意如图 4.3.19 所示。

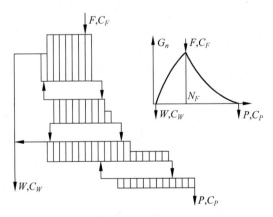

图 4.3.19   柔性级联的一种连接方式示意图

4.4　激光同位素分离

4.4.1　激光分离同位素的历史

人们很早就发现原子或分子吸收光子后会引起物质化学反应的变化,并将这一现象称为光化学过程。在元素同位素的光谱研究中发现了原子或分子的同位素效应后,人们就设想用选择性光激发原子或分子发生的光化学过程作为一种分离同位素的方法。

1922 年 H. Hartley 等人进行了光化学同位素分离的首次试验。后来 Kuhn、Martin 等人用铝火花光源发射的波长为 261.82nm 的强辐射紫外光,照射光气分子 $CO^{35}Cl_2$ 进行了同位素分离。1935 年有人用汞灯发射的 253.7nm 光选择性激发汞同位素,使其受激与氧气发生光化学反应来分离汞同位素,使 HgO 中 ^{198}Hg 的丰度从天然 10% 提高到 15%。受限于光源,激光法同位素分离研究发展缓慢。

1960 年第一台红宝石激光器问世,提供了相干性好、线宽窄、功率高的激光。随后可调谐染料激光器的出现使得激光分离同位素成为可能。1966 年 W. B. Tiffang 等人首次用激光进行了光化学同位素分离实验。1970 年,Mayer 等人应用 CW 氟化氢激光选择激发 H_3COH,并用 Br_2 作清除剂,使氘甲醇 D_3COD 与普通 H_3COH 混合物之比从 50% 提高到 70%,实现了氘同位素的浓缩。1970 年后,美国洛斯阿莫斯实验室用高功率 CO_2 激光器实现了多光子离解 SF_6,进行分离 S 同位素的研究,进而开展了 $16\mu m$ 激光选择性离解 UF_6 以实现分离铀同位素的研究。1975 年美国劳伦斯利弗莫尔实验室用双频激光光电离技术,成功进行了铀同位素分离,获得了毫克量级丰度为 3% 的 ^{235}U。1985 年美国正式宣布使用原子激光光电离法为第三代铀同位素分离方法,以取代气体扩散法。这也促进了世界各国对激光分离同位素技术的研究。

1996—2002 年,澳大利亚科学家 Michael Goldsworth 和 Horst Struve 发展了 SILEX (separation of isotopes by laser excitation)方法(分子法的一种),并于 2008 年开始进行工业规模建设,但该项目进展也并不顺利。

4.4.2　激光分离同位素的主要方法

激光分离同位素,以分离介质的物理状态来分,有原子法和分子法;以分离过程的反应性质来分,有激光物理法和激光化学法。下面介绍几种常用的激光分离同位素的方法。

(1) 原子蒸气激光法

该方法全称为原子蒸气激光同位素分离(atomic vapor laser isotope separation, AVLIS),又简称为原子法。这是一种光物理方法。原子经激光选择性激发后,处于某个激发态,其电离能减小。当受激原子再受第二种频率的激光照射后,受激原子发生电离(即二步光电离)。而未受激的其他同位素原子仍保持中性。在电场或磁场的作用下,使离子偏转、收集,从而实现同位素分离。

（2）分子激光法

该法的全称为分子激光同位素分离（molecule laser isotope separation，MLIS），又简称为分子法。这是一种单分子光化学反应过程。分子的吸收谱带比较宽，具有分立能级和准连续能级交叉的分子，吸收一个光子不能获得好的选择性。通常利用分立能级吸收谱线的窄宽度，吸收几个光子获得一定的选择性，再进一步吸收多个光子达到分子离解，这称为无碰撞多光子离解。被离解的分子形成新的产物，经化学处理后使不同的同位素分子分开。这种方法是多原子分子进行同位素分离比较理想的方法。为保持初始的选择性，被选择激发的分子受激速率必须高于激发转移和热激发速率。分子激光法的离解过程为：分子 A 光激发→分子 A^* 的光离解→使离解产物稳定和分离。

（3）激光化学法

气体分子在激光辐照下，因受激发，其活化能减小，在化学反应中反应速率加快。根据此原理，在具有不同同位素的分子系统中，用激光选择性激发某一种同位素分子，使其反应速度加快。这样在反应产物中，形成的同位素组成就不同，以此达到富集某种同位素的目的。这种方法在反应过程中要依靠分子之间的碰撞来进行。为了达到较高的选择性，必须找到一种受体，使其与受激分子的反应速度明显高于其他过程。激光化学法的分离过程为：分子 A 光激发→分子 A^* 与受体 R 反应→反应物的化学分离。

（4）光压偏离法

光压偏离法是一种光物理方法。光场中气体原子或分子要受到光压作用，一束运动的粒子在受到垂直方向激光辐照下，不仅会发生散射，还会因共振吸收光子而受激。这时受激粒子会受到来自辐射光压的作用，因而使被选择性激发的某种同位素粒子获得动量，其运动方向将发生变化，与未受激粒子在运动方向上发生偏离而分开，故称为光压法分离。这种光偏离量是很小的，分离过程会因为与未受激粒子或真空中残留气体粒子碰撞而影响分离效果，故分离过程要求高真空、低粒子密度。

上述几种方法都需要满足以下几个条件，这也是激光法分离同位素的基本要求。

（1）被分离的同位素粒子光谱必须有足够大的同位素位移，即被分离的目标同位素粒子至少有一条谱线与其他同位素粒子的谱线没有显著的重叠。这是使用激光进行选择性激发的前提。

（2）要有合适的激光器，具有合适的波长、良好的单色性、足够高的功率、可控制的带宽等性质。

（3）必须存在一种初级光物理或光化学过程，使受激的目标同位素粒子易于从同位素混合物中分离。

（4）受激目标同位素粒子获得的选择性，在整个分离过程中没有重大损失。

4.4.3　原子蒸气激光法分离系统

原子蒸气激光法分离系统主要由三部分组成，即激光系统、分离系统和铀化学处理系统，重点讨论前两个系统，如图 4.4.1 所示。

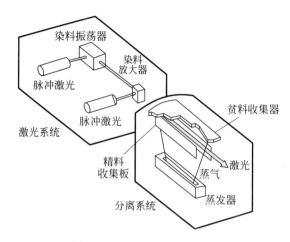

图 4.4.1　AVILS 系统示意图

1. 分离系统

分离系统的核心是铀蒸发器系统和离子引出收集系统,分别由两个主要工艺部件——折叠激光束的光学器件腔和分离工艺腔组成。

工艺腔中装有电子枪、铀蒸发器及离子引出收集器,如图 4.4.2 所示,电子枪发射出来的电子束,在磁场中发生 180°偏转打在蒸发器坩埚内的铀金属上,使其熔融、蒸发。铀蒸气原子以 90°角范围向腔内蒸发,通过离子收集板之间的空间与激光发生作用。

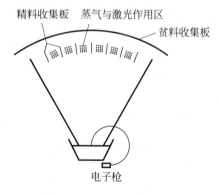

图 4.4.2　AVILS 分离过程

铀金属的挥发性很低,气化耗能很大,总蒸发能量效率为百分之几。对于分离功 1000tSWU/a 的分离器系统,精、贫料丰度分别为 5% 和 0.2%,则通过分离器激光作用区的铀蒸气质量流量为 120kg/h。为了使激光作用区的铀蒸气数密度达到 $10^{13}/cm^3$ 以上,须将铀加热至 3500K 左右,所需的电功率要超过 $10^4 kW$。

离子引出收集器是分离器系统中的另一重要组成部分,距离蒸发器表面 1m 以上。从金属熔池表面蒸发出来的铀蒸气经过超音速膨胀冷却,再经准直进入激光作用区。激光分离腔要有很好的分离产额。为此激光要经过光学器件腔的反射镜多次反射通过分离器,激光与原子束的作用距离可达数百米。要提到产额还需仔细选择光电离、离子偏转及收集参数。

离子收集板之间的电压为数百到上千伏,^{235}U 离子在电场作用下从蒸气流中被剥离出来收集到负极板上,被贫化的铀蒸气流向分离器顶部的贫料收集板。离子收集板和贫料收集板维持在高温状态,使精料和贫料为液态收集,并将它们从收集板上连续取出循环。

2. 激光器系统

激光器系统由铜蒸气激光器系统和染料激光器系统两部分组成。铜蒸气激光器系统由 2 个通道 12 个链振放组成,每个铜蒸气激光器链由一台主振荡器和三台功率放大器及一台中继光学望远镜系统组成。铜蒸气激光器系统总平均输出功率可达 10kW。

每个染料激光器系统链由一台主振荡器和 3～4 台功率放大器组成,由几个铜蒸气激光器链来泵浦,额定功率可达 1.3kW。

美国的 AVLIS 方法经过 15 年时间发展成熟,1985 年,在 Livermore 建成了一个全规模的示范工程,如图 4.4.3 所示。20 世纪 90 年代,由于经济性原因,美国放弃了 AVLIS 方法。

图 4.4.3 美国 AVILS 示范工程

4.4.4 分子法激光分离同位素

1. 分子法的基本原理

分子法与原子法在分离原理上有明显区别,主要是分子法分离同位素是多光子离解而不是电离,即分子相继吸收多个光子后,分子中某个化学键断开,生成游离原子,这个过程称为多光子离解。这个过程并不是通过光子与分子碰撞将能量转移给分子使其离解,因此又称为无碰撞多光子离解。以 SF_6 为例,其分子为正八面体结构,共有六个简正振动模,其 ν_3 基振动频率的波长为 $10.6\mu m$,用 CO_2 激光作光源来照射 SF_6 分子,使其产生多光子离解,

$$SF_6 + nh\nu \longrightarrow SF_5 + F$$
$$SF_5 + mh\nu \longrightarrow SF_4 + F$$

SF_6 分子吸收红外光子使其振动能级跃迁。处于受激态的分子的激活内能减小,当吸收足够多的光子后,S－F 键断开,发生离解。SF_6 分子的离解能是 4.68eV,而 CO_2 光子的能量为 0.117eV,因此每个 SF_6 分子要吸收 40 个 CO_2 光子才能离解生成 SF_5,SF_5 还可以进一

步理解成 SF_4。这种离解过程是可逆的,即 SF_5 还可以与 F 原子碰撞再复合生成 SF_6。在离解产物足够多的情况下,通过分子碰撞可以生成新的产物:

$$SF_5 + SF_5 \longrightarrow S_2F_{10}$$
$$SF_4 + SF_6 \longrightarrow S_2F_{10}$$

生成物 S_2F_{10} 是固体粉末状物质,沉淀在反应器的壁面上。通常在反应器中加入清扫剂气体,也成缓冲气体,使离解过程不可逆,增加离解生成物。对于 SF_6 气体,可加入 H_2、HCl 等气体,去除 F 原子:

$$2F + H_2 \longrightarrow 2HF$$

而 HF 是稳定气体。因此,多光子离解的过程为:激发→离解→清扫。

上述离解过程为单频多光子离解,对于 UF_6 气体,还可以采用双频多光子离解,如红外双频多光子离解或红外加紫外双频多光子离解等:

$$UF_6 + nh\nu_1 \longrightarrow UF_6^*$$
$$UF_6^* + mh\nu_2 \longrightarrow UF_5 \downarrow + F$$
$$2F + H_2 \longrightarrow 2HF$$

其过程是先用低强度红外激光激发,然后采用强红外激光或紫外激光进一步激发、离解,生成 UF_5 沉积在器壁上。

由于组成分子的原子有同位素,所以分子也存在同位素效应。一般来说,分子同位素相对频率仅与分子的质量差成正比,与分子的质量成反比。分子的质量越大,其相对位移量越小。而多原子分子的光谱更为复杂,不仅与同位素质量有关,还与分子的对称性有关。

由于分子同位素唯一的存在,可以选择适当的激光频率,针对气体中某种同位素分子进行激发和离解,而其他同位素分子很少离解,即选择性离解。

2. UF_6 分子多光子离解分离铀同位素

UF_6 分子与 SF_6 分子相同,都是正八面体结构。U 原子位于中心,同样有六个基振动频率,其中 ν_3、ν_4 为红外光谱。$^{238}UF_6$ 与 $^{235}UF_6$ 的 ν_3 模 Q 支的位置分别为 627.68cm^{-1} 和 628.33cm^{-1},同位素的位移量为 0.65cm^{-1}。UF_6 的 ν_3 吸收谱带宽为 20～30cm^{-1},因此,两种同位素的吸收谱线几乎完全重合在一起,且基态附近的能级很密。常温下处于第一激发态的分子比处于基态的分子数还多。因此,常温下进行选择性激发是很困难的。

分子光谱包括电子光谱(10^4cm^{-1} 量级)、振动光谱(10^2cm^{-1} 量级)和转动光谱(cm^{-1} 量级)。而振动光谱总是与转动光谱共存,电子光谱总是与振转光谱共存。分子光谱远比原子光谱复杂,无论是用于铀同位素分离的 UF_6 还是用于轻同位素分离的有机化合物,都是多原子分子,它们的光谱十分复杂。一般说来,由于转动光谱本身的差别虽很大,但其同位素位移并不大,这种位移往往被电子光谱所伴随的振转光谱所掩盖,亦很难利用。所以在激光分离中重点是利用分子振动光谱中的同位素位移效应。

在美国铀浓缩公司的资助下,Michael Goldsworth 和 Horst Struve 发明了 SILEX 方法,是分子法的一种。SILEX 的技术细节高度保密,学术界公认其基本原理是依靠 $16\mu m$ 的激光激发 $^{235}UF_6$ 分子,接着从激发的分子中释放一个 F 原子,产生固态的 UF_5 从气态 UF_6 中分离。

4.5　世界铀浓缩发展情况

在实现工业化应用的两种方法中,气体扩散法由于其能耗大、成本高的劣势而逐渐被更具经济性的气体离心法所取代,原建于 20 世纪 50 年代的气体扩散工厂(gas diffusion plant,GDP)逐渐关闭,离心法所占的比重越来越大,1992 年为 40%,2002 年为 61%,2012年达到 86%。2015 年,气体扩散工厂已彻底退役,离心法成为铀浓缩的唯一工业化方法。

在过去几年中,全球铀浓缩市场发生了很大变化,已完成从气体扩散铀浓缩技术向离心铀浓缩技术的过渡,目前已趋于平稳。2014 年,欧洲铀浓缩公司(Urenco)、俄罗斯国家原子能集团(Rosatom)和法国阿海珐集团(Areva)是全球市场份额最高的 3 家供应商。目前的市场供应能力能够满足全球需求,但裕量不大。全球的主要供应商已为满足将在未来 20 年内出现的预期需求增长做好了准备。

在我国,随着化石能源的日益紧缺以及环境治理压力的增大,核电以其清洁、高效的特点而越来越受重视。2012 年 10 月 24 日,国务院常务会议再次讨论并通过《核电安全规划(2011—2020 年)》和《核电中长期发展规划(2011—2020 年)》。提出目标:2015 年前我国在运核电装机达到 40GW,在建 1800 万千瓦。到 2020 年我国在运核电装机达到 58GW,在建 30GW。按照上述规划的要求,2020 年需要达到的分离能力应为 8000～10 000tSWU/a,因此我国的铀浓缩能力需要进一步提高。

参考文献

[1]　张存镇.同位素分离原理[M].北京:原子能出版社,1987.
[2]　巴里谢维奇,等.气体离心法分离同位素的物理原理[M].徐家驹,谢全新,曹晶,译.核工业理化工程研究院.
[3]　肖啸菴.同位素分离[M].北京:原子能出版社,1999.
[4]　王德武.激光分离同位素理论及其应用[M].北京:原子能出版社,1999.

第 5 章

反应堆用核燃料及组件制造

　　本章介绍目前可以用作反应堆燃料的材料、当代主流核燃料组件的类型、制造工艺和流程,详细论述了多种核燃料所用材料的晶体结构、物理化学性质和在反应堆内的使用效能。为充分利用核能,核燃料组件在各种类型的反应堆中应用广泛,这些堆型包括轻水堆、重水堆、高温气冷堆以及快中子反应堆等。下面将论述当今广泛使用的二氧化铀核燃料的制备流程,包括二氧化铀粉末制备、芯块的制造、燃料组件结构件制造、燃料组件的组装和检测。

　　核燃料组件是核电站反应堆的核心部分,核燃料主要含有铀、钚和钍等裂变核素,在一定条件下发生可控的自持链式反应而产生大量的热,再利用热能驱动汽轮发电机组输出强大的电力。核燃料的基本要求如下:

　　(1) 核电站的建造成本很高,为了保证核电的经济性,要求核燃料的费用必须低,为提高裂变中子利用率,核燃料内中子吸收截面高的元素应尽量少;

　　(2) 导热性能好,以保证核燃料能够承受其中心和边界的温度梯度,能够迅速导出其内部的热,能承受由反应堆停堆、开启带来的反复热循环;

　　(3) 有足够的抗堆内冷却剂腐蚀能力,能抵抗机械应力;

　　(4) 核燃料的后处理比较容易实现。

　　经过几十年的发展,核燃料材料分为金属/合金和陶瓷两大类。金属/合金燃料主要包括铀、钚和钍以及它们的合金,陶瓷燃料主要包括含易裂变性核素的氧化物、碳化物、氮化物和硅化物。到目前为止,有各种各样形状的燃料:圆柱、长棒、球形颗粒、包覆颗粒、离散燃料以及液态燃料。除了金属/合金和陶瓷外,某些反应堆还使用弥散型核燃料。

　　金属燃料的优点是密度高、导热性好、易加工、乏燃料后处理方便。但铀金属在熔点以下存在 α、β、γ 三种同素异晶体转变,铀与水和包壳在高温下易反应,因此金属燃料一般用作低温、低功率、低燃耗反应堆上。为提高铀金属的辐照稳定性,常加入 Al、Si、Zr、Mo 等合金元素。

　　陶瓷核燃料是由裂变核素 U、Th、Pu 与吸收截面低的非金属元素所形成的化合物,裂变金属核素与 C、N、O 等小原子半径元素化合后的晶体结构特点是非金属元素一般排列在金属原子阵点形成的间隙中,间隙原子引起晶格膨胀并形成强的金属-非金属键。非金属键一般具有共价键的特征,阻碍原子滑移,因此提高了化合物的硬度和脆性。

　　弥散核燃料是将含有易裂变核素的化合物加工成粉末或颗粒,均匀分布在非裂变材料中形成的,含易裂变核素的燃料颗粒为燃料相,非裂变材料为基体相。燃料相材料可以是铀与铝、铍的金属间化合物,如铀的氧化物、碳化物、氮化物和硅化物等;基体相材料包括 Al、Mg、Be、Zr、石墨以及不锈钢等。弥散核燃料的辐照稳定性好,导热性能好,抗腐蚀,强度高,

燃耗深度可到 $80\% \sim 90\%$。因基体耐热性能有限,弥散核燃料主要应用于低温运行的研究实验堆。

5.1   金属核燃料

金属核燃料的应用历史可以追溯到第一代反应堆,EBR-Ⅰ(experimental breeder reactor Ⅰ)于 1951 年 10 月第一次发电,使用的是金属铀和金属钚。此外,第一代气冷堆 EBR-Ⅱ及随后发展的快堆,其燃料均为金属燃料。但后来发展水冷堆时,并未使用金属燃料,这是因为当堆内温度较高时,金属燃料和水并不兼容——即使燃料元件的包壳出现一个小裂缝,都会导致金属燃料和水发生反应,生成氧化物或者氢化物。

在 20 世纪 60 年代中期,当快堆快速发展时,考虑到在温度更高的反应堆中,金属燃料会发生肿胀,且会发生局部液态化,这会使其燃耗受限,所以反应堆的设计者选择用耐热性能更好的氧化物燃料替代金属燃料。随后,燃料元件的设计开始出现一些简单地改变,例如:增大燃料芯块和包壳之间的空隙以便给裂变气体提供贮存空间,这和早期燃料设计(燃料芯块和包壳之间间隙特别小甚至没有间隙)相比其燃耗有了大幅度的提高(燃耗从 1% 提高到 20%)。由于研究堆和试验堆的运行温度较低,所以它们还是会照惯例使用金属燃料。

金属燃料的热导率较高、裂变原子密度大、易加工,但同时熔点低、辐照不稳定、在堆内液体中抗腐蚀能力较弱、与包壳材料不兼容,可以考虑用合金替代金属燃料以提高燃料元件的抗腐蚀能力以及抗辐照性能。

5.1.1   金属铀

金属铀除了从矿物中提取外,还有一部分来自反应堆乏燃料的后处理。

1. 铀的提取

为制备金属铀,在铀转化过程中,制得 UF_4 后,可以被钙或者镁还原从而生成金属铀。反应方程式如下:

$$UF_4 + 2Mg \longrightarrow U + 2MgF_2$$
$$UF_4 + 2Ca \longrightarrow U + CaF_2$$

为获得浓缩的金属铀(即相对天然铀而言,^{235}U 的含量更高),可以通过将经过扩散法或离心法浓缩的 UF_6 转化为 UF_4,进而制得金属铀。

2. 核性质

^{233}U 和 ^{235}U 核素在热中子能量范围(平均能量为 $0.025eV$)内微观裂变截面很大,但是 ^{238}U 的微观裂变截面很小,不是易裂变核素(但其含量很高)。天然铀中仅含 0.71% 的 ^{235}U,所以当金属铀中 ^{235}U 的含量增大,其宏观裂变截面会增大。表 5.1.1 中的中子吸收截面是裂变截面和俘获截面的总和。

表 5.1.1 铀的热核截面及其他参数

参　数	^{233}U	^{235}U	^{238}U	天然铀
裂变截面/b	531.1	582.2	0.0005	4.18
俘获截面/b	47.7	98.6	2.71	3.50
吸收截面/b	578.8	680.8	2.71	7.68
ν(裂变中子产额)	2.52	2.47	—	2.46
η(吸收中子产额)	2.28	2.07	—	1.34

3. 铀的晶体结构和物理性质

在温度低于 666℃ 时,铀晶体呈现斜方晶体结构(α-U)(单位晶体含 4 个原子,图 5.1.1);当温度在 666~771℃ 时,铀晶体(β-U)呈现复杂的四方晶体结构(单位晶体内含 30 个原子);当温度在 771~1130℃ 时,铀晶体呈现体心立方晶体结构(γ-U)(单位晶体内含 2 个原子)。

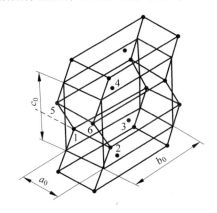

图 5.1.1 α-U 晶体结构

由于 α-U 晶体结构的各向异性,其热膨胀系数沿着晶格各方向的参数不同而有差异。在[100]和[001]两个方向其线热膨胀系数随着温度的升高而增加,而在[010]方向则随着温度的升高而减小;但体热膨胀系数随着温度的升高而增加。当温度升高时,铀晶体会发生同素异形体转变,当其晶体结构发生变化时体热膨胀系数会相应增加。

在反应堆中,材料的热导率是能够反映热量从燃料经过包壳传到冷却剂快慢的重要参数。为避免堆芯融化,燃料的热导率通常是反应堆线功率密度的限制参数。图 5.1.2 是经过完全退火的高纯多晶铀热导率随温度变化的趋势图。当温度升高时,铀的热导率也随之升高,因此,提高反应堆堆芯的温度有利于提高核燃料的热导率。但热导率也有可能受其他因素影响发生变化甚至降低。铀的热导率相当于铁的 1/2,铜的 1/3。铀的导电性较差,相当于铁的 1/8,铜的 1/17。铀的密度很高,为 19.8kg/L。

4. 机械性能

纯金属铀的韧性适中,而机械性能取决于晶体结构(如晶体的择优取向)。金属制造和热处理会影响晶体结构,而晶粒的大小与结构对金属的机械性能影响非常大。铀的拉伸性能对如碳、裂变产物或合金元素这一类杂质非常敏感。总的来说,在室温下发生孪生(晶体

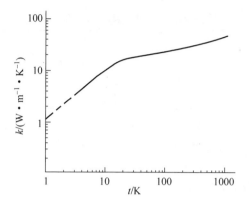

图 5.1.2　高纯退火多晶铀热导率随温度变化的趋势图

变形包括孪生和滑移两种形式)是铀晶体最主要的变形方式,但当温度升高时,滑移对于变形的影响变大,当温度达到 450℃ 以上时,滑移是塑性变形最主要的形式。

5. 抗腐蚀性能

铀的化学性质非常活泼,在大多数环境下(空气、氧气、氢气、水、水蒸气等)都能迅速反应。刚打磨出来的金属铀呈现暗银色,在空气中放置几分钟,其表面就会呈现枯黄色,再过几天就会变成银黑色。铀在空气中放置形成的表面氧化层并没有保护作用。当环境温度升高,氧化层增厚,氧化层会出现黑色的 UO_2,氧化层开始出现缝隙甚至破裂,使氧化层下的铀金属暴露在空气中,进一步被氧化。

非合金铀非常容易与水反应,图 5.1.3 反映了铀在蒸馏水中的腐蚀行为。在 $50\sim70℃$ 时,形成的 UO_2 薄膜在一定的潜伏期内能保护下方的金属铀,使其不被水冷却剂腐蚀;但当温度升高,表面氧化层开始出现裂缝失去保护作用会增加金属铀的腐蚀速率。然而,在饱和氢气或者除气水的条件下,在中等温度范围内金属铀的腐蚀速率随时间呈线性变化。在饱和氢气条件下腐蚀过程是:当氢气扩散到氧化层以下,氢气和金属铀发生反应,在氧化层和金属铀之间以及铀晶体的晶界上形成一层 UH_3。

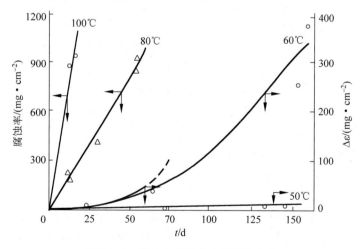

图 5.1.3　纯铀在蒸馏水中的腐蚀行为

6. 合金铀

制造合金铀是为了提高铀燃料的机械性能、尺寸稳定性以及抗腐蚀能力。选择合金元素的前提是不能影响裂变中子的经济性。因此，Al、Be 和 Zr 是比较重要的合金元素，Ti、Zr、Nb 和 Mo 高温时在铀晶体中的固溶度很高，V 和 Cr 的固溶度适中，Ta 和 W 在 γ-U 晶体中的固溶度很小。在 EBR-Ⅱ 中，铀燃料使用 U-Zr、U-Pu-Zr 合金以提高合金的固相线温度、增强辐照条件下燃料的尺寸稳定性以及减少燃料与包壳之间的化学相互作用。此外，纳冷快堆（LMFBRs）中适合用铀-裂变产物合金（U-Fs 或者 U-Fz）合金。U-Fs 合金可以通过乏燃料后处理过程获得，乏燃料棒束中含有 Mo、Nb、Zr、Rh、Ru 等裂变产物，这类合金的辐照稳定性比较好。

当温度升高时，铀金属强度降低得非常快，在合金铀中加入少量的合金元素能提高合金的高温强度。例如，加入 0.5% 的 Cr 或者 2.0% 的 Zr 能使燃料的屈服强度提高 4～5 倍，加入少量的 Si 和 Al 也能提高其强度，但如果这些元素加得过多则会在合金中形成易碎的金属间化合物，影响合金的延展性和加工性。

加入 5%～10%Zr 的 γ-相合金经过水淬热处理能产生超饱和亚稳态 α 相结构。U-5% Zr 合金经过退火后（900℃，1h）非常硬（535VHN），在 650℃ 条件下回火两个小时，硬度降低（约 315VHN）；但在回火过程中，合金的一些微观结构会得到改善。

若合金为亚稳态铀 γ 相合金、超饱和 α 相或金属间化合物三种形式之一时，合金表面在 350℃ 条件下能形成一层稳定的氧化物薄膜，所以这些合金铀表现出良好的抗腐蚀能力。

亚稳态 γ-相合金铀包含 7% 左右的 Mo 或者 Nb，γ-相合金通过适度或快速的冷却能使合金元素溶解在 γ-相基体（BCC）中。只要合金为 γ-相，腐蚀速率就能保持很低。

超饱和 α-相合金铀是通过向金属铀中添加少量的铌元素（3% 左右）并快速冷却形成马氏体相变。只要合金内的马氏体晶体存在，该合金就一直有良好的抗腐蚀能力，该合金中再加入少量的 Zr 元素，它的抗腐蚀能力会更强。例如：一种含 1.5%Nb 和 5%Zr 的三元合金铀，其抗腐蚀能力非常强，但在氢气环境下很容易脆化。

铀基金属间化合物有比较强的抗腐蚀能力，例如 U_3Si。这一类铀基金属化合物包括 UAl_2、UAl_3、U_6Ni、U_6Fe 等。这些化合物的主要优点在于它们能够在高温条件下保持良好的抗腐蚀能力，而前两种合金（马氏体 γ-相和超饱和 α-相）则不具备高温抗蚀性能。

7. 铀的加工

铀的制造工艺取决于很多因素，主要和需求相关。主要的制造工艺包括：铸造、锻造、轧制、挤压、拔丝或者管材拉拔、机械加工以及粉末冶炼等。

理论上，铀的三种晶体形式（α、β、γ）都能被轧制，但 β-相的硬度很高，当轧制温度为 660～770℃ 时轧制所需压力是温度为 650℃ 时所需压力的 2～3 倍。另外，γ-相有非常好的延展性，很容易产生弯曲效应和下垂效应。因此，基本上所有的轧制都是针对 α-相。经过冷加工的铀，它的再结晶温度为 450℃，在热轧制过程中，会在铀和轧制机之间增加一层保护套，防止铀在轧制过程中氧化。

铀粉末一般是通过氢化法获得。铀粉末非常容易自燃，在进行粉末冶炼过程中需要特别小心。在粉末加工的过程中用固体石蜡或者油来保护粉末表层。由于铀是有毒的，所以铀粉末应该在类似"手套箱"这种密闭环境内处理。粉末产品通常是通过以下过程获得：

(1) 在高温（1095～1120℃）条件下对 γ-相进行冷压烧结；

(2) 对 α-相及 γ-相进行冷压、烧结、重压以及最后退火；

(3) 对高 α-相进行热加工。

8. 铀的热循环生长

α-相铀经受反复加热和冷却过程（例如：热循环）时，其不稳定性就会凸显，会发生"热循环生长"，这种生长会导致晶体生长（晶体长度发生变化，增加或者减少），表面起皱变粗糙。生长效应是由热棘轮机械效应引起的，其机理是：①两个相邻晶粒之间相互移动，这是由 α-相铀的各项异性引起各方向热膨胀系数不同而引起的；②这些发生变化的晶粒中有一些发生塑性变形或者蠕变使其内应力得以释放。

由于热循环是核反应堆内部动力学的特点，所有热循环对于核燃料的热稳定性有着非常重要的影响。铀的 γ-相并没有出现热循环生长现象，所以 γ-相铀比较能够满足核燃料热稳定性的需求。因此，适当的 γ-相稳定合金元素（Al、Mo 和 Mg）可以有效地避免合金的热循环生长，一般来说，U-Mo 合金含 6% 的 Mo 元素以避免热循环生长。

9. 金属铀的辐照性能

辐照生长是金属铀另外一种形式的尺寸不稳定性，主要发生在低温（例如：300℃）、无须任何应力的辐照条件下。由于不需要应力，所以辐照生长不需要考虑辐照诱导蠕变及辐照肿胀。在射线的照射下，α-相铀的单个晶格在晶向[010]方向上发生扩张，同时在晶向[100]方向上发生压缩，而在晶向[001]方向基本保持不变。这种扩张/压缩的特点是因为需要保持晶格的体积不变，在合适的结构设计下，变形过程对于最小化甚至消除辐照生长效应是非常重要的。若想要辐照生长效应实现最小化，可以通过将材料的微观结构处理成晶格取向随机来实现，在稳定的各向同性结构中加入适量的合金元素也可以实现。

辐照肿胀是一种尺寸不稳定性（体积变大），这是因为燃料中会形成空穴/气泡或者残留裂变产物（^{133}Xe、^{4}He、^{85}Kr 等）。辐照生长和辐照肿胀的区别如下：

(1) 发生辐照肿胀的温度比辐照生长高；

(2) 辐照肿胀会引起燃料的体积变大，辐照生长会改变燃料的形状，但是其体积保持常数；

(3) 因为形成空穴/气泡以及裂变气体才发生辐照肿胀，所以在适当的条件下，所有结构的铀晶体都能发生辐照肿胀；而若发生辐照生长，这表明铀晶体具备各向异性，所以通常会在 α-相铀中发现辐照生长而 γ-相铀却没有。

图 5.1.4 是不同的铀基材料的体积变化和燃耗的关系图，图中曲线说明合金对辐照肿胀起一定的抑制作用。图中调质铀（含 U0.04%～0.12%，C0.03%～0.06%，以及少量的 Mo、Nb 及 Fe）是英国标准燃料生产的，这种燃料表现出良好的抗辐照肿胀性能。

辐照蠕变一般产生于高温条件，是对时间依赖程度很强的机械性能。图 5.1.5 是热轧制的铀在辐照条件下的蠕变行为。蠕变（creep）是在应力影响下固体材料缓慢永久性的移动或者变形的趋势。它的发生是低于材料屈服强度的应力长时间作用的结果。当材料长时间处于加热当中或者在熔点附近时，蠕变会更加剧烈。蠕变常常随着温度升高而加剧。

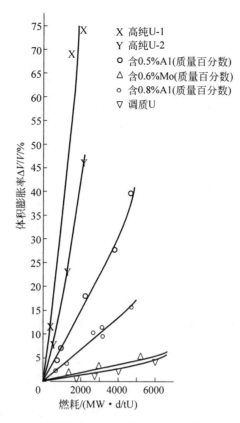

图 5.1.4　不同的铀基材料的体积变化和燃耗的关系图

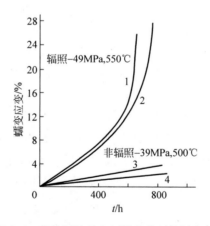

图 5.1.5　热轧制的铀在辐照条件下的蠕变行为

5.1.2　金属钚

金属钚(第 94 号元素)可以作为核武器的装料,其临界质量远小于金属铀。

钚及其合金也能用作核反应堆燃料以及太空同位素衰变热电池。^{239}Pu 是 Pu 主要的易裂变同位素。^{239}Pu 的热中子裂变截面很高（742.5b），所以它通常作为裂变燃料用于反应堆中。^{241}Pu 的热中子裂变截面也很高（1009b）。

钚在天然铀中含量很少，其主要来源为 ^{238}U 同位素（可裂变材料）吸收中子发生两次 β 衰变而产生。刚产生的钚是亮银白色金属，但其在空气中迅速氧化而变暗。钚的临界质量比铀小（差不多是铀的 1/3），由于这种金属有高毒性及自燃性，所以在处理过程中要保证安全。金属钚可以利用化学方法对反应堆乏燃料进行后处理而获得。贫铀可以和钚同时放入快中子增殖堆实现燃料增殖。

1. 钚晶体结构和物理性能

钚有六种同素异形体，它的熔点为 640℃，钚的同素异形体都只在特定的温度范围内保持稳定，比如温度在 122℃ 以下时，钚是 α-相，是简单的单斜晶体结构；温度在 476℃～639.5℃（熔点）之间时，钚是 ε-相钚，是体心立方晶格结构。在低温下，钚的窄导带以及 5f 层电子的高密度状态促使基态晶体结构变形为低对称的单斜相晶体。钚只有在低温或者其中加入合适合金元素的条件下才能保持对称结构。

同素异构转变对钚的前期制造工艺和杂质原子非常敏感。在纯金属的情况下，冷却过程会发生典型的迟滞现象。金属钚有许多异常的特性，例如：从 β-相钚向 α-相钚的转变非常慢，甚至当低于转变温度时，高温下的同素异构体可能仍旧存在，除非人为地外界加高压。所以当钚在 1atm 下冷却到室温时，α-相钚内一般都有很大的应力。钚的电阻系数在所有金属中几乎是最高的，这个性质和半导体差不多；钚的热导率和比热容随着温度的升高而增大。

2. 钚的制造

由于钚并不是天然存在的元素，大部分的钚是通过乏燃料后处理产生，将核武器进行拆除也能得到一些钚。在钚的制造过程中要特别小心以防极端事故发生。制造工艺包括：铸造、轧制、挤压、冲压、机械制造。钚的低熔点、高变形性、小体积改变、高密度等特性有利于铸造工艺。但同素异构体之间的内在差异导致实际精确的铸造工艺几乎是不可能的。一般来说，钚是在可控条件（真空或者惰性气体条件下）下进行熔化和铸造。

α 相-钚相比较脆，可用切削或者锻压加工。β-相和 γ-相钚也有脆性，Δ-相钚比较柔软，可以用传统的机械制造方法处理。尽管在更高温的条件下钚能有更好的变形性能，但要注意高温下氧化的问题，所以要选择一个能抑制钚氧化的温度。钚燃料各种相之间转换引起体积变化会导致燃料组件变形。Δ-相钚可以在 320～400℃ 温度范围内挤压加工。

3. 机械性能

由于钚的熔点很低，即使在室温下也可能表现一些高温下的效应。钚的机械性能受其杂质、温度、晶格缺陷、各向异性度以及相变的影响较大。因此，纯钚的高温应用是不可能的。钚的同素异构体机械性能差别明显。α-相钚的杨氏弹性模量为 82.7～97GPa，剪切弹性模量为 37.2～43.4GPa，泊松比 0.15。多晶钚（α-相和 β-相）的压缩屈服强度为 345～517MPa。

4. 抗腐蚀性能

钚的抗腐蚀性能较差,其腐蚀行为和铀的相像,但腐蚀速率更快。新制的钚表面有镜面光泽,将其置于空气中,短时间内其镜面光泽就会消失,生成橄榄绿色的氧化钚 PuO_2,这使金属钚的表面形成粉末层。钚的氧化物(PuO_{2+x})在空气中 $25\sim350℃$ 下处于热平衡状态。金属钚即使在高温下也不与氮发生反应。金属钚置于潮湿的空气中时,其腐蚀速率加快。实验表明:金属钚放置于干燥的空气中 200h 会失重约 $0.015mg/cm^2$,作为对比,将其放置于含 5% 水分的空气中,失重增至约 $1mg/cm^2$。在 100℃ 时,在干燥空气和含水分空气两种条件下腐蚀速率差能达到 5 个数量级。涉及氧分子和水分子化学反应式如下:

$$Pu(s) + O_2(g) \longrightarrow PuO_2$$

$$Pu(s) + 2H_2O \longrightarrow PuO_2(s) + 2H_2(g)$$

钚表面松散的氧化层容易在空中传播,会比金属本身对人体造成更大的影响。当对 β-相钚加热升温使其转化为 γ-相钚之后,其氧化速率变慢。Δ-相形成的氧化物黏着力比较强,对里面的金属也更具有保护性,这样反倒使其氧化速率比低温时更低。温度较高时,钚容易形成褐色粉末氧化物,当温度在 450℃ 以上时会燃烧。水溶液腐蚀能形成氧化物或者氢化物,这是由于氧或者氢能扩散到金属钚中。

5. 钚合金

钚是易裂变材料,钚在使用之前一般需要稀释。此外,它的物理、化学以及机械性能都不适合金属钚单独作为燃料使用,所以钚都是以合金形式用于反应堆的。钚比铀更容易形成金属间化合物,但是它们的合金有相似的性质,钚合金需要有以下性质:①钚的危险程度保持最小;②有良好的制造特性;③良好的热稳定性和辐照稳定性;④高抗腐蚀性能;⑤可获得的合金元素。

像 Al、Ga、Mo、Th 及 Zr 等合金元素可以使 Δ-相钚稳定,甚至使其和 γ-相铀一样处于亚稳态。Gschneider 等人报道 Δ-相钚负的热膨胀系数随着 Al、Zn、Zr、In 和 Ce 等合金元素的加入逐渐增大最终变为正的热膨胀系数,这是因为这些合金元素的加入使得体系的电子浓度增大。

一种比较典型的合金是 Pu-3.5%Ga 合金。这种合金是曼哈顿计划中发展起来的,被用于以前的 Los Alamos 快堆。这种合金中的 Δ-相钚在大范围温度内能保持稳定,且其抗腐蚀能力较强。

相当多的研究表明,利用易裂变核素-增殖核素的结合作为金属燃料以用于诸如 LMFBR 的增殖堆,由于易裂变核素原子密度的增加,这种燃料和陶瓷燃料相比能在更短的时间内有更高的增殖比。图 5.1.6 是 Pu-U 合金的相图。Pu-U 合金的相较多,是一个复杂的系统。钚含量比 γ-相铀的溶解限度高,所以这种合金相很脆,这导致这种合金的锻造过程特别困难,同时合金受热循环和辐照损伤的影响较大。但是,加入钼合金后此合金的脆化性能有所改善。

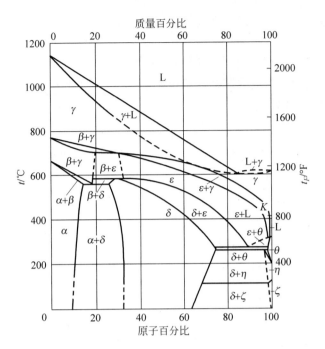

图 5.1.6　Pu-U 合金的相图

5.1.3　金属钍

　　纯净的钍(核电荷数 90)是以一种柔软的银白色的金属,能长时间保持光泽。但是一旦被氧化成氧化钍(ThO_2),就会很快失去光泽变成灰色,最终变成黑色。^{232}Th 能够通过俘获一个中子转变成裂变元素^{233}U,并且自然界储量丰富,因此钍元素是一种重要的增殖材料。自然界中,钍元素仅仅以^{232}Th 一种同位素存在,并且衰变缓慢,它的半衰期是 1400 万年。钍元素的其他同位素(^{228}Th、^{230}Th、^{234}Th)都仅仅是在钍元素或者铀元素的裂变过程中产生并且存在时间极短。

1. 钍的提取和制备

　　钍元素主要是从独居石矿石中经过多层工序提取而来。先将独居石矿石在浓硫酸(93%～98%)中浸泡,处于 120～150℃条件下数个小时达到溶解的目的。强碱溶解也是另一个可行的选择。在溶解浸泡过程中,钍元素、铀元素和稀土元素都以硫酸盐的形式进入溶剂。接着,在上一步得到的溶液中加入氨水,将 pH 值调制 1,这时所有的钍元素和其他一些稀土元素都会通过沉淀离开溶液。但是此时溶液的 pH 值将会升至大约 2.5,其余的稀土元素和铀元素也会沉淀出来。此时进行过滤,并将滤渣用硝酸处理(溶剂萃取过程),钍元素的化合物就会被分离出来了。

　　从钍的化合物中将钍元素提取出来有多种办法。其中有在密闭容器中还原四氯化钍的反应的方法,比如四氟化钍与钙、钠、镁等进行反应。由于钍有很高的熔点,锌通常被加入到共熔合金中形成低熔点的合金,然后通过在真空条件下将锌蒸馏出来形成所谓的"热还原"

钍。相关方程式如下：

$$ThF_4 + Zn + 2Ca \longrightarrow Th\text{-}Zn + 2CaF_2$$

高纯钍(99.8%)可以通过碘化物处理方法得到(de Boer 方法)。

热还原钍的形态是海绵状的,碘化物处理的钍是松散的晶体结构,所以需要通过铸锭或者粉末冶金的方法工艺进行固化加强。金属铸锭有两种方法：真空感应熔化铸锭和电弧熔化铸锭方法。如果钍含有降低的氧、硅、氮、铝等杂质,就可以使用诸如挤出成型、冷或热滚轧、加热锻造等性变形方法来进行制备钍金属。粉末冶金的方法中,通过氰化法将钍制备成95%理论密度的冷致密体。然后在常压下,650℃高温环境中,在真空中进行热压烧结,可以获得几乎 100%致密度的钍金属。

2. 钍金属的晶体结构和物理性质

钍有两种立方结构的同素异形体。α 相钍低于 1400℃是面心立方结构,在 1400℃到它的熔点(约 1650℃)之间时,钍将变成体心立方结构(β 相)。在 100℃ 条件下,钍的热导率比铀的高 30%；在 650℃下,比铀高 8%。钍金属在 900℃以下导电性比除铝以外的所有金属都要好。

3. 力学性能

钍金属的力学性能对于杂质含量、晶体学纹理和冷加工的程度都很敏感。de Boer 方法(电迁移法)制备的高纯钍金属在退火条件下,屈服强度为 34～124MPa,拉伸强度在110～138MPa 之间,足够的延展率(延展率 28%～51%)。但是,“热还原”方法制备的钍金属有高含量的碳、氧以及其他的在 de Boer 方法制备的钍金属中同样含有的杂质。这种方法锻造或铸锭的钍金属在退火条件下的屈服强度最大可达 124MPa,拉伸强度最大可达 172MPa。

4. 钍金属的腐蚀性能

钍金属的新鲜切口呈现明亮的银白光泽,但是暴露在空气中肯快会变暗。在 350℃ 以上氧化作用会在钍金属表面形成一层氧化膜。在更高的温度下,由于氧化薄膜破裂而发生转变,此时氧化过程几乎是线性速率进行。在 1100℃左右,氧化速率又一次呈抛物线形。100℃左右,钍金属在纯水中由于氧化膜的保护而腐蚀得很慢。178～200℃的水中,氧化过程变得很迅速并最终造成氧化膜破裂。这个反应在 315℃进行得很快。

5. 钍合金

人们尝试让许多金属和钍形成合金,以改善它的力学性能和导电性。只有极少数的金属(锆和铪)才有较好的固溶性。但是,很多活性金属可以和它形成金属间化合物而不是形成固溶体。比如铀、铟和钍形成的合金可以提高钍的强度,而锆、钛、铌和钍形成的合金可以改善腐蚀抗性。钍铀合金、钍钚合金则可以将裂变元素和可转化核素结合形成很有发展潜力的钍基核燃料。可以清楚地看到,随着铀金属含量的增加,合金的屈服强度和拉伸强度都有所增加,但是同时也延展性降低。钍铀合金中铀含量超过 50%之后很容易熔化铸造,也可以使用粉末冶金技术制备。

6. 辐照效应

钍是立方晶体结构,因此是各相同性的,没有辐照增长效应,相比 α-相铀在辐照条件下有着更好的结构稳定性。

7. 应用展望

自然界中,钍的储量要比铀丰富,因此人们对于开发经济的钍基核燃料有着浓厚的兴趣。钍基核燃料废物产生率低,废物中超铀元素少,是核燃料供应又一个有竞争力的选择。同时,钍基核燃料用于大多数反应堆将带来显著的安全效应。但是,钍基核燃料的完全商业化应用还有些障碍,那就是需要开展一个经济的项目来承担发展钍基核燃料所必需的研发工作。钍基核燃料商业化应用需要大量的研发、测试、定量分析工作做保证。

5.2　陶瓷核燃料

金属核燃料中子经济性好、热导率高、抗热震荡性能好,理所当然应该是核能燃料的必然选择。但是,金属核燃料在高温下强度不够,会发生相变,这些都制约金属核燃料在高温的核反应堆内的应用。与之相比,陶瓷核燃料有很好的高温稳定性,低的热膨胀性,很好的抗腐蚀性能以及良好的辐照稳定性。陶瓷核燃料种类较多,有氧化物、碳化物、氮化物、硼化物等等。

5.2.1　含铀陶瓷

主要的含铀陶瓷核燃料有三种:二氧化铀(UO_2)、碳化铀(UC)和氮化铀(UN)。在很长时间里,UN 和 UC 在高温下有很好的使用潜力,但是现在运行经验最丰富的却是 UO_2。核燃料性能的提升和热效率需要核燃料能经受尽可能高的温度。但是,对于金属核燃料,有两个无可避免的问题:

(1) 中心燃料熔化;

(2) 辐照肿胀和高温下辐照不稳定性带来的蠕变变形。

在此基础上,陶瓷核燃料与金属核燃料相比就有了一定的优势:

(1) 熔点高,可以经受反应堆反应的高温条件;

(2) 辐照稳定性好;

(3) 化学惰性和与包壳管兼容性好,抗环境腐蚀性较好。

一般陶瓷核燃料的使用都要考虑以下几个方面:

(1) 单位体积核燃料中有较多的易裂变元素,避免使用过程中需要达到高富集度;

(2) 非裂变元素的中子吸收截面要低,以防影响中子经济性。

1. 二氧化铀

在粉末冶金工艺中,二氧化铀可以被制造成球形、管形、柱形等。烧结的二氧化铀一定要在惰性气体或者还原气氛中进行。由于环境和温度的不同,二氧化铀可以在一个氧铀比很宽的一个范围内存在。150～190℃下以 $U_3O_7(2UO_2+UO_3)$ 这种不稳定的混合形态存在,在375℃下则是以 U_3O_8 的形态存在。在500℃左右时 U_3O_8 不是很稳定,并且在更高的温度(1100～1300℃)下变回二氧化铀。

在氢气气氛中,在1700～1725℃条件下烧结8～10h之后得到的二氧化铀致密度为93%～95%。少量的 TiO_2 和 CeO_2 作为烧结助剂可以降低烧结温度。

如果氧铀比(O/U)为2.0,就成为二氧化铀是化学计量比的。如果 O/U<2.0,我们称之为超化学计量燃料(UO_{2-x});如果 O/U>2.0,我们称之为亚化学计量比燃料(UO_{2+x})。如果偏离了标准的化学计量比会造成燃料内部的自扩散和燃料与包壳管之间的扩散,使得二氧化铀的化学组成更差。化学计量比还影响着燃料的密度、熔点以及其他的物理性质和温度相关性质。

二氧化铀的晶体结构和萤石结构类似,具有面心立方晶体结构,理论密度为 $10.96g/cm^3$,熔点是2850℃(文献中有不同的数据)。二氧化铀芯块是用粉末冶金的方法制备的,制备过程对于芯块最终性质影响很大。二氧化铀的实际密度是理论密度的80%～95%,这个差异是由实际制备过程中粉末的晶体结构和尺寸决定的。高密度的二氧化铀芯块有以下优点:较高的含铀密度;较高的热导率;作为燃料元件能更好容纳和保持裂变产物中的气体;燃料元件的功率线密度更高。

图5.2.1给出了二氧化铀燃料氧铀比对应芯块密度的关系。二氧化铀相比其他铀基金属燃料和陶瓷材料有着更低的热导率,而且热膨胀系数相对较低,比热容也更小。

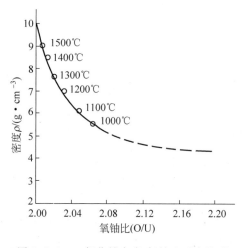

图5.2.1 二氧化铀密度-氧铀比对应关系

热导率是计算燃料芯块温度分布的重要参数,影响热导率的因素有密度、温度和化学计量以及辐照条件等。

为确定燃料芯块与包壳之间间隙的设计要求,必须清楚整个温度范围内二氧化铀芯块的尺寸变化,化学计量比和非化学计量比的二氧化铀热膨胀因子(单位温度下的热膨胀率)随着温度的变化曲线如图5.2.3所示。二氧化铀由固态变成液态,体积膨胀7%～10%。液态条件下,2800～3100℃条件下,线膨胀系数为 3.5×10^{-5}/℃。

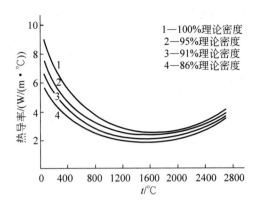

图 5.2.2　不同密度的二氧化铀的热导率随温度变化的关系曲线

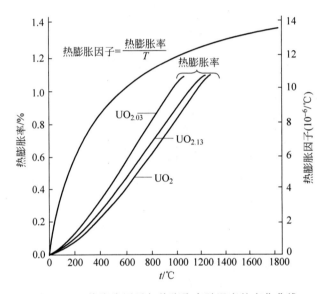

图 5.2.3　热膨胀因子与热膨胀率随温度的变化曲线

　　二氧化铀的拉伸强度仅有数十兆帕,杨氏模量 2000~3000MPa。二氧化铀的强度受晶粒度、孔隙率、杂质、氧铀比等因素影响。1400℃ 以上时,二氧化铀表现出明显的塑性特征。

　　二氧化铀在高辐照暴露条件下($>10^{20}$ n/cm²)几何尺寸都很稳定,燃耗也很高。在强烈的中子辐照条件下,燃料芯块会发生径向开裂。并且,轴向裂纹和周向裂纹同样可以观察到。

　　二氧化铀在自由面也会释放挥发性的裂变产物。裂变产物中的气体包括溴、碘、碲、氪以及其他相关的核素。裂变气体产物的量和很多因素有关,比如燃料的多孔性、微观结构、辐照时间、辐照温度等。图 5.2.4 给出了不同辐照温度下辐照肿胀和燃料燃耗的关系。

　　在 800~900℃ 之间时,堆内 UO₂ 燃料的蠕变速率与温度的相关性并不强,而是和中子通量、应力相关。但是,在更高的温度下($>1200℃$),蠕变速率和温度的相关性更强。

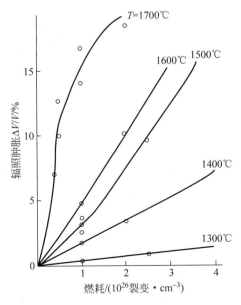

图 5.2.4　二氧化铀不同温度辐照肿胀-燃耗对应曲线

2. 碳化铀

铀碳化合物主要有三种：UC、U_2C_3、U_2C,其中 UC 更受人们的关注。碳化铀相比铀金属核燃料和二氧化铀核燃料来说,是更理想的反应堆用核燃料。碳化铀在熔点 2350℃ 以下不会发生相变,而且铀密度很高,有着比二氧化铀更大的热导率。碳化铀在高温条件下和辐照条件下都体现出很好的稳定性,裂变气体释放适量而且只有轻微开裂情况发生。碳化铀的较高铀原子密度,较大热导率带来的好处是：

(1) 经济的燃料制造需要更大尺寸的燃料组件；

(2) 较高的能量密度和可达到的功率系数；

(3) 较小的基础设施,比如压力容器和管道系统等。

3. 氮化铀

铀氮化合物系统(UN、U_2N_3、UN_3)中只有氮化铀(UN)足够稳定并且能承受核反应堆运行条件的唯一化合物。氮化铀正常条件下理论密度 $14.32g/cm^3$,能在高温下保持化学计量比,直到温度高于 1500℃ 氮化铀才会失去化学计量比,它的熔点约 2650℃。氮化铀并不会在一个特定的温度下立刻融化,而是在某个温度下分解成游离态的铀和气态的氮,这个温度是系统中氮气分压的函数。

5.2.2　含钚陶瓷

含钚陶瓷化合物主要是指二氧化钚(PuO_2)、碳化钚(PuC)、氮化钚(PuN)。但是它们大多数时候分别和二氧化铀、碳化铀、氮化铀合用为混合燃料。这些都是用于快中子增殖反应堆燃料。

二氧化铀和二氧化钍的物理、力学和化学性能都是可以类比的,核性质要比含铀陶瓷燃料更好。混合的铀钍核燃料有以下优势:高熔点、制造工艺成熟、使用经验丰富、良好的辐照稳定性以及热稳定性。

5.2.3　含钍陶瓷

二氧化钍(ThO_2)无疑是含钍陶瓷中最合适的核燃料。尽管对于它的研究起源于核武器领域,但是关于它大多数信息的存在则是因为它的非武器领域的应用。二氧化钍的熔点高达3300℃,而且在氧化物耐火材料中是最稳定的,能够承受极其严酷的条件。

二氧化钍通常是由热分解高纯钍盐的粉末制备而来,这些钍盐通常是草酸盐。粉末的固化通常使用常规陶瓷的成型方法,比如挤出成型、压力成型,然后进行无压烧结或热压烧结。最终的陶瓷性质通常取决于原料钍盐的性质和烧结条件等。

二氧化钍在它的熔点以下都是以单晶立方相存在,和二氧化铀同晶型易共熔。因此,它在高温下甚至易氧化条件下都可以保持稳定。在真空中,它随着失去氧而变暗,尽管失去的氧并不足以影响晶格常数。和二氧化铀不同的是,在1800~1900℃持续加热时二氧化钍不会分解,而将温度回到1200℃或1300℃时二氧化钍恢复白色。

当二氧化铀和二氧化钍溶合的时候,晶格中的额外的氧原子将会被取代,以便和铀的容量协调。碳化钍和氮化钍也可能是有潜力的核燃料,但是目前对它们的研究还比较缺乏。

5.3　核燃料在反应堆中的应用

5.3.1　压水堆

压水堆是反应堆最常见的类型,世界上现有的反应堆装机容量中压水堆占2/3。压水堆的燃料堆芯通常采用一个正方形的格架与燃料元件(燃料棒)组装成燃料组件。目前主流的设计是一个燃料组件中包含17×17个燃料元件,高度在4~5m,边长约为20cm,重量约为500kg。如图5.3.1所示,燃料组件的格架通常由一个上管座、下管座、7~11个格栅和25个导向管组成。24根导向管形成的空间供控制棒从上插入,另外一个导向管可以放置测量棒。直径约10mm、长度约4m的锆合金包壳管内装入了约300个UO_2芯块,形成了燃料元件。

例如一个功率为1100MWe的压水堆堆芯,包含了193个燃料组件,总共有超过50 000个燃料棒,这些燃料棒中拥有180万个燃料芯块。反应堆一旦启动,燃料会在堆芯中放置几年,具体时间取决于换料周期的设计。在每12个月或者18个月给反应堆再加入燃料的过程中,反应堆中的1/3或者1/4的燃料会被移出反应堆放置别处贮存,留在堆内的燃料会根据它的燃料浓度确认其在反应堆中的位置。

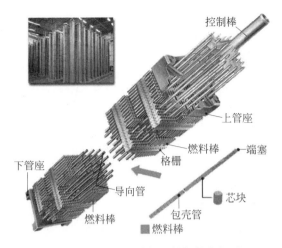

图 5.3.1　压水堆燃料元件部件分解图

5.3.2　沸水堆

沸水堆通常也采用锆合金包壳包覆二氧化铀陶瓷芯块的燃料棒。沸水堆中的燃料组件也是通过一个正方形定位格架固定燃料棒而构成的(图 5.3.2),燃料组件中可以插入的棒数可以在6×6 到 10×10 范围内变化。典型的燃料组件长约 4m,边长 130～140mm。燃料的寿命及后期贮存和压水堆相似。

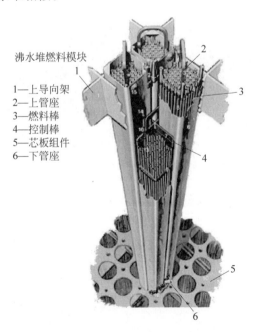

图 5.3.2　沸水堆燃料组件

但是沸水堆燃料和压水堆燃料有以下主要区别:
(1) 四个燃料组件和一个十字形的控制组件形成一个燃料模块;

（2）每个燃料组件对于其相邻的燃料组件都相对孤立，这是因为其周围都有一个充满水的区域以供十字形控制组件上下移动；

（3）每个沸水堆燃料组件都放置在一个锆合金保护套中以便让冷却水沿着组件的方向流动；

（4）沸水堆燃料组件中含有较大直径的水流通道。

5.3.3 重水堆

重水压水式反应堆（重水堆）最开始是一个加拿大的设计（也称为"CANDU"堆），约占世界现有装机容量的 6%。重水堆用压力管来装载重水以便慢化和冷却燃料。重水堆使用天然（非浓缩）或者低浓缩二氧化铀燃料，这些燃料被制造成陶瓷芯块，并被锆合金包壳包覆。重水堆的燃料元件长约 50cm，被制成直径约为 10cm 的燃料棒束。一个燃料棒束包含 28、37 或者 43 根燃料元件，这些燃料元件绕着中心轴线排列成圆环（图 5.3.3）。重水堆的燃料元件长度和其他堆比起来较短，这意味着这些燃料组件可以不像其他堆燃料组件那样需要支撑结构。重水堆燃料不能承受高燃耗，也不能在反应堆中使用很久，所以这些燃料芯块在它们的寿命期间膨胀特别小，因而重水堆燃料棒不需要预留芯块和包壳之间的间隙。这样燃料棒内也不会由于高压而填充气体，同时，金属包壳可以和燃料芯块接触而得到更好的导热性能。

图 5.3.3 重水堆元件束

这些燃料棒束放置在水平通道或者压力管中，它们穿过反应堆压力容器（排管式堆容器），例如一个功率为 790MWe、有 480 个燃料通道、包含超过五百万个燃料芯块组成的 5760 个燃料棒束的 CANDU 堆而言，每个燃料通道可以装在 12 个燃料棒束。

5.3.4 其他堆型

1. 高温气冷堆

高温气冷堆采用化学惰性和热工性能优良的氦气作为冷却剂，以全陶瓷包覆颗粒为燃料，石墨作为慢化剂和堆芯结构材料，堆芯出口氦气温度可以达到 950℃。高温气冷堆分为球床对和柱状堆，球形堆采用球形燃料元件，柱状堆采用柱状燃料元件。

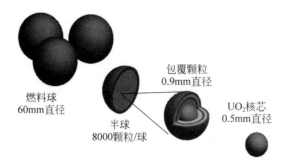

图 5.3.4　球形燃料元件

球形燃料元件(图 5.3.4)是由德国研发的,利用球的流动性实现不停堆换料。球形燃料元件的结构形式有三种:一是注塑型元件,元件为球径 60mm、厚 10mm 的空心球,球上有螺纹孔,作为注入燃料颗粒和石墨粉体的通道,注入后用螺纹封堵;二是壁纸型元件,包覆燃料颗粒只分布在球壳内壁 1～2mm 的薄层内,球壳内其余部分填充天然石墨粉体;三是模压型元件,采用准等静压模压方法在硅橡胶模内压制成型,模压燃料元件由球径 50mm 的燃料区和厚 5mm 的外层无燃料区组成。压制型燃料元件导热性能好,机械强度较高,辐照性能优越,在德国高温气冷实验堆中得以应用,我国的 10MW 高温供热气冷实验堆和 200MW 示范堆也采用模压制球形燃料元件。

包覆燃料颗粒由含可裂变材料的氧化物或碳化物微球及在其表面的几层难熔陶瓷材料构成。包覆燃料颗粒相当于压水堆的燃料棒,裂变材料微球相当于压水堆燃料棒内的 UO_2 芯块,约束裂变材料、阻隔裂变产物的陶瓷包覆层相当于锆合金包壳。

包覆燃料颗粒的燃料核芯一般采用溶胶-凝胶法制成直径为零点几毫米的微球,材料成分为铀、钍、钚的氧化物、碳化物。包覆层为高温化学气相沉积的热解碳、SiC 薄层。由燃料核芯和陶瓷包覆层组成的颗粒微球直径一般为 1mm。

2. 快中子堆

世界上现在只有一座商用快堆——位于斯维尔德洛夫斯克地区的 BN-600。有两座快堆正在建设中——一座 800MWe 的在俄罗斯,另一座 500MWe 的在印度(印度计划再多建 5 座核电站)。中国也在计划建造两座 BN-800。

快中子堆(快堆,FNR)中的中子不需要慢化,直接利用快中子引发裂变。因此快堆大部分使用钚作为基本燃料,有时也会用高浓铀进行裂变(燃料中需要 20%～30% 的裂变核子)。钚是在快堆运行过程中由 U-238 反应而来。如果快堆设计为增殖系数大于 1(即通过裂变产生的易裂变核子比反应前多),这种快堆称为快增殖堆(FBR)。

除了主流的快堆燃料之外,即 ^{238}U、Am、Np、Cm 在快堆中都可以增殖,而普通热堆中只能使 ^{235}U、^{239}Pu 和 ^{233}U 发生裂变。快堆中可以使用许多超铀元素的混合燃料:一般氧化物、混合氧化物、氮化物陶瓷或者金属燃料。

快堆元件的核心比常规燃料元件要小,它的横截面设计为中心和外围比较分明,这是因为反应堆利用中心部分裂变产生能量,利用外围进行中子增殖。因此中心部分会有很高的能量和中子释放水平,外围则有更多的中子吸收材料和将被转化的材料。

BN-600 燃料组件长 3.5m、宽 96mm、重 103kg,包含上下喷嘴和中心燃料棒束。中心燃料棒束是个六边形的管道,里面放有中心燃料棒 127 根,每根长 2.4m,直径 7mm,芯块分为三种富集度：17%、21%、26%。外围燃料棒含有 37 根包含贫铀材料，包壳材料使用低肿胀的不锈钢材料。

快堆使用液体金属冷却剂，比如金属钠、铅铋共熔液以及一些可以耐受约 550℃ 高温的材料，这样有更高的能量转换率。

3. 研究试验堆

研究反应试验堆是以提供中子源、伽马源、辐照回路和辐照装置为主的实验工具。由于研究试验堆需要提供高中子通量，不需要产生高的冷却剂温度，具有较大的表面积/体积比的片状燃料组件（图 5.3.5）较为合适。燃料片的厚度为 1.3~1.5mm，片间冷却流道宽为 2mm。燃料片采用夹心三层复合板结构，中间为铀铝合金、铀氧化物或硅化铀与铝粉弥散芯体，两侧为铝合金。套管式或展开线式燃料组件是片组型燃料组件的变形。

研究试验堆燃料元件一般采用铝合金、镁合金和锆合金作为包壳和结构材料。

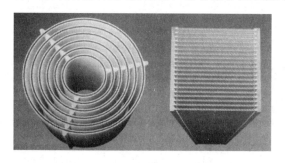

图 5.3.5　套管型和板型燃料元件

4. 先进气冷堆

先进气冷堆（AGR）第二代是英国设计的反应堆，仅在英国使用。AGR 占全球总核电发电装机容量的 2.7%。

AGR 燃料组件（图 5.3.6）由 36 个不锈钢包壳包覆燃料排成圆阵，每个燃料元件包含 20 个浓缩二氧化铀芯块，组件总质量约 43kg。浓缩铀的丰度可达 3.5%。不锈钢可以承受更高的工作温度，但是高温会造成中子损失，影响经济性能。燃料组件表层包覆一层石墨，其作用是慢化中子。一个燃料通道里面有 8 个燃料组件顺次贯穿整个反应堆。

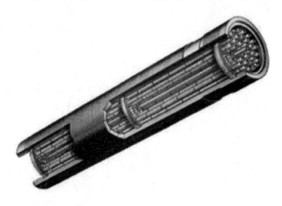

图 5.3.6　AGR 燃料组件

5. RMBK 燃料

RMBK 反应堆是早期苏联设计的,是从钚生产堆发展而来。现在全世界共有 11 个 RMBK 反应堆在运转(占世界发电能力装机总量的 3%),从 1990 年开始,RMBK 反应堆的控制系统和燃料进行了大幅度的改进。它使用垂直的压力管(仅有 1700 个,每个长约 7m),通过大量的石墨慢化中子进行工作。这些燃料是利用普通水进行冷却,水在一回路中可以允许加热至沸腾,和 BWR 一样。

RBMK 燃料组件长约 3.65m,有一系列 18 种形式直径约为 8cm 的燃料棒束。每两个棒束以"头接尾"的形式被绑在一起,以形成一个总长度约为 10m 的燃料组件,总质量 185kg。自 1990 年起,RBMK 燃料使用的是丰度更高的铀,丰度从 2% 平均提升到 2.8% (沿着元件方向从 2.5% 到 3.2%)。现在的燃料元件含有 0.6% 的铒(可燃吸收体),这对提高反应堆的整体安全性和燃耗有益。这种新燃料在反应堆中的使用时间可以提高至 6 年。所有 RBMK 反应堆现在使用的燃料都是从 VVER 反应堆回收的燃料。

5.4　压水堆燃料组件制造

一般轻水堆燃料组件都是由一根根燃料棒组成,燃料棒里装有烧结的 UO_2 芯块,燃料棒被锆合金制作的燃料组件骨架固定,图 5.4.1 中列出了多种堆型的形态各异的燃料组件,各种燃料组件因类型的不同,一般含有 200~500kg 的裂变材料。

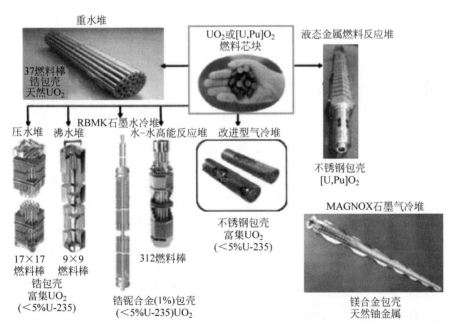

图 5.4.1　不同类型的燃料组件

图 5.4.2 所示是燃料组件的制造流程。主要经过以下几个过程:

(1) UF_6 的再转换;

（2）UO_2 芯块制备；

（3）包壳制备、燃料棒制备，格架、导向管和上、下管座的制造以及组装工艺。

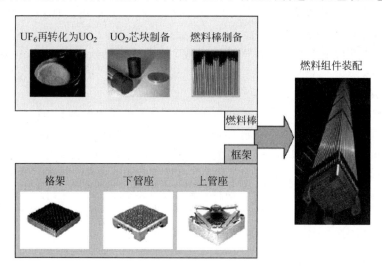

图 5.4.2　一般燃料元件的组装过程

5.4.1　UO_2 粉末制备

燃料组件制造的第一步是 UF_6 到 UO_2 粉末的转化过程。制造工艺有干法（integrated dry route powder process，IDR）和两种湿法 ADU（ammonium di-uranate）及 AUC（ammonium uranyl carbonate）。

（1）湿法

ADU 和 AUC 的流程图如图 5.4.3 所示。

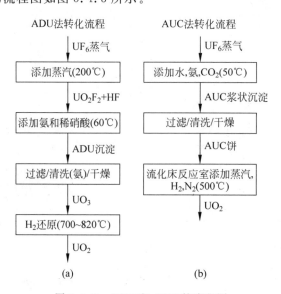

图 5.4.3　ADU 和 AUC 的流程图

ADU 的优点是高度的工业化,不足之处在于粉末流动性的缺乏,而且需要经过中间粉末阶段。

ADU 方法主要涉及的化学反应过程如下:

$$UF_6 + 2H_2O \longrightarrow UO_2F_2 + 4HF$$
$$2UO_2F_2 + 6NH_4OH \longrightarrow (NH_4)_2U_2O_7 + 4NH_4F + 3H_2O$$
$$3(NH_4)_2U_2O_7 \longrightarrow 2U_3O_8 + 6NH_3 + 3H_2O + O_2$$
$$U_3O_8 + 2H_2 \longrightarrow 3UO_2 + 2H_2O$$

在流程的进行过程中,ADU 的浆体要经过干燥处理变成流动性良好的粉末,才能进行分解还原。这个干燥过程是物理过程,不会影响 ADU 的颗粒和形态。干燥方法主要有喷雾法干燥 ADU 和载体流化干燥工艺。

在 ADU 的还原过程中要经过分解、除氟和还原过程。除氟过程是还原过程中最重要的问题。因为氟会导致包壳内表面氧化膜减钝,有诱发和促进包壳氢脆的作用。二氧化铀粉末中过高的氟含量不利于芯块的烧结,会使芯块密度下降,晶粒变小,并形成不规则的气孔。

AUC 又称为三碳酸铀酰铵沉淀法,也就是常说的“三气沉淀法”,即包括 UF_6、NH_3、CO_2 三种气体的共同反应,主要涉及的反应如下:

$$UF_6 + 5H_2O + 10NH_3 + 3CO_2 \longrightarrow (NH_4)_4UO_2(CO_3)_3 + 6NH_4F$$
$$(NH_4)_4UO_2(CO_3)_3 \longrightarrow 4NH_3 + UO_3 + 3CO_2 + 2H_2O$$
$$UO_3 + H_2 \longrightarrow UO_2 + H_2O$$

(2)干法

IDR 工艺的流程图如图 5.4.4 所示。该工艺于 20 世纪 60 年代在英国问世,最早由 BNFL 公司的 Springfieds 工厂实现工业化生产。干法的主要工艺是将 UF_6 气体和水蒸气混合,形成一股 UO_2F_2 粉末流喷入旋转的烧结炉,在炉中粉末遇到逆流的氢气和水蒸气。具有很好反应活性和粒径分布的 UO_2 粉末从烧结炉末端排出并贮存。

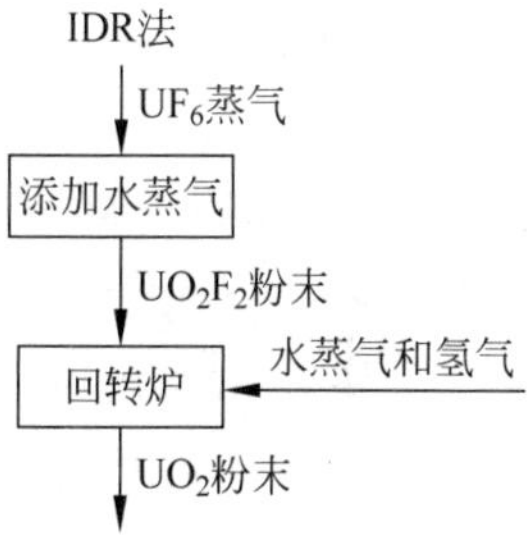

干法涉及的反应方程式如下:

$$UF_6 + 2H_2O = UO_2F_2 + 4HF$$
$$UO_2F_2 + H_2 = UO_2 + 2HF$$
$$UF_6 + 2H_2O + H_2 = UO_2 + 6HF$$

干法流程短,设备紧凑且没有废水,容易实现自动化且生产能力较大,但是制成的粉末烧结活性不如 ADU 法。

图 5.4.4　IDR 转化法流程图

5.4.2　UO_2 芯块制备

将 UO_2 粉末制成陶瓷芯块的流程图如图 5.4.5 所示。

(1)混粉

UO_2 粉末与密度调节剂(U_3O_8)、造孔剂(草酸铵)、润滑剂(硬脂酸锌)和晶粒长大剂(硅酸铝)等粉末混合均匀,混合采用机械混合法。

（2）制粒

早期的制粒是在 UO_2 粉末中加入黏结剂而使粉末团粒化。多数燃料厂采用干法制粒，包括预压、制粒和球化。预压将 UO_2 粉末压制成块或饼，制粒将 UO_2 块（饼）破碎并过筛，再通过机械搅混方法将 UO_2 颗粒球化。

（3）成型

将 UO_2 粉体在模具中加压使其得到所需的形状，即压制成生坯。

（4）烧结

UO_2 具有较高的熔点，因此烧结温度达到 1700℃ 以上。因为粉末都是超化学计量的氧化物，因此烧结过程需要去除多余的氧，为除去多余的氧，UO_2 的烧结必须在氢气气氛下进行。芯块生坯密度大概是 60% 的理论密度，烧结通常是在分为不同区域的烧结炉中进行，通过气体壁分为预热区、致密区、高温区。

（5）磨削

烧结完成之后，为保证芯块规格严格符合标准，还要对芯块进行磨削、清洗、烘干等工序，一般采用贯穿无心磨削。

（6）检查：磨削后装盘排列，依靠人工目视检查外形，挑捡出有缺角或较大裂纹的缺陷芯块。

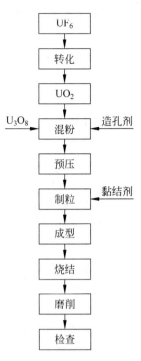

图 5.4.5　芯块制造过程

5.4.3　核燃料组件组装

1. 燃料棒的结构与材料

燃料棒的制造包括下端塞与包壳管的安装、燃料芯块填入包壳管、弹簧的安装和上端塞的安装。轻水堆燃料棒还要充入氦气，氦气气压是根据燃料棒的设计不同而分布在 15～30bar 之间。燃料棒的组成结构包含 5 个部分（图 5.4.6）。

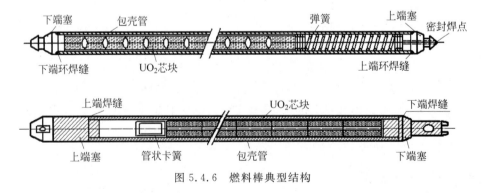

图 5.4.6　燃料棒典型结构

（1）包壳管

燃料棒中包壳管材料为锆合金，原子能级的海绵锆在真空自耗电极电弧炉熔炼得到金属锆，精炼中，加入合金元素 Sn、Nb、Fe、Cr 等。精炼合金经过锻造、轧制加工成管坯，管坯经过热挤压、连续冷轧和 A 相再结晶退火得到细长的锆管，锆管内表面经过酸洗或喷砂处理，外表面也经过酸洗或抛光,提高锆管的表面耐腐蚀性能。锆合金主要有锆-锡合金(Zr-2、Zr-4、M5)、锆-铌合金两类(Zr-2.5Nb,Zr-1Nb)。锆锡合金为欧美国家研发,锆铌合金为苏联研发。

（2）端塞

端塞采用与包壳管相同材质的棒材切削加工,其功能有两个:一是密封包壳管,二是提供组装工艺操作面。

（3）UO$_2$ 芯块

UO$_2$ 芯块是燃料棒的核心部分,采用 UO$_2$ 粉末压制成生坯,在 1750℃ 的高温条件下烧结成陶瓷,然后进行磨削,得到外圆尺寸精准的圆柱体。芯块两端有碟形凹陷,并有倒角。

（4）弹簧

因燃料棒不能全部填满芯块,需要预留一段空间贮存裂变气体,采用不锈钢制造弹簧用来填充气体贮存空间,并压紧 UO$_2$ 芯块。

（5）氦气

在燃料棒制造时充入 2～3MPa,纯度大于 99.995% 的氦气,其功能是:作为包壳管与芯块之间的传热介质;运输中作为保护 UO$_2$ 芯块的气垫;平衡包壳管内外压力差。

2. 燃料棒组装工艺

组装工艺包括:零件清洁处理、下端塞装入包壳管、UO$_2$ 芯块烘烤、芯块入管、装弹簧、安装上端塞(图 5.4.7)。

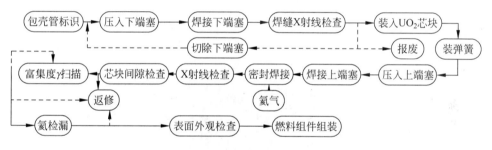

图 5.4.7 燃料棒制造工艺

燃料棒需要焊接的部位有三处,上、下端塞与包壳管环形结合部位,上端塞的充氦孔。焊接方法有四种:真空电子束焊接(EBW)、钨极惰性气体保护焊接(TIG)、激光气体保护焊接(LBW)和压力电阻焊接(RPW)。

3. 燃料组件骨架制造

上、下管座和格架作为燃料组件的结构部件,为燃料棒在堆芯中确定了准确的安装位置,承担燃料棒的载荷(图 5.4.8)。上管座由框板、围板、孔板和板簧所组成,下管座由底板和支撑柱组成。上下管座采用不锈钢材料,采用通用机械加工、焊接和热处理工艺制造。格架是夹持燃料棒的弹性部件,由 0.3～0.6mm 的锆合金或因科镍合金薄片经过冲压成型,薄片之间相互交叉组合,采用熔焊或钎焊固定交叉点,形成稳定的蜂房结构。

导向管是由锆管轧制成的异形薄壁管,导向管上端焊接有内螺纹套管,下端焊接内螺纹下端塞(图 5.4.9)。

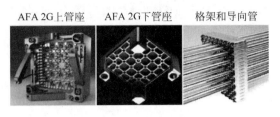

图 5.4.8　管座与格架

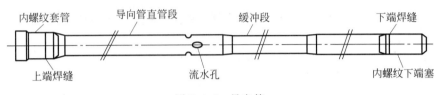

图 5.4.9　导向管

　　典型的压水堆燃料组件的骨架由 24 根导向管、1 根仪表管、2 层端部结构格架、6 层搅混翼格架、1 个上管座和 1 个下管座组成(图 5.4.10)。采用压力电阻焊将导向管、仪表管与定位格架舌片连接成一个整体,导向管下端与下管座采用轴肩螺钉紧固,导向管上端与上管座采用套筒螺钉连接。横截面为正方形,总长度约 4m,宽度 214mm。

　　燃料组件骨架制造流程如图 5.4.11 所示。

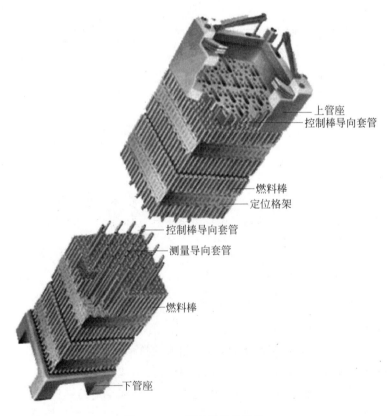

图 5.4.10　核燃料组件结构

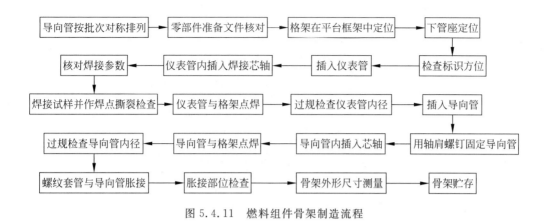

图 5.4.11　燃料组件骨架制造流程

4. 燃料组件组装

燃料组件的组装就是将燃料组件骨架固定在安装平台上,拆除上下管座,将燃料棒装入骨架中的定位格架栅元中,重新安装好上下管座。以 AFA2G 燃料组件为例,工艺流程如图 5.4.12 所示。

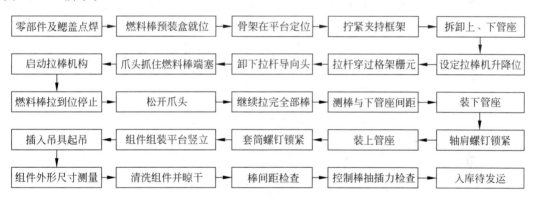

图 5.4.12　AFA2G 燃料组件工艺流程

5.4.4　核燃料组件检测

1. 燃料棒检测

(1) 燃料棒焊缝 X 射线探伤

多根燃料棒插入厚度补偿块中,一束 X 射线透过补偿块,装在暗盒内的感光胶片感光,X 射线曝光量与 X 射线管的电压、电流和曝光时间关联(图 5.4.13)。曝光底片在灯光下显示出的黑度差反映了焊接部位内部的缺陷。

(2) 燃料棒芯块间隙检测

γ 射线与物质发生相互作用时,其强度减弱,并与物质的作用距离、物质的密度相关,测量得到穿过物质前后的 γ 射线计数率,就能得到材质的厚度,或者辨别材质在密度上的差异(图 5.4.14)。γ 射线无损检测大多采用相对比较方法,即使用与被测对象结构、

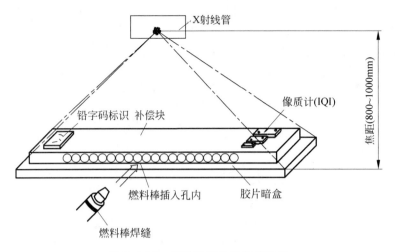

图 5.4.13　燃料棒焊缝 X 射线检查

材质、几何形状相同的标准物质作为参考,将两者的测量结果做比较,从而评价被测对象的特性。

燃料棒检测中,标准棒几何形状与被测棒一样,但在 UO_2 芯块之间加入已知厚度的有机玻璃片。当被测燃料棒或标准棒匀速通过 γ 射线源准直窗口时,进入棒内的射线一部分被包壳管和 UO_2 芯块吸收,一部分穿过棒后被 NaI 闪烁探测器转换成电脉冲信号,经过放大及整形处理,由定时采样系统记录。射线计数率的变化反映了棒内物质的差异,将被测燃料棒与标准棒比较,就可以计算出间隙的大小和空腔长度。

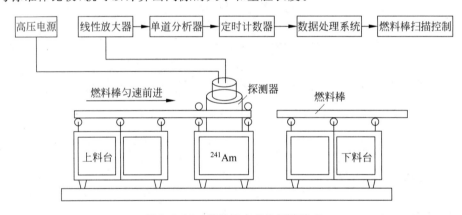

图 5.4.14　燃料棒内芯块间隙检查

（3）^{235}U 富集度检测

燃料棒富集度无损检测方法有两种:一是直接测量 ^{235}U 自身放射出 γ 射线强度;二是利用中子源诱发裂变,再测量 ^{235}U 裂变后释放的 γ 射线强度,图 5.4.15 是我国设计的一种 ^{235}U 富集度检测系统。

（4）燃料棒密封性能检测

燃料棒内充满了氦气,若包壳或焊缝存在裂纹、针孔等缺陷,管内的氦气会向外泄漏,采用氦质谱检漏方法可以定量测出氦气的漏率。

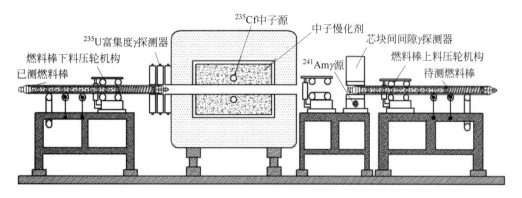

图 5.4.15　燃料棒中子活化扫描系统

2. 燃料组件检测

燃料组件的产品质量是在制造过程中形成的,因此,严格按照质量标准和技术要求对制造工艺进行有效的控制是燃料组件制造过程中的一项重要工作。

（1）组装过程中的检查

包括燃料棒的标识、方位和夹持；轴肩螺钉和套筒螺钉的紧固和胀形；导向管端部与下管座孔板的接触；格架的外观；燃料棒与上、下管座之间的距离。

（2）组装后的检查

包括冷却剂流道检查；控制棒组件抽查力测量；阻流塞组件插入；燃料棒外观检查；导向管内部检查。

（3）燃料组件外形测量

外形检测采用燃料组件外形尺寸轮廓综合测量仪,如图 5.4.16 所示。测量仪上机头下

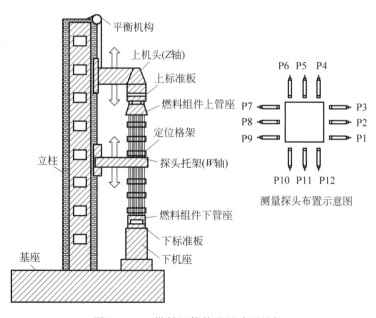

图 5.4.16　燃料组件外形尺寸测量仪

和下机座上各有一块与燃料组件上下管座完全相同的正方形标准板,标准板之间形成一个理想的正方形柱。测量仪的刚性探头托架四周安装 12 个位移探头,托架可沿垂直精度很高的机械立柱导轨作上下移动,以实现沿整个燃料组件高度规定处的外形测量。处理探头数据可以获得燃料组件的中心坐标、燃料组件的直线度、上管座的平行度、燃料组件的扭曲等参数,评判是否满足燃料组件外形测量技术要求。

参考文献

[1] 李文垲.核材料导论[M].北京:化学工业出版社,2007.

[2] 李冠兴,武胜.核燃料[M].北京:化学工业出版社,2007.

[3] 沈朝纯.铀及其化合物的化学与工艺学[M].北京:原子能出版社,1991.

[4] 吴华武.核燃料化学工艺学[M].北京:原子能出版社,1991.

[5] 王祥云,刘元方.核化学与放射化学[M].北京:北京大学出版社,2007.

[6] 陈宝山,刘承新.轻水堆燃料元件[M].北京:化学工业出版社,2007.

[7] MA B M. Nuclear reactor materials and application[M]. New York:Van Norstrand Reinhold,1983.

[8] SMITH C O. Nuclear reactor materials[M]. Massachusetts:Addison-Wesley,1967.

[9] MURFY K L, CHARIT. An introduction to nuclear materials:fundamentals and applications[M]. Weinheim:Wiley-VCH Verlag & Co. KGaA,2013.

第 6 章

反应堆运行

· ·

　　为了有效利用核裂变产生的巨大能量,人们设计了能够维持易裂变核燃料自持链式裂变反应的装置,在这样的装置中,核燃料受控持续稳定地"燃烧",并向外释放大量的热能,这样的装置称为"核反应堆"(也称"反应炉"或称"反应堆")。

　　反应堆所产生的热能可以实现多种用途,最常见的一种是用于发电。我们常说的核电厂,一般包括核岛和常规岛两大部分。核岛部分包括反应堆本体和冷却回路系统,常规岛则是与普通火电厂相似的汽轮机发电系统。反应堆无疑是整个核电厂的"心脏",核燃料在反应堆中"燃烧"产生热力发电所需的大量热能,这些热能再通过水、水蒸气或其他循环载体带走并用于发电。以压水堆为例,图 6.0.1 所示是一个常见的压水堆核电厂示意图,其中左边就是核岛(反应堆厂房部分),中间和右边是常规岛(汽轮机厂房部分)。

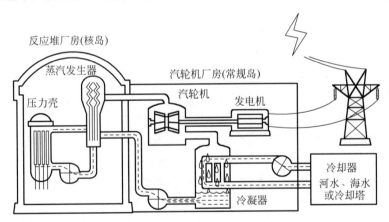

图 6.0.1　核电厂发电的基本原理图

　　用于发电的核燃料制成单元组件,按照一定的规律和控制棒交错布置于反应堆厂房内的压力壳内,这就是反应堆的堆芯,其设计要能确保形成可控的裂变链式反应,以及确保核燃料和放射性裂变产物所在的包壳的结构完整性。裂变产生的热量通过循环流动的一回路高压冷却水带走,并通过蒸汽发生器将热量传递给二回路的水,形成水蒸气,进入汽轮机厂房推动汽轮机和发电机组向外发电。压水堆中和堆芯直接接触的冷却剂循环为一回路,用于蒸汽发电机组发电的饱和水蒸气和冷凝水循环为二回路,一般情况下压水堆还有三回路,用海水或淡水的循环来冷却已用过的蒸汽使之变回冷凝水。三个回路之间有物理边界的隔离,只进行热量的交换,没有物质的传递,这样的设计可以确保流经堆芯携带有放射性杂质的冷却水被封闭在反应堆厂房的压力容器内。

除了可以利用核能进行发电外,反应堆的用途还有很多。作为公认的可替代化石能源的低碳排放的一种能源形式,反应堆所产生热量可以替代煤炭或天然气用于北方地区的供暖,也可用于高温制氢、海水淡化等工作;或者将热量直接用于产生推进船舶、飞机等的动力等。除了提供能源,反应堆内的高中子和高中微子通量、高 γ 辐照剂量等特性还可用于近代物理的研究、辐照实验、生产新型材料等。

反应堆是核燃料循环中一个重要的中间环节,它除了提供能量外,还能再生核燃料,而反应堆中燃烧的燃料元件,也是核燃料循环的一个重要载体。本章我们就来了解一下反应堆,了解核燃料在堆内产生变化的一些物理过程,了解反应堆的大致分类,以及不同堆型中的不同核燃料。

6.1　反应堆物理

组成反应堆的各种材料,包括核燃料,以及除了核燃料外应用于反应堆内的慢化剂、冷却剂、结构材料和控制材料等,在反应堆的强中子辐照场中会发生多种物理上的变化,这些变化构成了核反应堆物理的基础。

6.1.1　核裂变及裂变产物

原子核的质量,亦即构成原子核的质子与中子质量之和,较之分散状态下的质子与中子质量之和要小,这一质量差称为质量亏损。根据狭义相对论,质量亏损对应的是使核子成为分散状态所需的能量,这一能量称为结合能。结合能除以核子数得到核内每个核子的平均结合能。平均结合能越大,代表了分散之前的核越稳定。自然界中铁(Fe)元素的平均结合能最大,其原子核也最稳定。而对于相对原子质量更大的核,其质子和中子的平均结合能将随着质量数的增加而减小,因此,重核理论上存在不稳定性,它有分裂成较轻、较为稳定原子核并释放出能量的倾向。但事实上,大量的稳定重原子核天然存在,它们发生自发核裂变的概率非常小,为了使裂变的概率增大,需要一定的外界的干预。

1932 年 9 月,利奥·西拉德(Leo Szilard)就提出有可能通过中子轰击产生链式反应实现原子能的释放,以及提出了用这种方法可以制造原子弹的设想。1938 年 12 月,奥多·哈恩(Otto Hahn)发表文章证实了用中子轰击铀,导致了铀原子核的分裂,产物中有较轻的原子Ba(钡),这一过程还释放出巨大的能量。1939 年人们开始采用裂变(Fission)这一新词。

1. 液滴模型

通常可以用液滴模型来解释核裂变。把原子核类比于带电液滴,其势能由库仑能和表面能两部分组成。对于一个球形(或近似于球形)的原子核,表面能是阻止形变发生,而库仑能则促使形变发生。当受到中子轰击形变刚开始时,表面能增加要比库仑能的减少快,所以势能总的趋向是增加的,但当形变达到某临界值之后,库仑能的减少比表面能的增加要快,因而体系的总势能很快地下降,最终导致核裂变。这个过程如同一滴液体受到外力作用而发生震荡,最终分裂成两个小液滴,它的基本物理过程示意如图 6.1.1 所示。

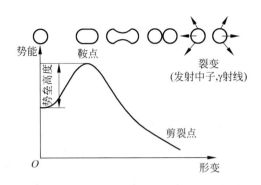

图 6.1.1　原子核液滴模型的势能-形变曲线

根据液滴模型可以看到,由表面能和静电斥力库仑能两种因素综合作用的结果,导致从原子核母核基态到裂变之间存在着一个裂变势垒,势垒的顶点称为鞍点。原子核只有通过势垒才可能发生裂变。也就是说,虽然一些重核裂变后可以释放出大量能量,但由于原子核很稳定,所以要产生裂变必须给予一定的激发能。铀同位素的原子核可以通过俘获一个热中子从而越过鞍点发生裂变,但也可能在没有受到激发的情况下,从基态通过量子隧道穿透而产生自发裂变,但自发裂变的概率非常低,如 ^{238}U 自发裂变的平均寿命估算值约为 10^{22} 年,比它的衰变寿命还要长很多。

2. 裂变释放能量

平均而言,一个 ^{235}U 裂变释放的可利用能量约为 200MeV,其中大多是裂变碎片和中子等粒子的动能,这些能量绝大多数在燃料元件内由动能转化成了热能(高动能的碎片、粒子与邻近原子核碰撞转化为热能),这就完成了原子核能向热能的转化。与火电站相类似,这些热能通常通过循环水转移出去,由此形成高温、高压水蒸气再推动发电机工作发电。

易裂变材料释放的能量与裂变核素有关,^{235}U 每次裂变的可利用能量大约比 ^{233}U 小 2%,比 ^{239}Pu 大 4%。表 6.1.1 列出了 ^{235}U 平均每次裂变释放的总能量和可利用的能量。

表 6.1.1　^{235}U 裂变释放能量的分配　　　　　　　　　　　　　　　　MeV

能 量 来 源	释放能量	可利用能量	射程	释 热 地 点
裂变碎片的动能	168	168	极短	燃料元件内
裂变中子的动能	5	5	中等	大部分在慢化剂内
瞬发 γ 射线	7	7	长	堆内各处
裂变产物衰变的 β 射线	8	8	短	大部分在燃料元件内
裂变产物衰变的 γ 射线	7	7	长	大部分在慢化剂及堆内各处
中微子	12	—	—	
过剩中子的(n,γ)反应产物	—	3～12	有短有长	堆内各处
总计	207	198～207		

3. 裂变产物

图 6.1.2 是 ^{235}U 原子核的一种裂变过程,^{235}U 原子核吸收一个通常情况下铀原子经中

子撞击后,分裂成为两个较轻的原子,同时释放出数个中子,变成^{236}U原子核,然后^{236}U原子核裂变成二个快速运动的较小原子核^{141}Ba和^{92}Kr,并释放三个中子,同时也会产生伽马射线(图中未绘出)。

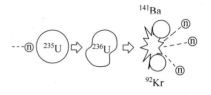

图 6.1.2　铀同位素^{235}U的一种裂变过程

对热中子(速率约为 2200m/s,能量约为 0.025eV)轰击^{235}U 发生裂变的详细研究表明,一个^{235}U 至少有 40 多种不同分裂途径,产生的初级裂变产物(或称为裂变碎片)有 80 种以上。这些裂变产物的质量数范围从 72 到 161 不等。大部分的核裂变会形成两个原子,偶尔会有形成三个原子或四个原子的核裂变,称为三分裂变或四分裂变。1946—1947 年间,我国物理学家钱三强等在法国发现了后两种分裂。"三分裂"概率极小,统计显示,大约每 1000 次会出现 2~4 次,其中一块是 α 粒子,大小介于质子和氚原子核之间。

以常见的可裂变物质同位素而言,裂变所产生的两个原子的质量比一般约为 3∶2,一个质量数在 86~107 之间(如氪、铷、锶、钇、锆、铌、钼、锝、钌、铑、钯、银、镉等),另一个质量数在 131~148 之间(锡、锑、碲、碘、氙、铯、钡、镧、铈、镨、钕、钷、钐、铕等),这些裂变产物很多是具有较强放射性活度的核素,会发生进一步的放射性衰变。图 6.1.3 是铀-235、钚-239、铀-233 这三种易裂变材料在热中子轰击下裂变产物的质量数和产额分布图。

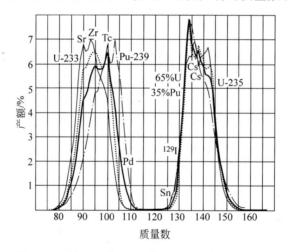

图 6.1.3　铀-235、钚-239、铀-233 的热中子裂变产物

目前还没有特别理想的方法来对这些裂变产物进行处理和加以利用,因此大多数的情况下还只能够在废物最小化的原则下进行封存。

6.1.2　链式反应、中子循环、慢化剂

1. 链式反应

核燃料在遭受中子轰击发生裂变的同时,释放出次级中子,次级中子若能够被俘获继续引发核燃料的裂变,又再释放出次级中子……只要这个过程延续下去,反应堆就能不断地释

放出能量。通常把这一连串的裂变反应称为原子核的链式裂变反应。正常情况下一个中子轰击一个铀原子核发生裂变后产生 2～3 个次级中子,因此恰当的设计可以使得一旦裂变反应发生后,就不再需要依靠外界补充中子,核燃料就能够继续自持地裂变下去,这样的反应称为自持链式裂变反应,如图 6.1.4 所示。

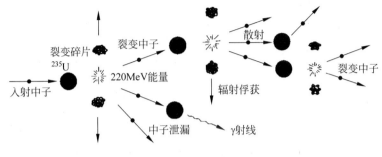

图 6.1.4　链式反应示意图

反应堆的设计必须要能够维持链式反应的定常状态,即吸收及泄漏消失的中子数与裂变产生的中子数相等,或者说单位时间里中子和裂变的原子数能够保持在一个稳定值上,这种状态称为临界。中子数量超过这一状态的称为超临界,未达到的称为未临界。

2. 中子循环

来看一下中子在堆内是如何循环并维持数量稳定的。

对于大多数的热中子反应堆,引起核燃料^{235}U 裂变的主要是热中子,但也并非没有快中子引起的裂变。当快中子能量大于 1.1MeV 时,就可能引起^{235}U 和^{238}U 的快中子裂变,由于燃料中^{235}U 的富集度比较低,堆中大量存在的还是^{238}U,因此可以从忽略^{235}U 的快中子俘获而只考虑^{238}U 的快中子裂变开始,研究中子的循环。

假设反应堆中原有 N 个快中子,由于存在快中子裂变而使得 N 个中子增加到 ε 倍,ε 称为快中子裂变因子,其值主要取决于燃料性质。对于天然铀,ε 约为 1.03。

快中子在慢化过程中有一部分泄漏到了堆外,假设快中子不泄漏概率为 P_F,即留在堆内的快中子数为 $N\varepsilon P_F$。

当快中子能量接近^{238}U 的共振能时,^{238}U 会强烈地吸收中子,设 p 为中子经过共振能区不被吸收的概率,即逃脱共振俘获概率,那么这 N 个中子被慢化到热中子的会有 $N\varepsilon P_F p$ 个。

热中子在堆内扩散,也存在一定的泄漏,假设热中子的不泄漏概率为 P_T,则留在堆内的热中子为 $N\varepsilon P_F p P_T$。

堆内存在着燃料、慢化剂以及结构材料等,都有可能吸收中子,燃料吸收的只是其中一部分,假设 f 为热中子利用系数,则被燃料吸收的热中子总数为 $N\varepsilon P_F p P_T f$。

燃料吸收的热中子,并非都引起了裂变反应,定义热中子裂变因子 η,表示俘获热中子后有效裂变的中子产出率,即燃料平均每吸收一个热中子产出的裂变中子数,由裂变产出的中子均为快中子。

至此,原有的 N 个快中子,经过慢化、扩散以及引起裂变反应后,得到了 $N\varepsilon P_F p P_T f \eta$ 个快中子。图 6.1.5 示意了这样一个中子循环的物理过程。

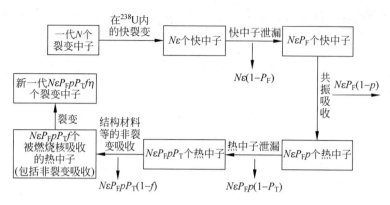

图 6.1.5 堆内的中子循环

定义有效中子增殖因子 $k_{eff} = \varepsilon P_F p P_T f \eta$,它表示了堆内新一代中子和上一代中子数的比例。显然,对于无限大的一个反应堆,不存在快中子和热中子的泄漏,此时的增殖因子称为无限介质增殖因子:

$$k_\infty = \varepsilon p f \eta$$

这是由费米(E. Fermi)首先提出的一个用于研究热中子反应堆的经典式子,称为四因子公式。其中 ε、η 主要由燃料性质决定,但 p、f 却是可以通过堆芯设计人为地进行改变的。在实际设计中,往往是要找出一种使 pf 乘积最大的成分和布置,以使得链式反应得以维持。

需要说明的是,前面是从快中子的俘获开始推导得到的有效增殖因子、无限介质增殖因子等。若是从热中子的俘获开始考虑中子循环的上述各个物理过程,最终推导得到的结果也必然是一样的。

3. 中子慢化

在受到中子轰击的时候,任何能量的中子都有可能被铀原子俘获,也有可能引起裂变反应,但产生俘获和裂变的概率随中子能量的变化很大。把因为中子轰击发生俘获或裂变的概率用俘获截面 σ_γ 或裂变截面 σ_f 来表示,单位是靶(barn,b),$1b = 10^{-24} cm^2$。俘获截面和裂变截面之和称为吸收截面 σ_a,即 $\sigma_a = \sigma_\gamma + \sigma_f$。表 6.1.2 中列出了 ^{238}U 和 ^{235}U 对热中子和快中子的平均截面特性。

表 6.1.2 铀同位素的核反应特性

	截面特性	^{235}U	^{238}U	天然铀
热中子(约 0.025eV)	σ_γ/b	98.6	2.70	3.50
	σ_f/b	582.2		4.18
	σ_a/b	680.8		7.68
快中子(约 2MeV)	σ_γ/b	0.06	0.03	
	σ_f/b	1.28	0.6	

由此可见,裂变反应主要是由热中子引发的。然而裂变新产生的下一代中子,则主要是快中子。其能量分布如图 6.1.6 所示。这些裂变产生的快中子的平均能量约为 2MeV。

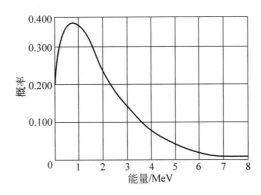

图 6.1.6 裂变中子能量分布

这些高能量的快中子在引发新的裂变之前,都会通过多次弹性或非弹性碰撞,使其能量大幅下降,最终变成能量小于 0.1eV 的热中子。

除了在快中子反应堆内中子不需要特别进行慢化以外,所有的热中子反应堆都需要性能优良的慢化剂,大体上有两项指标:其一是中子吸收截面必须尽量小,否则大量的中子在引起裂变前、在慢化的过程中就会因为被慢化剂俘获吸收而损失掉;其二是慢化能力强,具体体现在中子与慢化剂发生弹性碰撞散射的概率大,以及每次碰撞散射中子损失的能量大。当然,除此以外,实际反应堆的设计中还需要考虑慢化剂材料的化学稳定性、辐照稳定性、与燃料元件包壳材料和冷却剂材料的相容性、机械加工性能以及成本等因素。

基于对慢化能力的考虑,通常采用的慢化剂均为原子序数较低、原子核较轻的固体或液体物质。加上对化学稳定性等的考虑,常用的慢化剂有重水、轻水、铍、石墨等,下面分别简单介绍各种慢化剂的特点。

重水具有中子吸收截面小、慢化能力强的特点,是一种很好的慢化材料。由于重水作为慢化剂,中子损失少,核燃料的利用率高,因此重水慢化的反应堆可以采用^{235}U 富集度低的天然铀作为燃料。但重水价格高,需要在防止泄漏、减少损耗和去除杂质等方面有相应的考虑和设计,因此重水慢化反应堆在设计规范中对重水的处理、密封、回收、净化和重水酸度等的控制都有严格要求,这也使得重水慢化的反应堆辅助系统多,结构复杂。

轻水(即水)慢化能力相对最强,因此以水为慢化剂,堆芯尺寸可以做得较小,但水对中子的吸收截面大,故水为慢化剂的反应堆需要采用^{235}U 富集度高的核燃料,一般在 3% 左右。由于轻水比较廉价,来源丰富,因此以轻水作为慢化剂的反应堆应用较为广泛。

铍有较好的慢化能力,吸收截面小,亦是一种较好的慢化材料。但是由于铍的价格昂贵,加之其材料的加工特性差,不易加工成型,因此只在少数研究堆中应用。

石墨比较稳定,吸收截面小,加上加工性好、价格比较低廉,也是一种非常常用的慢化剂材料,但由于石墨的慢化能力稍弱,因此石墨做慢化剂的反应堆堆芯体积都比较大。

6.1.3 反应堆临界

对于反应堆这样的系统,当它中子循环的有效增殖因子 $k_{eff} = 1$ 时,意味着任意相邻的两代中子数都相等,我们就称这个系统处于临界状态,即系统内裂变反应可以以恒定的速率进行下去。

当系统处在临界状态时,中子通量密度将在空间形成一个稳定的分布。假定堆芯材料是已知的且是均匀的,当堆芯几何形状确定后,可以解出反应堆临界所需要的最小体积,称为最小临界体积。例如对于有限高度的圆柱堆,临界体积是高度 H 和半径 R 的函数。当堆芯材料特性给定后,可以求出,具有最小临界体积的圆柱均匀堆,半径与高度之比大约为0.54：1,即直径与高度比大约为1：1,综合传热的角度看,一般认为直径高度比在 $1.05\sim1.20$ 之间较好。表6.1.3给出了实际投入运行的一些压水堆堆芯高度与直径的数据。

表 6.1.3　实际压水堆功率及堆芯尺寸

投入运行时间	核电厂名称	输出功率/MW	堆芯高×直径/(m×m)
1972 年 4 月	施塔德(Stade KKs)	630	2.99×3.05
1974 年 9 月	勇士(Trojan)	1130	3.66×3.3
1976 年 8 月	比布利斯(B,Biblis B)	1180	3.9×3.6
1991 年 12 月	秦山核电厂	300	2.90×2.486
1995 年	大亚湾核电厂	900	3.65×3.36
2002 年	秦山第三核电厂	700	5.945×6.286
2006 年	田湾核电厂	1000	3.53×3.16

值得注意的是,不论何种几何形状的反应堆,在临界时空的中子通量密度分布都是不均匀的,因此反应堆堆内的功率密度也是不均匀的,往往是中心处最大,边缘处最小。此外在堆运行期间,由于控制棒的运动,中子通量密度分布还要复杂得多。在实际的工程中,会采用反射层的设计、采取不同富集度燃料分区装载、优化控制棒提棒和落棒程序等措施,尽可能地使中子通量密度趋于平坦均匀分布,各处的裂变反应趋于均衡,以避免局部的反应过速和过热导致的堆芯烧结或局部破损。

6.1.4　反应性的变化与控制

1. 反应堆的反应性

在反应堆物理计算当中,许多的问题都是以临界为基准的,通常用反应性 ρ 来表示系统偏离临界的程度,其定义为

$$\rho = \frac{k-1}{k}$$

式中：k 为增殖因子,$\rho=0$ 与临界状态时 $k=1$ 相对应。由于大多数时候 k 与1非常接近,故 ρ 可以近似地写成：$\rho\approx k-1$。$\rho>0$ 时称为正反应性,$\rho<0$ 时称为负反应性。

反应堆在启动、运行的过程中,其增殖因子不会恒等于1,因此其反应性也不都等于0。通常,反应堆运行中温度的变化,冷却剂空泡份额的变化,反应堆功率的变化,裂变产物对中子的吸收以及燃料的燃耗等诸多因素都会引起反应堆增殖因子的变化,也称为反应性的变化。归纳一下,主要有以下几种较为常见的引起反应性变化的情况：

(1) 反应堆临界后从冷态到热态的过渡,慢化剂和燃料的温度升高,将引入一个负反应性；

(2) 裂变产物中毒,即裂变产生了一些具有较大的热中子吸收截面的元素,主要是 ^{135}Xe

（氙）和 ^{149}Sm（钐），反应性将减小；

（3）燃料的不断消耗，尽管可能有新的易裂变核素产生，但总的趋势是反应性在不断减小；

（4）运行工况发生变化时，反应性 ρ 会发生变化。

2. 反应性控制

为了保证反应堆在一定的时间内稳定运行，以及满足启动、停堆和功率变化的要求，反应堆的初装燃料量必须大于临界装料量，以获得一个适当的初始剩余反应性，同时必须提供控制和调节这个剩余反应性的手段，使反应性保持在所需的各种数值上，实现紧急控制、功率调节和反应性补偿控制等。

热中子反应堆的有效增殖因子 $k_{\mathrm{eff}}=\varepsilon P_{\mathrm{F}} p P_{\mathrm{T}} f \eta$，原则上对表达式中的每一个因子的控制，都能达到对反应性的控制。但实际上对于一个具体的反应堆，燃料的富集度、燃料与慢化剂的材料和相对组成都已经被确定下来，此时 k 中的快中子裂变因子 ε、热中子裂变因子 η 均已基本不变，逃脱共振俘获概率 p 也基本确定，此时，控制反应性主要是通过控制热中子利用系数 f 和不泄漏概率 P 来实现，这里所指的不泄漏概率 P 是快中子不泄漏概率 P_{F} 和热子不泄漏概率 P_{T} 的乘积，即 $P=P_{\mathrm{F}} P_{\mathrm{T}}$。

用能够大量吸收中子的控制棒来控制反应性是当今反应堆运行控制的主要手段。组成控制棒的材料需要有足够高的中子俘获截面，包括银、铟和镉，或硼、钴等，或其合金及化合物，例如：高硼钢、银铟镉合金、碳化硼、二硼化锆等。控制棒的插入，一方面吸收了堆内的中子，使得反应堆的热中子利用系数 f 降低了，另一方面它使得中子通量密度在堆芯各处的分布发生了畸变，增加了系统内中子的泄漏，即中子的不泄漏概率 P 也减小了，从而使得反应堆有效增殖因子降低，形成反应性的下降。如图 6.1.7 所示为一根控制棒插入圆柱形堆后中子通量密度在控制棒周边分布的变化情况，在无控制棒的情况下堆中心的中子通量密度最大而边缘的最小，控制棒插入后，控制棒周边会形成一个低中子区域，并降堆内低整体的中子通量。

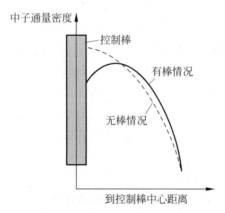

图 6.1.7　控制棒插入前后中子通量密度分布

一般根据控制棒的功能不同，将控制棒分为用于停堆的安全棒、用于功率粗调的补偿棒和用于功率细调的调节棒等。

除了控制棒以外,还有几种常用的反应性调节方法。

(1) 在有些重水堆中,通过控制堆内重水的水位以改变 P 及 f 来达到反应堆的启动、停堆和运行控制的目的。

(2) 压水堆中还常使用化学补偿控制,即在堆芯的冷却剂中加入可溶性硼酸,通过对 ^{10}B 浓度的调节来部分控制反应性,由于硼在水中的分布是均匀的,因而其浓度改变时堆内中子通量密度的变化也比较均匀,不像控制棒会产生对中子通量密度的局部扰动。但由于慢化剂中硼浓度的改变是很慢的,不及控制棒那样快速,在大型压水堆中仅作为一种辅助控制。

(3) 在大型动力堆中,为了减少控制棒对中子通量密度的扰动,除了采用化学控制外,还同时采用可燃毒物来控制反应性,即在堆芯中按照一定的分布规律加入热中子吸收截面大的燃料,如硼、钆和铒的化合物,补偿多余的反应性以减少对控制棒控制的要求,随着堆运行时间的增加,多余的反应性逐渐减少,而可燃毒物也因吸收中子逐渐减少。一个较为优化的可燃毒物装载,需要详尽的物理计算才能给出。

6.1.5 堆内的热量传递

1. 燃料芯体的产热

反应堆的能量来自于核裂变过程中所释放出来的能量,对于铀、钚等易裂变材料原子核,每次裂变平均释放约 200MeV 的总能量,能量的大致的分配参见表 6.1.1。从这个表中可以看出,裂变能的绝大多数是在燃料元件内转换成热能的,主要是裂变碎片的动能和裂变产物衰变的 β 射线能两大部分,大约占到了总裂变能的 88%,另有 6% 左右是在慢化剂中转换成热能,余下的约 6% 则在反射层、热屏蔽和堆内部件中转换成热能。对于快中子反应堆,没有慢化剂,在燃料内转化为热能的比例更高,达到大约 94%,其余 6% 左右在结构材料、反射层和屏蔽层内转换为热能。

由此可见,反应堆内核燃料裂变产生的绝大多数热量是从燃料芯体开始向外传递的。当反应堆在稳态运行时,燃料内体积热源强度可以认为是常值,燃料的温度不随时间变化,因此热导率也是常值,这样就可以用稳态有热源的热传导微分方程,即热传导的泊松方程来求解燃料内的温度场。常见的燃料元件有棒状、板状、管状和球形燃料,由于结构形式的不同,此外燃料包壳、换热介质也有不同,导致其热量传递的途径有所区别,燃料元件的内部温度分布也不同。一般情况下,燃料芯体的中心温度要高于表面温度。

以压水堆常用的棒状燃料元件为例,热量首先通过燃料内导热传递到燃料表面,再由燃料表面传递给包壳,经包壳外表面依靠对流传热将热量传递给冷却剂。

2. 冷却剂的输热

冷却剂的输热过程就是冷却剂流经堆芯,把燃料元件传给冷却剂的热量以热焓形式载出堆外的过程。

冷却剂和堆芯之间的传热主要是对流传热。大多数反应堆在运行状态下,采用强迫对流传热,也就是采用泵或风机驱动冷却剂流动,流经堆芯的冷却剂一般作强迫湍流流动。

反应堆停堆后的冷却以及事故工况下,通常是自然对流传热或称自由对流传热,它是指流体内部由密度梯度引起流体运动的过程,而密度梯度通常是由流体本身的不均匀温度场引起的,它取决于流体内部是否存在温度梯度,其运动强度也取决于温度梯度的大小。自然对流传热一般比较复杂,受流道的几何形状影响大,但研究自然对流传热对事故工况的分析和研究具有重要的意义。

对于液体冷却剂的反应堆,还要考虑沸腾传热。即便是压水堆,一般在运行状态下也会允许堆内冷却剂发生泡核沸腾,即在堆芯内一般通道的出口段允许出现欠热沸腾,在最热通道的出口段还允许出现饱和沸腾,因为这样可以大幅度提高传热能力,相应地也提高了冷却剂的出口温度,从而提高核电站的效率。其中的科学问题同样非常复杂。

3. 反应堆稳态热工水力设计

从中子物理学方面讲,反应堆可以设计成为在任意中子通量密度下达到临界,亦即可以在任意中子注量率下形成稳定的自持链式反应。然而对于一个实际的反应堆,正常运行时会受到很多工程因素的限制,例如燃料元件的最高工作温度、冷却剂的传热性能等都会影响反应堆的堆芯功率设计和反应堆安全。因此反应堆的热工水力设计在整个反应堆设计当中占有很重要的位置。热工水力的计算和分析一般分为稳态和瞬态,在反应堆平稳运行时,主要考虑稳态。

稳态热工设计和热工参数计算的主要内容包括:

(1) 根据反应堆热功率和要求的冷却剂堆芯进口温度,确定反应堆冷却剂的总流量;

(2) 确定旁通流量并进行堆芯流量分配;

(3) 计算通道内冷却剂质量流密度;

(4) 冷却剂在通道内沿轴向的温度分布;

(5) 冷却剂沿堆芯轴向的压降和压力分布;

(6) 燃料元件表面温度,燃料最高温度;

(7) 计算工程热通道因子和热点因子,求出燃料热点温度;

(8) 计算通道内临界热流密度与实际热流密度比,找出最小值;

(9) 对冷却剂流动稳定性进行分析。

稳态工况水力计算的主要内容包括:

(1) 计算冷却剂的流动压降,以便确定堆芯各冷却剂通道内的流量和旁通流量,以及确定合理的堆芯冷却剂流量和合理的一回路管道、部件尺寸以及冷却剂循环泵所需功率等;

(2) 对于采用自然循环冷却的反应堆,需要通过水力计算确定在一定反应堆功率下自然循环水的流量,结合传热计算,定出堆的自然循环能力;

(3) 对于存在汽水两相流动的装置,如蒸汽发生器,要分析其系统的流动稳定性;在可能发生流量漂移或流量震荡的情况下,还应在分析系统水动力特性基础上,寻找改善或消除流动不稳定的方法。

6.1.6　核燃料管理

堆芯燃料管理主要是为了尽可能提高核燃料的利用率,加深燃料的燃耗深度,获得更均匀的堆芯热功率分布。为此,必须确定初始和换装后的堆芯内燃料富集度的最佳分布,此外换料周期和换料方案必须与控制棒和毒物补偿控制方案共同确定。这需要结合中子通量密度计算来给出堆芯的功率特性、燃料的燃耗和各种同位素成分的变化,从而确定燃料管理中所需要评价的基本参数。

1. 核燃料换料方式

根据核电厂反应堆类型、燃料种类以及具体结构上设计的不同,核燃料换料方式通常可以分为不停堆连续换料和停堆换料两种方式。

不停堆连续换料,目前主要用于天然铀重水慢化反应堆(如 CANDU 堆)和天然铀石墨慢化气体冷却反应堆。由于反应堆的剩余反应性较小,需要经常不断地卸出乏燃料和补充新的核燃料,因此设计成不停堆自动连续装换料,不影响核电厂正常运行,从而保持核电厂有效高负荷运转。

不停堆换料的优点很多:可以减少堆芯燃料装填量,有利于减少堆内燃料占用量和提高燃料的周转率;可以减少反应堆的剩余反应性,减少对控制材料的需求,提高中子的经济性;有利于增加燃料管理的灵活性,提高平均燃耗深度;可以减少反应堆因换料而停役的时间,提高核电厂的负荷系数。虽然有上述的诸多优点,但要安全可靠地实现这种换料方式却有很多技术难点,要在堆芯结构和专用换料设备方面进行大量的研究工作。

另一种停堆换料的方式,是目前大多数采用低富集铀核燃料反应堆采用的换料方式。由于堆芯燃料能够提供较大的剩余反应性,可以不必经常更换燃料,而是采用定期换料的方式。一般压水堆核电厂满功率运行 1~1.5 年停堆一次,在打开反应堆压力容器顶盖、更换燃料的同时,进行设备检修和维护。这种换料操作比较简单,但换料期间核电厂停止供电,会对其经济性造成一定影响。

2. 装换料布置方式

各种堆型的堆芯结构设计不同,采用的燃料结构设计也不同,在装换料的布置方式上也有不同的考虑。以目前广泛采用的压水堆为例,常见的装料布置就有均匀布置和非均匀布置两大类,换料方式也分为整批换料和分批换料等,这些设计的最终目标都是为了在确保安全可靠的前提下获得更高的经济性。下面分别简要介绍。

(1)均匀布置,整批换料

这种换料方式对燃料的利用率较低,尤其是堆芯边界处的燃料燃耗过低,并且由于堆内功率分布随时间和空间变化大,这种换料方式目前已基本不再采用。

(2)均匀布置,由中心向外边缘分批移动装料

新的燃料由堆芯中心加入,由于该处的中子泄漏较少,燃料价值高,然后燃料元件逐渐向外移动,乏燃料元件由堆芯外缘区域卸出。这种方案的燃耗深度最大。

(3)均匀布置,由外缘向中心分批移动装料

与前一个方案的装料次序正好相反,新燃料从边缘加入,然后逐渐向中心移动,最后乏燃料从中心区卸出。这种方案中子的利用率不如中心向外移动的方案,但这种方案可以给出相当平坦的堆芯径向功率分布。

(4)分区布置,分批换料

这种设计在一开始装料时,就将不同富集度的燃料按照富集度由低到高顺序在堆芯里

由中心向外缘布置。这种分区装料的突出优点在于,堆芯功率密度的分布从一开始就能够做得比较均匀,可以充分发挥堆芯功率容量的潜力,也更有利于反应堆的安全运行。与分批换料相结合,燃耗深度也非常大。

(5)分散布置,分批换料

现在大型电站反应堆的换料大都采用分区布置分批换料的方案,它结合了分区布置和由外缘向中心分批换料的特点,可以减少卸料时倒换燃料的次数,也保留了功率分布均匀、平均燃耗深的特点。

(6)低泄漏装料

这是最近发展起来的一种装换料方式,它吸收了前面几种装料方案的优点。将新鲜燃料组件多数布置在靠近中心的位置上,把烧过两个循环以上燃耗深度较大的组件安置在堆芯最外缘区,把烧过一个和两个循环的组件交替地布置在堆芯中间区。由于最外部是燃耗深度较大的燃料,因而边缘的中子通量密度较低,减少了中子的泄漏,提高了中子利用的经济性。这种装料方式,往往除了恰当地选择燃料组件的合理布置外,还必须采用一定数量的可燃毒物来抑制功率峰,以使堆芯的功率密度更为均匀。

3. 燃料元件性能变化

一般情况下,反应堆运行时,核燃料在裂变过程中会制造出越来越多的放射性废料,其中有金属、非金属元素,有固体、气体等,还有由半衰期极短的放射性碎片衰变后的产物,属第二代、第三代衰变物。这些大量的放射性裂变、衰变产物的堆积,以及在堆内恶劣工作环境影响下,会导致核燃料材料的结构、力学特性发生改变。

以二氧化铀(UO_2)燃料芯块为例,它在反应堆内产生了大量的热,但由于二氧化铀导热性能差,使得燃料棒内沿径向的温度梯度很大,芯块中心温度高达2000℃以上,而外缘温度只有500～600℃。运行初期,芯块就有可能由于热应力大而开裂,随着燃耗的加深,还可能出现燃料密实化、裂变产物析出、肿胀、裂变气体释放等,进一步还将引起包壳管内表面被腐蚀和裂变率降低。图6.1.8示意了一个圆柱体二氧化铀燃料芯块中,热应力超过燃料的断裂强度时芯块产生裂纹开裂变形的示意图。

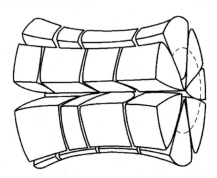

图6.1.8 二氧化铀燃料芯块的开裂变形

考虑到燃料元件性能的这些变化,再加之考虑到效率等问题,因此一般不用等到[235]U完全"燃烧"殆尽,就需要对核燃料进行更换而不能再继续使用了。

6.2　反应堆的分类及常见堆型燃料特点

核反应堆的结构形式千姿百态,在概念上有900多种设计,但实际建成的非常有限。裂变反应堆,按照燃料类型分为天然铀堆、浓缩铀堆、钚堆、钍堆;按中子能量中心能谱可分为热中子堆、快中子堆、中能中子堆和谱移堆;按冷却剂和慢化剂可以分为轻水堆、重水堆、有机堆、石墨堆、气冷堆、液态金属冷却堆等;按结构可分为均匀堆、非均匀堆等;按照核反应堆用途可分为生产堆、发电堆、动力堆、实验堆、增殖堆等;按燃料增殖性可分为增殖堆和非增殖堆。常见的几种分类方式见表6.2.1。

表 6.2.1　反应堆的分类

分类	类型	说明
按激发裂变中子能量分类	快中子堆	中子能量大于 0.1MeV
	中能中子堆	中子能量介于 0.1eV~0.1MeV
	热中子堆	中子能量介于 0.025~0.1eV
按冷却剂和慢化剂分类	轻水堆	压水堆、沸水堆
	重水堆	压力管式、压力容器式,重水慢化轻水冷却堆
	有机堆	重水慢化有机冷却堆
	石墨堆	石墨水冷堆、石墨气冷堆
	气冷堆	天然铀石墨堆、改进型气冷堆、高温气冷堆、重水慢化气冷堆
	液态金属冷却堆	熔盐堆、钠冷快堆
按燃料、慢化剂、冷却剂混合方式分	均匀堆	堆芯核燃料与慢化剂、冷却剂均匀混合
	非均匀堆	堆芯核燃料与慢化剂、冷却剂呈非均匀分布,按照要求排成一定形状
	半均匀堆	堆芯核燃料与慢化剂、冷却剂部分均匀混合
按堆芯的结构分类	固体燃料堆	采用固体燃料组件
	液体燃料堆	熔盐堆等
	游泳池式堆	将堆芯安装在水池内的实验用反应堆
	壳式加压型反应堆	采用压力壳结构
	压力管式加压型反应堆等	压力管式重水堆等
按用途分类	生产堆	生产 Pu、氚以及放射性同位素
	发电堆	生产电力
	动力堆	为船舶、军舰、潜艇提供动力
	实验堆	做燃料、材料的科学研究工作
	增殖堆	新生产的核燃料(^{239}Pu、^{233}U)大于消耗的(^{239}Pu、^{233}U、^{235}U)
按燃料的类型分类	天然铀堆、浓缩铀堆	目前在役的反应堆大多都是铀燃料堆,重水堆使用天然铀
	钚堆	使用^{238}U增殖得到的钚燃料,以及使用削减核武器的钚制成的燃料
	钍堆	尚未大规模商用

下面介绍几种常见的反应堆堆芯燃料特点及其发展过程。

6.2.1　压水堆燃料

压水堆燃料均为 UO_2，燃料元件中的燃料组件为无元件盒型燃料组件，按其燃料棒排列可分为 $14×14\sim20×20$ 方形和六角形等类型，其中以 $17×17$ 占绝大多数。另外，为了提高核燃料的利用率，现代反应堆还常常会采用 MOX(混合氧化物)燃料。

压水堆经过了 40 多年的发展，其燃料组件也一直在发展。先介绍美国西屋公司的燃料组件。第一代，燃料棒以 $6×6$ 排列成"次级组件"，再由"次级组件"按 $3×3$ 排列成有元件盒的燃料组件，燃料棒包壳为完全退火的 384 不锈钢，控制棒为十字形，燃料采用 ^{235}U 富集度为 3.4% 和 2.63% 的分区布置，燃料棒活性区长度 2.34m。第二代，包壳改用冷加工的薄壁 304 不锈钢和元件盒开孔，燃料棒 $15×15$ 排列，首次采用了蝶形芯块以及后来加倒角，初始燃料 ^{235}U 富集度为 2.73%/3.12%/3.9% 三种，分区布置。第三代，取消了元件盒成为无盒燃料组件，用控制棒束代替十字形控制棒，初始燃料 ^{235}U 富集度为 3.4%/3.8%/4.2%，燃料棒活性长度 3.05m，燃耗深度进一步提高。第四代，包壳材料由 304 不锈钢改为锆-4 合金，采用充氦加压燃料棒，初始燃料 ^{235}U 富集度为 2.35%/2.5%/2.8%。第五代，控制棒导向管改用锆-4 合金，初始燃料 ^{235}U 富集度为 2.2%/2.7%/3.2%，燃料棒活性区长度进一步增加到 3.66m。第六代，燃料棒排列由 $15×15$ 变为 $17×17$，开始采用 ^{235}U 富集度为 1.8%/2.4%/3.1%/3.25%，4 种不同富集度的初始燃料，此时的燃料组件称为 SFA(标准型)燃料组件。

西屋公司 20 世纪 70 年代中完成了六代压水堆燃料的重大改进后，又在 SFA 燃料组件基础上，陆续开发了 OFA(优化型)燃料组件、Vantage 5 燃料组件、Vantage 5H 燃料组件、Vantage＋燃料组件、Performance＋燃料组件，一方面增强了燃料组件的平均燃耗深度，另一方面也加强了保护性格架、导向管等抗腐蚀耐辐照等方面的性能，从而提高了安全可靠性。

而 SFA 燃料组件基础上发展的另一个重要分支，是法国引进西屋技术后，于 20 世纪 80 年代初开发的 AFA 先进燃料组件设计，主要改进是定位格架改为双金属型和上下管座改为可拆式，此后又开发了 AFA 2G 燃料组件，其芯块增加倒角、上管座厚度减薄、下管座底面附滤网、定位格架高度降低并优化外形、包壳材料改用低锡 Zr-4 合金等，我国大亚湾核电站初期运行时就使用的这种燃料组件。由于这种燃料组件使用过程中发现变形偏大，法国又进一步提出了 AFA 2GE 过渡性设计，此后又开发了 AFA 3G，即第三代先进型燃料组件。大亚湾 1998 年之后开始使用这种核燃料，换料周期由 12 个月延长到 18 个月。

其他国家或公司开发的压水堆燃料组件就不在这里一一介绍。

6.2.2　沸水堆燃料

沸水堆堆燃料元件中的燃料组件为有元件盒型燃料组件，按其燃料棒排列可分为 $6×6\sim10×10$ 等类型，目前以 $8×8$ 类型为主，未来 $9×9$ 和 $10×10$ 的排列将逐步增加。沸水堆燃料组件，又分为燃料棒包壳内壁有锆衬里和无衬里两大类。和压水堆燃料组件类似，燃料芯块主要是 UO_2，为了充分利用燃料，还应用了 MOX 燃料。

由压水堆衍生出来的沸水堆,最早于 20 世纪 50 年代由美国通用电气公司(GE)开始研制,到 70 年代末已经经历了六个不同阶段的发展,后续还有多种先进沸水堆的设计,其燃料组件也经历了六代较大的改进。

第一代的燃料棒为 6×6 排列,每根燃料棒由 4 节焊接而成,燃料棒活性区长度约 2.7m,包壳材料先用 Zr-2,后改用不锈钢,最后又改用 Zr-2,并一直沿用至第六代,初始装料富集度 1.5%。第二代,燃料棒变为 7×7 排列,一直到第六代才改用 8×8 排列,减少了控制棒数目和简化了控制棒驱动机构。采用非焊接全长燃料棒,另外采用碟形结构和降低功率峰值因子的设计,提高了功率密度。燃料棒活性区长度也增加到约 3.66m,到第六代才又进一步增加到 3.76m。第三代,采用含 Gd_2O_3-UO_2 可燃毒物棒(2~4 根),展平了功率分布,功率密度也得到了提升,用 Zr-2 合金定位格架代替了原有的不锈钢格架,提高了中子利用率。第四代大幅提高了热工性能,功率密度也提高到了 50.8kW/L。第五代主要是安全设施方面的改进,开始采用高压堆芯喷淋系统。第六代,燃料棒改为 8×8 排列,其中 62 根燃料棒,2 根无燃料可通水的位于中心部位的水棒,改进后的组件内功率分布更为均匀。

20 世纪 80 年代后,GE 公司继第六代燃料之后,又先后推出了 GE8~GE14 等不同型号的沸水堆燃料组件,热工性能进一步提高,燃耗也进一步提高以获得更低的燃料循环成本。此外,日本在也在 20 世纪 70 年代开始了对沸水堆燃料组件设计的改进研究,逐步提升了燃耗和可靠性。其他国家或公司的沸水堆燃料组件各有特色,在本书中不再一一介绍。

6.2.3　重水堆燃料

重水堆是指用重水(D_2O)作慢化剂的反应堆。重水堆虽然都用重水作慢化剂,但在它几十年的发展中,已派生出不少次级的类型。按结构分,重水堆可以分为压力管式和压力壳式。采用压力管式时,冷却剂可以与慢化剂相同也可不同。压力管式重水堆又分为立式和卧式两种。立式中压力管是垂直的,可采用加压重水、沸腾轻水、气体或有机物冷却;卧式中压力管水平放置,不宜用沸腾轻水冷却。压力壳式重水堆只有立式,冷却剂与慢化剂相同,可以是加压重水或沸腾重水,燃料元件垂直放置,与压水堆或沸水堆类似。

在这些不同类型的重水堆中,加拿大发展起来的坎杜堆(CANDU)就是以天然铀为核燃料、重水慢化、加压重水冷却的卧式、压力管式的重水堆,现在已经成熟商用。我国的秦山三期反应堆就是这种堆型。

重水堆燃料元件的芯块也与压水堆类似,是烧结的二氧化铀的短圆柱形陶瓷块,这种芯块也是放在密封的锆合金包壳管内,构成棒状元件。由 37 或 43 根数目不等的燃料元件棒组成燃料棒束组件。反应堆的堆芯是由几百根装有燃料棒束组件的压力管排列而成。

由于重水吸收热中子的几率小,所以中子经济性好。以重水慢化的反应堆,可以采用天然铀作为核燃料。此外,重水慢化的反应堆,中子除了维持链式反应外,还有较多的剩余中子可以使 ^{238}U 转变为 ^{239}Pu,使得重水堆不但能用天然铀实现链式反应,而且比轻水堆节约天然铀 20% 左右。重水堆由于使用天然铀,后备反应性少,因此需要经常将烧透了的燃料元件卸出堆外,补充新燃料。若经常为此而停堆,显然是不经济的,因此重水堆一般都设计为不停堆装卸核燃料。坎杜堆的压力管卧式设计,使不停堆换料得以很好地实现。

由于重水堆比轻水堆更能充分利用天然铀资源,又不需要依赖浓缩铀厂和后处理厂,所以印度、巴基斯坦、阿根廷、罗马尼亚等国家也已先后引进了加拿大的重水堆。

6.2.4 高温气冷堆燃料

高温气冷堆用化学惰性和热工性能好的氦气作为冷却剂,石墨作为反射层、慢化剂和堆芯结构材料。世界上已经建成的高温气冷堆共有 7 座,这些堆的堆芯结构各不相同,主要有两种类型:球床堆和柱状堆。球床堆采用球形燃料元件,柱状堆采用柱状燃料元件。我国自主研发的模块式高温气冷堆采用的是球形燃料元件,本节重点介绍该堆型的球形燃料元件。

球形燃料元件最早是由德国研究发展的,其主要特点是利用球的流动性,实现不停堆装卸料。虽然曾经考虑过多种形式的球形元件,但实际使用的只有注塑型、壁纸型和模压型三种元件。

目前我国高温气冷堆采用的是模压型的燃料元件,如图 6.2.1 所示。这种燃料元件由直径 50mm 的内部燃料区和外部厚度 5mm 的无燃料区(外壳)组成,包覆燃料颗粒均匀弥散在燃料区内。燃料区和无燃料区无明显的物理分界面,它们的基体材料是一样的,一般是由 64%天然石墨粉、16%人造石墨粉和 20%的酚醛树脂制成。

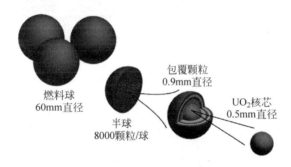

图 6.2.1 高温气冷堆用燃料球

包覆燃料颗粒由 UO_2 内核和外部 SiC、PyC 等多层难熔陶瓷材料构成,这几层材料主要作用是约束并阻挡裂变产物释放。包覆燃料颗粒相当于微球燃料元件,其中 ^{235}U 的富集度大约为 7%。

由于高温气冷堆高达近 1000℃的冷却剂出口温度,因此燃料元件是全陶瓷型材料,设计要求其包覆材料能确保其在整个寿期的完整性,以阻挡裂变产物的释放,这是这种燃料元件设计中的难点。需要综合考虑的因素还包括了元件中的含铀量、运行工况和事故工况下燃料球温度及温度梯度、裂变气体内压、燃耗、累计中子注量率、压碎强度、落球强度、化学腐蚀、磨损和粉尘等。我国自主设计制造的球形燃料元件已经通过了包括 UO_2 核心球形度、致密层疏松层厚度、基体导热率、落球强度、抗氧化性能、耐辐照性能等在内的六十多项性能检测,目前代表了同类燃料元件制造的国际先进水平。

6.2.5 快堆燃料

由于 ^{235}U 吸收热中子发生裂变反应的概率要远远大于吸收快中子发生裂变反应的概

率,因此为了提升链式反应的效率,反应堆设计中通常会加入较轻的原子核用于慢化中子。

然而快中子并非没有用。对于反应堆燃料当中占绝大多数的^{238}U,只有在能量足够高(大于 1MeV)的中子轰击下才有可能发生裂变,因而把^{238}U 称为"可裂变"核素,而不是"易裂变"核素。另外,在更大概率下,^{238}U 通过俘获一个快中子并经过两次 β 衰变后转化得到易裂变核素^{239}Pu,因此又把^{238}U 称为"可转换"核素,即可以通过适当的条件转换为易裂变核素的核素。可转换核素还有^{232}Tu,它在吸收一个中子和经历两次 β 衰变后成为易裂变核素^{233}U:

$$^{238}_{92}U \xrightarrow{(n,\gamma)} {}^{239}_{92}U \xrightarrow{(\beta^-)} {}^{239}_{92}Np \xrightarrow{(\beta^-)} {}^{239}_{94}Pu \tag{6.1}$$

$$^{232}_{90}Th \xrightarrow{(n,\gamma)} {}^{233}_{90}U \xrightarrow{(\beta^-)} {}^{233}_{91}Pa \xrightarrow{(\beta^-)} {}^{233}_{92}U \tag{6.2}$$

由于自然界开采的天然铀中,^{235}U 的含量只有不到 1%,若能够一边把裂变能加以利用,一边通过俘获裂变产生的快中子把^{238}U 加以转化利用,铀资源的利用率将得到大大的提升,若能够把储量为铀储量 3~5 倍且更容易开采的钍资源也转化并利用上,其价值和意义可想而知。快中子反应堆的设计就可以实现这一功能。

在反应堆中,由于俘获中子新产生易裂变核素和由于裂变消耗掉易裂变核素的比,称为转换比,如果一个反应堆的转换比能够设计为大于等于 1,就意味着堆内的易裂变核素可以一边消耗一边又源源不断地生成,这就是增殖反应堆。早在 20 世纪 50 年代初,美国就通过EBR-Ⅰ核电厂验证了快中子反应堆增殖的概念,此后国际上先后出现了以法国凤凰原型堆(PHENIX)和超凤凰示范堆(SUPERPHENIX)为代表的 40 余座已建成或计划建造的快中子反应堆。我国自行设计建造的实验快堆(CEFR)也已经于 2010 年 7 月达到临界,目前正在向商用快堆迈进。

在快中子反应堆中,其堆芯区域主要由核燃料、可转换材料(^{238}U 或^{232}Th)及结构材料等组成。由于快中子与核燃料中的原子核相互作用引起裂变的可能性要比热中子小得多,为了使链式反应能继续进行下去,所用核燃料的浓度(一般为 12%~30%)要比热中子堆的高,装料量也大得多。快堆活性区单位体积所含核燃料比热中子堆大,它的功率密度也比热中子堆大几倍,一般每升为 400kW 左右。正是因为快堆的高堆芯功率密度、高中子注量率以及高燃耗深度,使得快中子堆的建造难度比热中子堆大得多。首先要把热量从堆内取出加以应用,这在技术上就比较复杂,一般快堆不能用水作冷却剂,而普遍采用液态金属钠或铅把热量带出来,称为钠冷快堆或铅冷快堆。此外,快中子堆用的燃料元件的加工制造也要比热中子堆复杂和困难,随之而来的制造费用高昂,目前较为流行的是采用 UO_2 和 PuO_2 混合氧化物燃料。再就是快堆对堆芯结构材料性能的要求也大大提高了,不仅要在高温下长期可靠运行,还要能耐受高能中子大剂量辐照,产生低的中子寄生俘获,以及与燃料和冷却剂有较好的相容性等,例如燃料包壳材料,目前多数采用 316 不锈钢或改进型的 316 不锈钢,也有正在研究的其他新型材料,如氮化硅、高镍奥氏体不锈钢等。

由于快堆的燃料循环中有两大突出的优势:一是能够大幅提高铀资源利用率,可将天然铀资源的利用率从目前在核电厂中广泛应用的压水堆的约 1% 提高到 60% 以上;二是可以嬗变压水堆产生的长寿命放射性废物,实现放射性废物的最小化,因此通常把其称为先进核燃料循环系统。

其他堆型的燃料不再一一介绍,不同堆型中燃料元件和燃料组件的设计都会有所差别,包括材料、结构、传热、燃料富集度、燃耗、辐照等方面的性能都要综合考虑。其技术上共同的特点就是都会根据堆型的特点和提升经济性、可靠性的要求来进行优化。

参考文献

[1]　李冠兴，武胜.核燃料[M].北京：化学工业出版社，2007.

[2]　艾尔文·温伯格.第一核纪元[M].吕应中，译.北京：原子能出版社，1996.

[3]　陈宝山，刘承新.轻水堆燃料元件[M].北京：化学工业出版社，2007.

[4]　Michio Ichikanwa. International Working Group on Water Reactor Fuel Performance and Technology (IWGFPT) Plenary Meeting. Vienna：IAEA，2001.

[5]　董茵，等.坎杜重水堆的核燃料循环（译文集）[M]. 北京：核科学技术情报研究所，1997.

[6]　唐春和.高温气冷堆燃料元件[M].北京：化学工业出版社，2007.

[7]　NABIELEL H，et al. Fuel for pebble-bed HTGR[J]. Nuclear Engineering and Design. 1984，78：155.

[8]　谢光善，张汝娴.快中子堆燃料元件[M].北京：化学工业出版社，2007.

[9]　[日]三岛良绩.核燃料工艺学[M].张凤林，等译.北京：原子能出版社，1981.

第7章

乏燃料贮存及后处理

7.1 概述

7.1.1 乏燃料与乏燃料后处理

乏燃料通常是指在核反应堆中,辐照达到计划卸料的比燃耗后从堆中卸出,且不在该堆中使用的核燃料。核燃料在反应堆中燃烧的过程实质上就是核燃料中的易裂变核素(^{235}U、^{239}Pu 或^{233}U)在中子流的轰击下发生自持的核裂变反应的过程。随着核反应的进行,核燃料中的易裂变核素逐渐减少,俘获中子的裂变产物逐渐增加;燃耗的不断加深使核反应堆的反应性逐步降低,需调整控制棒位置以增加反应性。当最后调整控制棒也不能维持链式反应时,就达到了核燃料的物理寿命。此外,随着燃耗的加深,燃料包壳受热、中子辐照以及裂变产物积累的影响也会变形,因此还要考虑包壳的寿命。

由于积累的裂变产物也会吸收中子而影响反应堆的正常运行,为维持核反应堆的正常运行,反应堆中要留有最低数量的易裂变核素。因此,核燃料在反应堆中燃烧,不可能一次烧尽,核燃料在反应堆中燃烧一段时间后,就应从反应堆中卸出。核燃料从堆内卸出的时间,需要综合核燃料的辐照性能、力学性能以及燃料的浓缩度,根据最经济的燃耗值来确定。

对反应堆中用过的核燃料进行化学处理,以除去裂变产物等杂质并回收易裂变核素和可转换核素以及一些其他可利用物质的过程,称为核燃料后处理(nuclear fuel reprocessing)。国外资料中把核燃料后处理称为乏燃料后处理(reprocessing of spent fuel)。实际上,乏燃料中有许多有价值的物质:一定量的未裂变和新生成的易裂变核素,如^{235}U、^{239}Pu、^{233}U;大量的未用完的可转换核素,如^{238}U、^{232}Th;以及在辐照过程中产生的超铀元素,如^{237}Np、^{241}Am、^{242}Cm;核裂变产生的有用的裂片元素,如^{90}Sr、^{137}Cs、^{99}Tc、^{147}Pm 等。这些物质可以通过乏燃料后处理和相应的分离流程予以回收。

7.1.2 核燃料后处理在核工业中的重要性

核燃料后处理技术军民两用,是核燃料循环中的一个重要组成部分,在核工业中的重要性主要体现在以下几个方面。

1. 后处理是生产核武器装料^{239}Pu 必需的一步

迄今为止,核武器的装料仍然是以^{235}U 和^{239}Pu 为主,高丰度的^{235}U 可以从同位素分离工厂获得,但武器级铀生产的投资和耗电量都很大。采用天然铀作燃料,在反应堆内生产钚,然后通过后处理提取军用钚,则是技术上和经济上比较容易实现的途径。另外,从核武器的性能来看,钚弹的效率比铀弹高,同样威力的钚弹装钚量只有铀弹装铀量的 1/3 左右,容易做到小型化。

2. 后处理对于充分利用核能资源关系极大

燃料在反应堆内“燃烧”过程中,将产生大量的裂变产物,其中有一些是中子毒物,当它们积累到一定程度时,会影响反应堆的正常运行,因此必须进行化学分离以除去这些中子毒物。这样,燃料在反应堆内使用一次,就只有一小部分得到利用,而对于生产堆来说,由于军用钚对^{240}Pu 的含量有一定限制,燃料的燃耗必须较浅,导致燃料的利用率就更低。只有通过后处理才能将辐照燃料新生成的可裂变物质,以及没有用完的可裂变物质和未转化的材料分离净化,从而回收复用。也只有经过“辐照—后处理—元件再加工”多次循环,才能使自然界核能资源中占绝大部分的^{238}U、^{232}Th 被充分转化成裂变物质而加以利用。

3. 后处理对核电经济性将有日益重要的影响

为了充分利用天然铀资源,今后反应堆将不断提高转化材料的转化率,发展先进的增殖堆,同时实现钚的再利用。因此后处理和元件再加工这两个环节的费用所占的比重将不断上升。为了适应这种情况,必须在后处理工厂中不断降低后处理费用。另外由于环境安全的要求越来越严格,今后在“三废”处理方面的费用肯定会大幅提高,例如增建一个强放废液玻璃固化车间,后处理的投资就要增加 8%~12%。

具体来说,为了利用后处理产生的分离钚,国际上的做法是将钚与贫化铀(或是后处理分离铀)混合,制成混合氧化物(MOX)燃料,主要在热堆中使用。近年(以 2006 年为例),世界核电站产生的钚量为 89t/a,经过后处理回收 19t/a,其中有 13t/a 作为 MOX 燃料再利用。核能可持续发展依赖于铀资源的充分利用和核废物的最少化。核燃料“一次通过”循环方式的铀资源利用率仅有 0.6%左右,热堆燃料循环的铀资源利用率能提高 20%~30%,而乏燃料后处理得到的 U、Pu 经增殖快堆中的多次循环后,可以使铀资源利用率提高约 100 倍。

另外,后处理的高放废物的放射毒性是很重要的问题,主要是由次锕系元素和一些长寿命裂变产物(LLFP:^{99}Tc,^{129}I,^{79}Se,^{93}Zr,^{135}Cs)所决定,尤其对于使用 MOX 燃料的轻水堆以及快堆的乏燃料,次锕系(尤其是 Am 和 Cm)的含量显著增加,是现行轻水堆氧化铀乏燃料的 5~10 倍。因此在今后充分利用铀-钚资源以实现核能可持续发展的先进燃料循环体系中,将长寿命核素从乏燃料或者高放废液(HLLW)中分离回收,是极为重要的技术环节。通过分离-嬗变,可以使高放废物的体积和毒性进一步降低 2 个数量级。近年国外提出的先进后处理技术,都包括次锕系核素的分离。因此,核燃料后处理,尤其是先进后处理技术,对于整个核工业的发展至关重要。

7.1.3 乏燃料后处理工艺发展概况

第二次世界大战期间建造了第一批大型反应堆,其任务是生产核武器用的^{239}Pu,因此对于后处理最初的需求只是从辐照天然铀燃料中提取钚。1944 年,在美国的汉福特(Hanford)厂首次大规模地使用了磷酸铋沉淀法流程,在当时的紧急情况下,这一流程用于分离钚是成功的,但它存在严重缺点,即不能回收铀。辐照燃料中,每吨铀约含数克钚,在生产堆中,裂变物质^{235}U的消耗量略高于^{239}Pu的生成量,所以在提取钚之后留下的大量残余物中,尚包含具有回收价值的^{235}U 和^{238}U。

在选定沉淀法作为汉福特厂的设计基础之前,人们就已经着手研究辐照核燃料的其他处理方法,包括挥发法、吸附法和溶剂萃取法,在"二战"刚结束,就在溶剂萃取法上取得了重大进展。第一个用溶剂萃取法同时回收净化的铀和钚的流程,是在美国的阿贡实验室研究成功的,即 Redox 流程。1948—1949 年期间,美国橡树岭国家实验室(ORNL)用当时具有的设备进行了 Redox 流程的中试工厂试验,随后,1952 年在汉福特厂开始大规模运行。

1948—1950 年,在 Redox 流程还处于研究阶段的时候,就已经开始了一种改进的溶剂萃取法的实验室研究,这个新方法称为 Purex 流程。美国的诺尔斯原子动力实验室和橡树岭国家实验室都研究了 Purex 流程,并于 1950—1952 年在橡树岭国家实验室进行了中试工厂试验。Purex 流程于 1954 年在南卡罗来纳州的萨凡纳河(Savannah River)工厂投入运行,并于 1956 年在汉福特工厂投入运行。

Redox 流程和 Purex 流程主要用于处理铝包壳的天然铀或低浓缩铀元件。由于已经证实这两个流程对其他燃料的处理效果也令人满意,所以同样的溶剂又被用于回收浓缩铀和^{233}U 的其他流程中。对不锈钢、锆或锆合金包壳的燃料,已经研究出新的溶解过程和工艺。对一些特殊的燃料,已经研究出几种干法流程,正处在中试工厂试验阶段。有几种燃料也正在考虑用电解法进行溶解。

总的来说,乏燃料后处理工艺主要有两种,即水(湿)法流程和干法流程,下面分别介绍。

1. 水法流程发展概况

从 20 世纪 40 年代最早的军用后处理厂开始,生产上一直采用水法工艺。研究较多或工业上曾先后使用过的主要流程有:磷酸铋流程、Redox 流程、Butex 流程、Purex 流程和Thorex 流程。下面简述各流程的发展概况和主要特点。

(1)磷酸铋流程

1942 年科学家通过用氘核轰击天然铀,首次获得了微克量级的钚,当时人们常用沉淀载带法从低浓溶液中提取微量放射性物质,Seaborg 等人发现,向硝酸钚溶液中添加硝酸铋和磷酸钠后,钚(IV)能与溶液中形成的不溶性磷酸铋盐共沉淀,且钚的回收率很高。

由于第二次世界大战的急需,美国要设计建造一座钚提取工厂。在当时不可能有大量的钚用于工艺流程的研究,于是 1943 年在橡树岭国家实验室的冶金实验室进行磷酸铋流程研究,经其克林顿中试工厂验证后,1945 年初在汉福特厂以磷酸铋工艺流程投产,于是从辐照铀燃料中大量提取钚的工作就开始了。

磷酸铋流程的核心是,使钚交替地呈现水溶性和不溶性化合物形态。尽管磷酸铋流程步骤较多,但钚的回收率可大于 95％,对裂变产物的总去污因子可达 10^7。该流程的主要缺点是间歇操作、不能回收铀、化学试剂耗量大、产生的废水量大,因而它作为后处理的主要分离方法在 20 世纪 50 年代就被淘汰了。

(2) Redox 流程

1948 年异己酮(甲基异丁基酮,MIBK)溶剂萃取工艺已经大规模用于从矿石浸出液中纯化铀。与磷酸铋流程相比,溶剂萃取流程的优点是:能连续操作、能同时回收铀和钚、回收率及去污因子都很高。1948—1949 年间,美国阿贡国家实验室(ANL)研究了 Redox 流程,并在 ORNL 的中试工厂进行了验证。1951 年美国原子能委员会委托通用电气公司在汉福特(Hanford)建厂投产,Redox 成为美国大规模从辐照铀燃料中提取钚回收铀的第一个溶剂萃取流程。

Redox 流程的缺点是萃取剂异己酮的挥发性和易燃性,另外,由于异己酮即使在中等硝酸浓度下也不稳定,所以不能用硝酸作萃取时的盐析剂,因而要使用大量非挥发性的硝酸铝作盐析剂,这样既增大了试剂的消耗,又会产生大量难处理的放射性废液。所以在实际生产中,Redox 流程逐渐被 Purex 流程所取代。

(3) Trigly 流程

几乎在美国研究 Redox 流程的同时,加拿大的巧克河(Chalk River)实验室着手研究 Trigly 流程,用于从国家研究试验堆(NRX)的天然铀辐照燃料中提取钚,萃取剂为二氯代三甘醇,盐析剂为硝酸和硝酸铵。经 7 次间歇萃取后,钚的回收率达 97％,而铀和裂变产物的萃取率分别为 5％和 0.01％,随后用 Redox 流程纯化钚。Trigly 流程的缺点与 Redox 流程类似:大量硝酸盐浓集在高放废液中。

(4) Butex 流程

Butex 流程是 20 世纪 40 年代后期由巧克河实验室研究提出的,是第一个能克服高放废液中浓集大量硝酸盐这一缺点的流程。Butex 流程的萃取剂是二乙二醇二丁醚,盐析剂为硝酸。硝酸可用蒸发法从高放废液中回收并返回使用。

Butex 流程经巧克河实验室中试工厂验证后,英国原子能管理局的温茨凯尔(Windscale)厂就采用该流程大规模地从低燃耗的天然铀辐照燃料中提取钚和回收铀,甚至在改用 Purex 流程后,直到 20 世纪 70 年代,仍将 Butex 流程作为预净化步骤用于高燃耗乏燃料元件的后处理。由于该流程的萃取剂有可能与硝酸发生反应而引起爆炸以及经济上不如 Purex 流程,Butex 流程慢慢失去了在工业上继续使用的价值,而逐渐被 Purex 流程所取代。

(5) Purex 流程

Purex 流程采用磷酸三丁酯(TBP)和碳氢化合物(稀释剂)的混合物作为萃取剂,从硝酸溶液中萃取硝酸铀酰和硝酸钚(Ⅳ)。Purex 流程是根据 Warf 的研究成果在 1949 年提出的,Warf 发现,TBP 可以从三价稀土元素的硝酸盐溶液中萃取四价钚。1950—1952 年间,通用电气公司的诺尔斯(Knolls)原子动力实验室研究了 Purex 流程,后经 ORNL 的中试工厂进行验证。随后美国原子能委员会委托杜邦公司采用 Purex 流程建造萨凡纳河(Savannah River)钚生产厂,并于 1954 年 11 月投产。Purex 流程的成功运行为通用电气公司于 1956 年 1 月在汉福特厂用 Purex 流程取代 Redox 流程提供了依据。

1958 年以后所建造的后处理厂大都采用 Purex 流程。法国原子能委员会研究了一种与 Purex 类似的流程,用于马库尔(Marcoule)钚提取工厂。后来英国的温茨凯尔厂也用 Purex 流程取代 Butex 流程。苏联、印度和德国也都采用 Purex 流程,现在 Purex 流程已普遍用于从低浓铀辐照燃料中提取钚、回收铀。改进后的 Purex 流程也适用于处理钚含量高的快中子增殖堆乏燃料。

与 Redox 流程相比,Purex 流程有 4 个优点:①作为盐析剂的硝酸可用蒸发法回收复用,大大减少废水体积;②TBP 的挥发性及易燃性低于异己酮;③TBP 在硝酸中较稳定;④运行费用较低。由于 Purex 流程具有上述优点,预计今后若干年内设计建造的新后处理厂仍将以 Purex 流程为主。

(6) Thorex 流程

与 Purex 流程一样,Thorex 流程也采用 TBP-碳氢化合物的混合物作为萃取剂,从硝酸盐水溶液中萃取铀和钍。TBP 之所以能从辐照钍燃料中提取 ^{233}U、回收钍,是基于 TBP 的化学及辐照稳定性,以及对四价和六价金属硝酸盐的选择性萃取。由于钍在 TBP 中的分配系数比铀和钚低很多,所以最初的 Thorex 流程用硝酸铝作盐析剂。为了降低高放废水中的盐分,在 20 世纪 50 年代末 60 年代初,人们开始研究酸性 Thorex 流程,在第一共萃取段用硝酸代替大部分硝酸铝作盐析剂。Thorex 流程由 ORNL 等提出和改进。20 世纪 60 年代初曾用于萨凡纳河厂和汉福特厂处理钍基燃料元件。当燃料中含有相当多的 ^{238}U 时,辐照后会产生钚,所以这种燃料要用 Thorex 和 Purex 的组合流程进行处理。

2. 干法流程发展概况

干法后处理采用熔盐或液态金属作为介质,主要有电解精炼法、金属还原萃取法、沉淀分离法和氟化物挥发法等。一般在数百摄氏度的高温条件下进行分离操作。具体工作温度因介质的种类而异,如在较常用的 LiCl-KCl 共晶系氯化物熔盐中为 450~500℃。干法后处理基本上不存在媒体辐照劣化问题,且临界安全性高,适用于金属燃料、氮化物燃料及氧化物燃料等多种形态的燃料处理。然而,干法由于操作温度高,且使用强腐蚀性的卤化物以及熔融状态金属,存在材料耐用性以及操作可靠性低等问题。近年来随着工业技术的不断发展,以及需求的变化,干法又重新被人们所考虑和研究。具有代表性的干法分离技术如下。

(1) 电解精炼:在熔盐浴中电解,根据组分标准氧化还原电位的差异,通过阳极氧化溶解或阴极还原析出,实现组分的分离。

(2) 金属还原萃取:在熔盐或液态金属浴中加入金属锂等活性金属还原剂,将溶解在其中的目的金属盐选择性地还原,并萃取到液态金属浴中。液态金属一般采用 Cd、Zn、Bi、Pb 等低熔点金属。特别是 Cd、Zn 的沸点较低,最后可以通过蒸馏使其挥发而与待回收的目的金属分离。

(3) 沉淀分离:利用熔盐介质中金属组分溶解度的不同,通过调节温度、蒸汽分压、熔盐组成等,使组分选择性地沉淀分离。

(4) 挥发分离:部分金属卤化物蒸气压较高,可通过高温挥发分离。

总的来说,以 TBP 为萃取剂的 Purex 液-液萃取法作为乏燃料后处理技术已有 50 余年的开发和应用历史,并被世界上多个国家作为第一代工业后处理技术广泛采用。但是,该技术本身存在萃取工艺流程复杂、设备规模大、产生大量难处理有机废液、次锕系元素以及锝等长寿命核素得不到有效分离回收等问题。多年来世界主要核能国家都在致力于改良

Purex 流程的同时,开展更先进的后处理技术研发。近 30 年来,世界主要核能国家投入了大量的人力和资金,开展先进的湿法后处理技术研究,包括从乏燃料及高放废液中分离回收长寿命次锕系核素和锝,以及强放射性及高发热性铯和锶、铂族等核裂片元素。此外,干法后处理作为快堆乏燃料尤其是金属燃料的后处理,以及超铀元素嬗变燃料处理的分离技术,近年来也普遍受到重视,多个国家已将干法流程定位为未来先进后处理体系的重要技术选择,加大从工艺基础到工程应用的研发力度。

7.1.4　国外乏燃料后处理设施的建设发展概况

50 多年来,国外先后共建造 40 多座各类的后处理厂和后处理装置,表 7.1.1 列出了世界上一些后处理厂的后处理能力。

表 7.1.1　部分后处理厂的后处理能力

国家	厂　　址	工 厂 名 称	燃料类型	运行年份		容量/(t/a)	
				开始	关闭	现在	将来
美国	西谷	NFS	LWR	1966	1972		
	汉福特	Rockwell	金属 U	1956	1989		
	萨凡纳河	SR	金属 U	1954	1989		
	爱达荷	R	U-Al 合金	1959	1992		
法国	马库尔	APM	FBR	1988	1996		
	马库尔	UP1	GCR	1958	1997		
	阿格	UP2	LWR	1967		1000	1000*
	阿格	UP3	LWR	1990		1000	1000*
德国	卡尔斯鲁厄	WAK	LWR	1971	1990		
英国	塞拉菲尔德	B205	GCR	1967	2012	1500	
	塞拉菲尔德	THORP	LWR/AGR	1994		900	1000
	敦雷	UKAEA RP	FBR	1980	2001		
比利时	MOL	Eurochemic	LWR	1966	1975		
俄罗斯	马雅克	RT1	VVER-440	1977		400	400
	克拉斯诺亚尔斯克	RT2	VVER-1000	预计 2025			1500
日本	东海村	JAEA TRP	LWR	1977		90	90
	六所村	JNFL RRP	LWR	2007		800	800
印度	特朗贝	PP	研究堆	1964		60	60
	塔拉普尔	PREFRE 1	PHWR	1974		100	100
	卡尔帕卡姆	PREFRE 1	PHWR	1998		100	100
	卡尔帕卡姆	PREFRE 3A	PHWR	2010			150
	塔拉普尔	PREFRE 3B	PHWR	2012			150
总容量						5950	6350

* 每个工厂的年处理能力为 1000tHM(Heavy Metal),阿格厂最大年处理能力为 1700tHM。

自 20 世纪 40 年代以来,人们进行了大量的水法后处理生产,最初是出于军事目的需要,回收钚用于制造核武器(原料是在反应堆中辐照了仅几个月的低燃耗乏燃料)。在英国,来自 Magnox 商用反应堆的金属燃料元件在 Sellafield 进行后处理已持续大约 50 年,而从事这项操作的 Magnox 后处理厂具有 1500t/a 处理能力,并且一直注重保持最新的安全、卫生等监管标准。1969—1973 年,氧化物燃料在专门改造的部分后处理工厂进行后处理。建造在 Sellafield 的热氧化物燃料后处理厂(THORP)的年处理能力为 900t,于 1994 年开始投入使用。

在美国,虽然先后建造了三个民用后处理厂,但目前并没有民用后处理厂在运营。第一个后处理厂建在纽约州,年处理能力为 300t,曾在 1966—1972 年间成功运行。但是,随着监管需求的不断升级,工厂改造后经济成本不断增加,最终被迫关闭。第二个后处理厂建在伊利诺伊州,年处理能力为 300t,该厂引进了已经在中试工厂验证过的新技术,但在规模生产过程中却遭遇失败,1974 年被迫宣布无法运行。第三个后处理厂建在南卡罗来纳州,年处理能力为 1500t。1977 年,美国政府推行核不扩散政策,美国所有的民用后处理生产被要求取消,该厂也随之停产。总的来看,美国有超过 250 厂·年的后处理操作经验,其中绝大多数是自 20 世纪 40 年代以来政府运营的国防工厂。在这当中一个主要的工厂,是 1955 年开始运营的建在 Savannah River 的 H Canyon 厂。该厂历史性地从国内外研究堆的铝包壳燃料中回收了铀和锋,还可以从辐照的靶材中回收 ^{237}Np 和 ^{238}Pu。H Canyon 厂还对各种材料进行后处理以回收铀和钚,回收的铀钚燃料一方面可以用于军事目的,另一方面还可以与浓缩铀混合制成民用反应堆的燃料。2011 年,研究堆燃料后处理被要求等待国家高放废物政策审核。目前该厂正在为新建在 Savannah River 的 MOX 元件厂制备钚燃料。2014 年,H Canyon 厂完成了对一批铀钍金属燃料的后处理,该燃料从 20MW·t 的钠实验反应堆(SRE)中卸出并长期存放,燃料中含有相对较多的 ^{233}U。后处理产生的铀和锕系元素被玻璃固化处理。钠冷石墨慢化的 SRE 实验堆建于加利福尼亚州,并于 1957—1964 年间运行,是美国第一个向电网输送电力的反应堆。

在法国,一个位于 Marcoule 的后处理厂具有 400t 的年处理能力,主要对气冷反应堆卸出的金属乏燃料进行后处理,一直运行到 1997 年。在 La Hague,从 1976 年开始进行氧化物燃料的后处理,目前有两个年处理能力设计值为 800t 的工厂正在运行,实际总的年处理能力是 1700t。法国公用事业公司——法国电力公司(EDF)制定了进行后处理分离铀(REPU)的战略储备的规定,预计可满足长达 250 年的需求。目前,每年处理 1150t EDF 的乏燃料,可以得到 8.5t 的钚(随后制成 MOX 燃料重新利用)以及 815t 的后处理分离铀,且这些后处理分离铀中约有 650t 被转换成稳定的氧化物形式用于贮存。EDF 已经在它的 900MWe 核电站中证明可以使用后处理分离铀,但由于目前其转化环节的成本是天然铀的三倍,并且在浓缩前需要将杂质 ^{232}U 和 ^{236}U 分离出去,因此在经济上并不合算。去除这两种杂质的原因在于: ^{232}U 是 γ 放射源,需要进行屏蔽,并且在专用的设施中处置;而 ^{236}U 的中子吸收截面较大,因此相比于天然铀,铀浓缩环节 ^{235}U 的富集度应更高。钚随后在专门的 MOX 元件制造厂——Melox 厂进行重新利用。在此过程中,法国后处理厂的产量需要与 MOX 元件制造厂的容量相匹配,以避免钚燃料的积压,因为如果钚燃料贮存长达数年,^{241}Am 的含量将升高,导致在 MOX 燃料制造过程中 γ 射线含量提高,从而不易处置。

印度 Tarapur 有两个正在运行的年处理量为 100t 的后处理厂,进行氧化物燃料的后处理,此外还有两个分别位于 Kalpakkam 和 Trombay,且后者的年处理量相对较小。日本正在 Rokkasho 建造一个年处理量 800t 的后处理厂,与此同时,大部分的乏燃料后处理是在欧洲完成的。在此之前,日本国内曾有一个建在 Tokai Mura 的小型后处理厂,该厂的年处理量为 90t,但在 2006 年停止运行。俄罗斯 Ozersk 有一个早期建设的年处理量为 400t 的 RT-1 后处理厂,进行氧化物燃料的后处理,另有一个在 Zheleznogorsk 部分建成的年处理量为 3000t 的 RT-1 后处理厂,已被重新设计并计划于 2025 年完工。当地一个地下的军用后处理厂已经完成了退役。

截至目前,全世界范围内从商用反应堆中卸出的 29 万 t 乏燃料中,大约有 9 万 t 已经完成后处理,对于氧化物乏燃料,年处理能力在 4000t 左右,不过这些后处理厂并非都处于在运行状态。预计 2010—2030 年间,全世界将产生约 40 万 t 的乏燃料,其中北美占据大约 6 万 t,欧洲占据大约 6.9 万 t。表 7.1.2 所示为世界上商用后处理工厂的后处理能力。

表 7.1.2　世界上商用后处理工厂的后处理能力

	后处理工厂	后处理能力/(t/a)
轻水堆乏燃料	法国 La Hague 工厂	1700
	英国 Sellafield,THORP 工厂	600
	俄罗斯 Ozersk,Mayak 工厂	400
	日本 Rokkasho 工厂	800*
	轻水堆乏燃料总计	3500
其他乏燃料	英国 Sellafield,Magnox 元件厂	1500
	印度(共 4 所工厂,生产 PHWR 元件)	330
	日本 Tokai,MOX 元件厂	40
	其他乏燃料总计	1870
总的民用后处理能力		5370

* 目前预期 2018 年开始运行。

尽管将乏燃料回收的铀进行转化和再浓缩的可行性已被一些国家(例如英国、俄罗斯和荷兰)实践证明,但目前对大多数的后处理分离铀只做贮存处理,而乏燃料回收的钚则大多数被立即用于 MOX 燃料元件的制造。目前全世界 MOX 燃料元件的生产能力大约为 200t/a,且基本都来自法国。如表 7.1.3 所示,由于后处理回收铀和钚从而节省了大量的天然铀需求。

表 7.1.3　全世界由于后处理回收铀和钚而节省的天然铀需求　　　　　　　t

年份	浓缩的后处理分离铀的使用量	用于 MOX 燃料元件生产的钚的使用量	总计
2013	1850	1220	3070
2015	1850	1260	3110
2020	1880	2140	4020
2025	1560	3200	4760
2030	1270	3650	4920

后处理的先进工艺发展方面,主要以基于 Purex 流程的改进技术为主。基于改进 Purex 流程的萃取技术主要包括美国的 UREX＋流程、法国的 COEX 流程以及日本的 NEXT 流程,这些流程仍然采用 TBP 作为萃取剂,主要通过进一步使用高选择性的化学试剂来强化价态调整,以提高铀和钚等的分离效率,同时尽可能回收镎及锝。或者先用简便的

方法回收大部分的铀,再通过简化萃取流程以提高工艺的可靠性和经济性。另一方面,利用新型萃取剂的分离技术主要有日本原子能机构(JAEA)开发的 Artist 流程和法国原子能和替代能源委员会(CEA)开发的 Ganex 流程。这些流程采用新型萃取剂(主要是酰胺类)取代 TBP,通过使用不同结构的萃取剂以及具有选择性的反萃剂,分别分离铀和所有的超铀元素(TRU)。这些流程的优点之一是使用由 C、H、O、N 组成的无磷试剂,可将使用后的萃取剂进行燃烧处理降低废物量。

至于溶剂萃取法以外的湿法后处理新技术,主要在日本开展,包括阴离子交换分离技术(ERIX 流程)、沉淀分离技术(NCP 流程)、Orient 循环(通过离子交换及电解还原进行分离)和超临界萃取分离技术(Super-DIREX 流程)。

作为干法流程的一种,高温冶金流程近年来在国际范围内再度成为研发的对象,其一般原理是,几百度摄氏的高温下,在熔盐(熔融氯化物、氟化物等)槽中熔解元件,然后在特定条件下采用诸如液体金属萃取、电解或选择性沉淀等传统技术分离所需的核素。这些流程引起人们关注的主要原因是所用的无机盐对辐照不敏感,适合于卸出的燃料立即现场后处理,设备和流程紧凑,难以单独分离钚(可防止核扩散)。干法电解后处理概念早年在美国阿贡国家实验室(ANL)和俄罗斯 RIAR 研究所分别就金属和氧化物燃料进行了卓有成效的研发工作。此后日本电力中央研究所(CRIEPI)等与 ANL、RIAR 以及欧盟的超铀元素研究所(ITU)在日本政府资助的协作框架内做了进一步的验证和改良研究。韩国为实现回收 TRU 以及大幅度减少乏燃料贮存量的目标,以韩国原子能研究所(KAERI)为核心,举国协力开展乏燃料的氯化物电解技术研发。印度也在积极开展金属燃料以及碳化物燃料的干法后处理研发,且明确提出今后将采用熔盐电解的干法流程替代湿法流程处理高燃耗快堆燃料。法国 CEA 也对氧化物燃料处理进行了研究,例如在熔融氟化物中用液态铝还原萃取锕系元素和裂变产物。

就整个乏燃料后处理工业来看,一系列的技术创新正在发展之中,并且随着高燃耗和 MOX 燃料的出现,对后处理技术的要求将越来越高。后处理作为一种高难度的综合化学工艺,包含很多人为的技术因素和实践经验,需要在实际应用过程中付出很大的努力进行研究和积累。

7.2 乏燃料元件的运输和贮存

经辐照过的乏燃料元件放射性比活度很高,还会释放大量的衰变热。现代轻水堆燃料组件在停堆的瞬间(约 1s 后)具有 10 000~15 000TBq/kgU 的比放射性活度,1 天后仍有 1000~1500TBq/kgU 的比放射性活度。强射线在乏燃料后处理过程中,通过辐射分解,会破坏水法后处理过程中使用的有机试剂,使工艺过程不稳定,并在组件的操作、运输方面也有困难。因此,从反应堆卸出的乏燃料必须贮存一段时间再进行处理,在反应堆就地贮存(堆址贮存)或是离堆贮存。除堆址贮存外,都需要进行运输。

为安全运输放射性物质,国际原子能机构(IAEA)制定的《放射性物质安全运输条例》已被所有与放射性运输有关的国家和国际组织所采纳,是制定放射性物质运输规范的基础。

目前,乏燃料元(组)件在符合规程要求下,可以采用公路运输、铁路运输和海上运输。

　　(1) 公路运输：适合于短距离运输,运载能力有限,需使用专门设计的超重型卡车,运输线路和要求都严格管控。

　　(2) 铁路运输：适合于远距离运输以及运输装载放射性物质的重型容器,是比较安全的运输方式。

　　(3) 海上运输：受后处理厂与核电站在地理分布上的制约。放射性物质海运船只必须根据国际海运组织的规定进行特殊的设计。

　　具体的乏燃料运输方式选择需要综合考虑所运物质的特点、运输方式经济性、运输工具的可用性和运输风险程度等多方面因素。法国每年核燃料循环中放射性物质的运输量约占所有放射性物质运输量的 15%,其中包括 300 次左右的新燃料运输,约 230 次乏燃料运输。

　　运输容器是乏燃料运输的关键设备,具有安全要求高、结构复杂、质量大等特点。根据屏蔽材料的不同,乏燃料运输容器可分为：铅容器、钢容器、贫铀容器、球墨铸铁容器等。在运输容器中多采用铅容器和贫铀容器。

　　乏燃料贮存方面,世界各国普遍采用湿法贮存和干法贮存两种方式贮存乏燃料。

　　湿法贮存是当前乏燃料贮存的主要方式。因为水具有良好的导热性,通过不断地循环冷却,能及时将乏燃料产生的衰变热导出,再加之水可以作为一种屏蔽材料,并且可在直视的条件下在贮存水池中进行乏燃料的卸料、转运等工作,所以反应堆卸料绝大部分都贮存在水池中。水池贮存法是一门比较成熟的工艺技术,安全可靠,但需要较多的维修维护,会产生二次费用。

　　干法贮存从 20 世纪 70 年代末期以来,在世界范围内得到了迅猛的发展。世界上已建成的干法贮存设施基本上有三种：贮存室、容器贮存、干井贮存。容器贮存又分为混凝土容器和金属容器两类。与湿法贮存相比,干法贮存运行和维护较为简单,扩建灵活性大,适合长期贮存。但因为气体的导热性差,干法贮存最关键的问题是乏燃料衰变热的导出问题,这使得容器的制造费较高。

　　乏燃料元件贮存的主要目的在于以下几方面。

　　(1) 降低乏燃料元件的放射性活度水平

　　^{235}U、^{239}Pu 裂变反应产生的数百种裂变产物中,有大量的短寿命放射性核素。经过贮存可使短半衰期的裂变产物衰变掉,譬如毒性大且易于挥发的、容易造成环境污染的^{131}I,从而大大降低乏燃料元件的放射性水平。这不仅可以降低后处理过程的防护要求,而且还能大大减少有机试剂的辐照损伤。

　　(2) 减少易裂变材料的损失,保证转换生成的易裂变材料的回收率

　　欲使可转换核素吸收中子后生成的中间产物(^{239}Np、^{233}Pa)绝大部分衰变为所需的易裂变核素^{239}Pu、^{233}U,必须要有足够的贮存时间,从而确保回收核素的纯度和回收率。

　　(3) 保证强放射性铀或钍同位素(如^{237}U、^{234}Th 等)的衰变

　　裂变产物中的强放射性铀或钍同位素,如^{237}U、^{234}Th,化学性质与铀或钍相同。若不把这些核素衰变掉,在后处理过程中是分不开的,从而增加铀或钍产品的放射性活度,给产品的后续加工和再利用造成困难。此外,^{237}U 的衰变产物^{237}Np 是后处理过程中需要加以回收的重要超铀核素,为了保证^{237}Np 的回收率,也需要有足够的贮存时间,让^{237}U 绝大部分衰变为^{237}Np。

　　乏燃料元件贮存时间的长短要多方面综合考虑,但最主要的是从乏燃料元件本身考虑。

若要求某一放射性核素绝大部分衰变掉(如减少到原来的 1/1000),大约需经过 10 个半衰期的时间。除了上述因素外,还要考虑贮存池的容量、乏燃料贮存的经济性等影响因素。一般生产堆乏燃料典型的贮存时间为 90～120 天;动力堆乏燃料的贮存时间为 150～180 天。但在实际后处理过程贮存时间往往都要超过这些天数,并不会带来不利影响。当贮存时间缩短到 90 天以内,则会带来不少问题。主要是 ^{131}I、^{237}U 和 ^{133}Xe 等元素很难处理,它们对环境安全、产品质量和溶剂萃取过程中的溶剂降解等都有不利影响。

7.3 乏燃料元件的首端处理

乏燃料首端处理是指核燃料后处理化学分离工艺过程之前的脱壳、剪切、溶解、过滤、调料等过程,其目的在于尽量去除燃料芯块以外的部分,将不同种类的乏燃料元件加工成具有特定的物理、化学状态的料液,供铀钚共萃取共去污工序使用。首端处理是后处理工艺的重要组成部分,对后处理厂试剂的消耗量、"三废"的产生量及运行费用影响很大,直接关系到萃取过程能否顺利进行。多用途燃料后处理厂适应性强,配备有多种不同的首端处理方法,使同一溶剂萃取分离系统可以处理多种类型的乏燃料元件。

7.3.1 乏燃料元件的脱壳方法

在乏燃料元件的首端处理中,为了减少工艺过程的高放废液量并简化工艺工程,在大多数情况下,首先需要将元件包壳去除。目前,乏燃料元件的脱壳方法主要有 4 种:化学脱壳法、机械脱壳法、包壳和芯体同时溶解法、机械-化学脱壳法。

燃料元件脱壳方法的选择,取决于其包壳材料的性质、燃料元件的结构以及所选用的后处理工艺流程。

1. 化学脱壳法

化学脱壳法是在不与燃料芯体材料发生作用的化学溶剂中溶解金属包壳材料,保留燃料芯体。化学脱壳法曾用于生产堆和研究试验堆的铝包壳燃料元件。

化学脱壳法溶剂的选择:

(1) 对不锈钢可使用硫酸或王水。

(2) 对锆合金可使用氟化物($NH_4F+NH_4NO_3$)。

(3) 对镁合金可使用硫酸。

(4) 对铝合金可使用混合碱液;加入硝酸钠以减少氢气的产生。

虽然化学脱壳法优势在于易处理任何形状的燃料元(组)件,但有下列缺点:

(1) 为减轻溶剂对设备的腐蚀,需采用昂贵的特种合金钢制造。

(2) 产生大量高放射性废液($5～6m^3/tU$),不易处理。

(3) 溶解速度慢且不稳定,有氢气逸出。当溶解器交替用于溶解包壳、芯体时,不可避免地会发生不锈钢包壳的钝化作用,致使不锈钢溶解变慢。

(4) 随包壳而溶解或脱落的铀、钚损失较大。

2. 机械脱壳法

机械脱壳法是用机械方法在水下对乏燃料元件脱壳,水既可作为屏蔽层,又可避免细粒飞扬。首先,切除燃料组件的两端并将组件解体为燃料元件束及单根燃料元件;然后,将包壳管用对机械方法按纵向切成长条,像剥香蕉皮那样剥离每根燃料元件的包壳;最后,将长条切成碎块以减少贮存体积。去除金属铀芯棒表面的包壳碎屑后,送去溶解。这种方法要求水下工作的剥壳机能自动控制、耐水腐蚀和动作可靠,优点是产生的高放射性废液较少。

英国塞拉菲尔德厂采用对称布置的三把铣刀除去燃料芯块的镁合金包壳,同时进行轴向切割。针对燃料组件结构为同心圆多层燃料组件,外套筒和最内层管为铝合金,美国汉福特厂利用推拉装置将包壳与含燃料棒的圆套筒分离,先切去端头,采用专用压模和挤压杆从铝包壳中挤压出燃料芯块。

剥香蕉皮式的机械脱壳法不适用于锆合金或不锈钢包壳陶瓷体燃料元件。

3. 包壳和芯体同时溶解法

以金属为基体的弥散型燃料元件,不可能或很难进行单独的脱壳处理,一般采用将包壳和芯体用同一溶液溶解的方式。该法主要用于处理易裂变材料含量高的燃料或者在同一个后处理厂要求承担多种不同类型燃料元件的处理,特别是当燃料元件的尺寸、形态变化频繁,采用机械脱壳法很难处理,就将包壳和芯体用同一化学试剂溶解。如美国爱达荷多用途后处理厂要承担 24 种类型燃料元件的后处理、萨凡纳河后处理处理高富集度铀燃料元件,为了防止易裂变材料在机械脱壳时的损失,采用包壳、芯体同时化学溶解法。

4. 机械-化学脱壳法

机械-化学相结合的脱壳法又称切断-浸出法。该法适用于处理包壳材料不溶于硝酸的燃料元件。将单根燃料棒或整个燃料组件用机械剪切法切成长 2～3cm 的短段,送入硝酸浸取槽(溶解器),裸露的燃料芯块溶解于硝酸中,而包壳短段不溶解,将包壳短段取出,经漂洗、监测后,送去贮存。该法具有同机械脱壳法一样的优点:所产生的废物为金属构件和包壳材料,作为固体废物,体积小,可无限期埋藏。相比于化学脱壳法,不产生放射性废液,废物贮存费仅为化学脱壳法的 5%。相比于机械法脱壳,不存在少量芯体夹带在包壳中而丢失核燃料的情况,并且所使用的剪切机结构更简单。该法广泛应用于处理锆及其合金包壳、不锈钢包壳的氧化物燃料元件的脱壳,是动力堆乏燃料具有代表性的脱壳方式。

机械-化学脱壳法的主要缺点是:切割设备仍较复杂,剪切机需远距离操作,设备维修困难,对收集燃料细粒、防止气溶胶扩散等问题须妥善解决;短段切口可能有较大的变形,以至影响硝酸的流通和燃料的完全浸出,或需要采取附加回收工序以减少未溶解燃料的损失。

7.3.2　乏燃料元件芯体的化学溶解

乏燃料元件芯体的化学溶解指的是溶解金属芯体,使燃料芯中的铀和钚完全溶解于硝酸水溶液;使铀、钚和裂变产物转变为有利于分离的化学形态。溶解方法取决于燃料成分的化学形式及后处理厂的生产能力,燃料成分的化学形式决定了溶剂的选择。在溶解过程中要确保燃料芯块成分完全溶解,防止易裂变材料随不溶残渣丢失,以获得较高浓度的溶液并要确保核临界安全。

硝酸是 Purex 流程工艺溶液的主要介质,金属铀燃料、二氧化铀燃料及铀钚氧化物混合燃料都能溶于硝酸,得到的溶解液适合于 Purex 萃取工艺。取出不溶物(空包壳),漂洗后检查铀芯是否完全溶解,然后用机械压扁,做固体废物处理。工艺流程中所有装置的结构材料可采用不锈钢。

1. 影响芯体溶解的主要因素

用硝酸溶解芯体时,要求做到:溶解速度适中、酸耗较低、反应平稳、操作安全。

(1) 芯体溶解速度

要求溶解速度要适中。溶解速度不能太快,否则会使得溶解排气峰值过高。如果处理尾气的能力不足或排气不畅,或者由于处理及操作不当,会使溶解器呈正压状态,可能造成设备室或热室以及溶解系统被污染。溶解速度也不能过低,否则将影响到工厂的生产能力。要求溶解速度同工厂的生产能力相匹配。

(2) 排气峰值

在溶解过程的初期,刚加入硝酸时,溶芯反应生成大量气体,排气量将出现一个陡峰。为了避免因排气不畅而使溶解器内呈现正压,而造成放射性物质泄漏的危险,必须精心控制排气量,采取措施降低排气峰值。溶解铀芯时出现气峰值,是由于在溶解开始时酸度较高,铀芯表面积较大,溶液未沸腾,反应所产生的大量二氧化氮气体不能被水吸收而造成的。若通过降低溶芯的初始硝酸浓度,可以降低排气峰值,但这将显著降低溶解速度,降低设备的生产能力。工业上,通常采用向溶解器上部空间喷入水蒸气的办法来降低排气峰值。

(3) 降低溶芯酸耗

影响溶芯经济性的主要因素之一是酸耗。降低酸耗的关键是回收溶解过程中生成的氮氧化物并复用硝酸。这就要求在溶芯过程中,适时地向溶解器中通入适量的水蒸气、空气或氧气等,以利于氮氧化物的回收。这其中以通入氧气的效果最好。回收利用氮氧化物不但具有可观的经济效益,而且减少了废气处理量,降低了有害气体的排放量。

2. 溶解器

溶解器,作为用于浸取燃料元件芯体的专业设备,应确保能对不溶解的包壳短段进行清洗、监控和卸料。必须满足下列要求:

① 能顺畅地加入乏燃料和溶解剂;
② 能保持燃料和溶解剂之间有良好的接触;
③ 具有控制溶解速度的可靠的措施;
④ 能够顺利地排出溶解产品液、废气、废包壳和残渣。

按照投料和出料的方式,可以将溶解器划分为间歇溶解器、连续溶解器两种。

(1) 间歇溶解器

较早的氧化物燃料溶解过程基本都是使用间歇溶解器。元件切段从剪切机下料分配槽滑入多孔不锈钢吊篮,吊篮通过吊车转运到间歇溶解器内,加酸升温开始溶解过程。溶解到一定程度后(以溶液密度等参数指示终点)降温,排出产品液,用稀硝酸及水漂洗吊篮中空包壳,将废包壳送去作固体废物处置。完成一批溶解操作共需 13～15h。

目前,已运行的动力堆乏燃料后处理厂的溶解器多为批次式间歇溶解器。间歇罐式溶解器广泛应用于天然金属铀、低富集度金属铀、低富集度二氧化铀燃料芯体的溶解。

间歇溶解器的优点:结构比较简单,加料和出料以及排出包壳和残渣较为容易,不存在启动和停车时出现溶解产品液不合格的现象。间歇溶解器虽然广泛应用,但存在两个明显缺点:第一是溶解过程中尾气排气峰值较高,尾气处理负荷大;第二是受临界安全条件限制,装元件切段的吊篮和溶解器尺寸受到严格的限制,生产能力较小。

为了适应动力堆乏燃料后处理厂生产能力扩大的要求及克服间歇溶解器的上述缺点,许多国家已研发了连续溶解器。

(2) 连续溶解器

连续溶解过程是指以一定的速度连续地往溶解器中加入乏燃料短棒和溶解剂,并以一定的速度连续排出合格的溶剂液的过程。

法国根据以往后处理工业的经验,研发了连续回转式溶解器,并在 UP3 厂和 UP2-800 厂的首端车间加以应用。连续回转式溶解器以几何安全方式保证临界安全,其主体是设置在扁平容器内的扁平转轮。转轮内有 12 个隔开的小室,转轮下部浸在装有沸腾状态硝酸的扁平容器中。从剪切机下来的乏燃料短棒连续有序地落入转轮的某个小室内,转轮步进式回转,每小时约转 1/12 周,回转速度因乏燃料类型不同而有差异。溶解液不断排出,新鲜的硝酸溶液不断注入,使溶解器的液位维持恒定。废包壳从转轮中部通过溜槽进入废包壳连续清洗器中,清洗过的废包壳送去作固体废物处置。

连续溶解器的优点是:生产能力大、溶解过程反应平稳、无气峰,溶解液的组成较为恒定。连续溶解器过程现已成熟地应用于大型商用乏燃料后处理厂。

7.3.3　铀钚共萃取料液的制备

乏燃料溶解液中总含有一些由难溶组分形成的沉淀、悬浮物及胶体。为了确保共去污萃取设备的连续运行,达到规定的铀钚净化系数及分离系数,必须进行澄清处理并按照第一萃取循环的工艺条件调制料液。

1. 絮凝

乏燃料溶解液中含有少量 SiO_2 和其他胶体沉淀悬浮于溶液中,过滤不能有效去除。进入萃取设备后,含硅微粒容易积累在两相界面附近,吸附锆、铌等裂变材料,与溶剂降解产物结合形成界面污物沉淀,大大降低去污效率和铀、钚回收率,破坏萃取器的稳定运行。

为了从溶解液中除去硅及其化合物,经常使用明胶絮凝的方法来处理,使含硅胶体微粒凝聚成絮状物质,可以通过过滤的方法去除。对生产堆燃料来说,由于黏结剂带入硅较多,因此絮凝操作很有必要。但对动力堆燃料来说,硅的问题不那么突出,多数工厂主要在过滤上采取措施,而不采用絮凝处理步骤。

2. 澄清

料液絮凝后,需进行料液澄清,目的是去除硅絮凝物及其他固体杂质,以便获得较为清洁的溶剂萃取料液。否则不溶性固体颗粒不仅会堵塞管道、腐蚀设备、加速溶剂辐射分解,而且会加速形成界面污物,使萃取设备的水力学性能变坏,甚至会造成临界事故。

目前,料液澄清主要采用两种方法:离心分离法及介质过滤法。

离心分离法采用高速离心机,生产能力大,净化效率高,但设备维修比较困难。目前,新建的动力堆乏燃料后处理厂溶解液过滤多采用离心过滤机。

介质过滤法中,过滤介质可用烧结不锈钢、混装砂石和玻璃棉等。混装砂石过滤器可遥控更换过滤介质,净化效率高,但生产能力比离心法小。玻璃棉过滤器造价低、介质易更换,但过滤时阻力较大,净化效果较差。目前多数后处理厂的料液过滤采用不锈钢过滤器。

料液澄清工序是首端处理中的重要环节。料液澄清效果和料液中固体杂质的含量对萃取器的稳定操作,以及对溶剂萃取循环的净化效果都有很大的影响,因此料液澄清问题各国后处理厂均高度重视,都在研发采用性能更好的过滤器。

3. 料液配制

调料工序的职能是将溶解、澄清后的料液配制成萃取工艺所要求的成分,为下一步 Purex 流程安全稳定运行,提高产品质量创造良好的条件。一般包括三个方面,即铀、酸浓度调节,钚、镎价态调节和添加络合试剂。

根据后续溶剂萃取的要求,溶解液中不但要求有额定的酸度,通常还要求铀浓度为某一额定值。铀、酸浓度均采用不同浓度的硝酸溶液调节,因此,在调节时要二者兼顾,避免顾此失彼。燃料溶解产品液中硝酸浓度应稍低于萃取料液的要求,而铀浓度则应稍高于萃取料液的要求,这样对调料最方便。用浓硝酸调节酸度,用稀硝酸调节铀的浓度。调料时不能用水,以防止局部酸度过低而导致钚的不可逆水解聚合。

配置合格的料液的另一重要步骤是钚、镎价态调节。为提高钚的回收率,期望钚处于易被 TBP 萃取的四价态 Pu(IV)。而镎的价态要根据流程中镎的走向来控制,如打算将镎赶入萃取液中,当镎被部分氧化时,也必须进行镎的价态调节。对于钚、镎价态调节,早期使用最普遍的氧化剂是亚硝酸钠,目前的发展趋势是用无盐试剂代替亚硝酸钠。如使用 NO_2 或 $NO_2 + NO$ 气体作为氧化还原剂进行价态控制。这同亚硝酸的作用是等效的,但不会引入任何盐类杂质。

在调料过程中还可能要按工艺流程要求加入一定浓度的络合剂,如氟离子等,以改善裂片的去污效率。

7.4 乏燃料后处理的铀钚分离过程

Purex 流程自 20 世纪 50 年代提出,在与其他萃取流程相竞争的基础上,经过许多年的发展和工厂运行后,被证明是一个极好的流程。Purex 流程也逐渐在反应堆乏燃料后处理占据了主导地位。

Purex 是一个缩写词,美国诺尔原子动力实验室(KAPL)是从 Plutonium Uranium Recovery by Extraction 缩写得出的;而美国橡树岭国立实验室(ORNL)是从 Plutonium Uranium Reduction Extraction 缩写得出。Purex 流程是一种特定体系的溶剂萃取过程。萃取剂是磷酸三丁酯(TBP),它被证明是一种选择性极好的萃取剂,具有良好的辐照稳定性和化学稳定性以及水中溶解度低等特点。不仅能有效去除裂变产物及其他锕系副产品,而且能将铀、钚两个产品清晰分离。

1955 年第一届和平利用原子能国际会议上发表的 Purex 流程是由四个循环组成的三循环流程,即共去污循环、分离循环、最终的铀纯化循环和最终的钚循环。由共去污循环实现铀、钚和裂变产物的分离;由分离循环实现铀和钚的分离;由最终的铀纯化循环和最终的钚循环进一步纯化和浓缩铀和钚的硝酸溶液。

1958 年第二届和平利用原子能国际会议上发表的 Purex 流程为二循环流程。改进后的第一萃取循环是初步净化裂变产物并实现钚和铀的分离,实际上是将三循环流程中的共去污循环和分离循环合并为共去污分离循环。第二萃取循环分别是铀纯化循环和钚纯化循环,以进一步纯化铀、钚并得到合格的铀、钚产品。

目前各国采用的 Purex 流程主体部分大多是二循环流程,各个后处理厂根据料液的比活度和去污的要求等具体情况,在流程组合方面有所改变,但所有这些变体流程均以 TBP 萃取铀和钚、还原反萃钚为分离基础,因此习惯上仍统称为 Purex 流程。

Purex 流程可适用于多种处理对象:处理 ^{235}U 富集度为 $0.2\% \sim 93\%$ 的各种辐照燃料和靶件;处理燃耗值高的钚燃料,回收其中的钚和超钚元素;分离和纯化 ^{237}Np;从辐照钍元件中回收 ^{233}U 和 Th。对于燃耗较低的天然铀燃料,从工厂的运行经验表明,对于铀和钚而言,选用两循环流程或两循环加尾端净化措施(如铀线加硅胶吸附、钚线加离子交换)完全可以满足产品质量要求。

对于燃耗较深的动力堆,由于放射性活度约比生产堆大 10 倍,考虑到工厂运行的安全可靠以及适应多种燃料的不同要求,二循环流程可能满足不了工艺要求。但法国 UP2 和 UP3 厂已处理了几千吨氧化物燃料的运行经验表明,二循环流程可以满足动力堆燃料后处理工艺要求。

我国后处理自 20 世纪 60 年代起步,早期研究沉淀法从乏燃料中提取钚,后来在清华大学核研院进行 Purex 流程的研究,研究从元件的溶解到得到合格的钚产品。

Purex 二循环流程作为目前的主要萃取流程,相比于三循环流程省去了一次铀、钚萃取、洗涤和反萃,减少一个循环既降低了工厂投资和运行费用,也减少了废物。下面以 Purex 二循环为例进行详细介绍。

7.4.1　共去污分离循环

共去污分离循环的安全稳定运行是整个工厂生产过程的关键之一。它的运行好坏直接影响着最终产品的质量、金属的回收率以及整个厂房的辐射安全,对生产起着决定性的作用。

典型的共去污分离循环流程如图 7.4.1 所示。共去污分离循环包括铀、钚共萃取共去污,铀钚分离,铀的反萃以及污溶剂的净化再生四个操作单元。主要由 1A、1B、1C 三个萃取器组成,它的任务是实现铀、钚与裂片元素的分离以及铀、钚之间的分离。

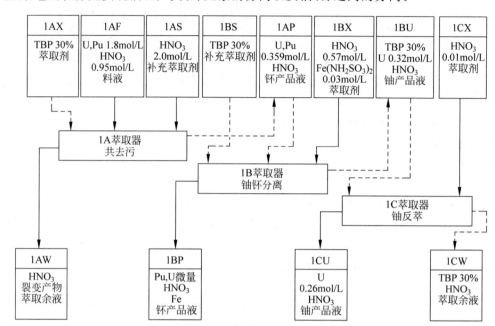

图 7.4.1　Purex 二循环流程-共去污分离循环流程示意图

1. 共萃取共去污(1A)

所谓共萃取共去污,即料液中的六价铀和四价钚几乎全部被有机溶剂所萃取,而 99% 以上的裂片元素几乎不被萃取,从而在 1A 槽中,铀和钚共同实现了去污。在 1A 槽上选择不同的工艺条件,镎可能与铀、钚一起被萃取进入溶剂相,也可能与裂片元素一起留在水相萃取残液中。

萃取料液 1AF 进入 1A 槽的中部,与从槽的水相出口端引入的有机溶剂 1AX(30% TBP-煤油)逆流接触。料液中的 U(Ⅵ)几乎全部被萃取进入有机相,而分配系数很小的大部分裂变元素则留在水相萃取残液中。为了提高铀、钚与裂变产物分离的效果,萃取了铀、钚的溶剂相与从 1A 槽另一端加入的洗涤剂 1AS(一定浓度的硝酸溶液)逆流接触,使随同铀钚一起被萃入有机相的部分裂变碎片元素又转入水相中。萃取液(有机相)1AP 进入 1B 槽。

2. 铀钚分离槽(1B)

在 1B 内进行铀、钚分离。1AP 由 1B 槽的中部进入,与从槽的有机相出口端引入的还原反萃剂 1BX(水相)逆流接触。在还原剂作用下,Pu(Ⅳ)被还原成 Pu(Ⅲ),而铀的价态不变,由于 Pu(Ⅲ)的分配系数很低,因而几乎全部被还原反萃入水相。铀绝大部分留在有机相中,只有少量的 U(Ⅵ)随同钚一起转入水相。为了提高钚中去铀的分离效果,从 1B 槽水相出口端加入补充萃取剂 1BS(30% TBP-煤油),使其与含钚反萃水相液逆流接触,被反萃进入水相的铀又大部分转入有机相。水相反萃液 1BP 去钚的净化循环进一步净化,有机相液流 1BU 进入 1C 槽。

3. 铀反萃取槽(1C)

在1C槽中进行铀的反萃。由1B槽来的含铀有机相1BU,从1C槽的一端进入,与从1C槽另一端加入的铀反萃剂1CX逆流接触。因为在30%TBP-煤油-稀硝酸体系中,铀的分配系数很低,所以大部分铀从有机相被反萃入水相。含铀水相反萃液1CU经过蒸发浓缩后在铀的净化循环进一步净化,污溶剂1CW经过溶剂洗涤系统处理后,循环使用。

7.4.2 钚的净化循环

钚净化循环的主要任务是,对经过初步分离掉铀和裂片元素的钚中间产品液1BP再进行萃取分离,进一步除去铀和裂变元素,以便得到较纯净的钚的浓缩液。典型的钚净化循环流程如图7.4.2所示。

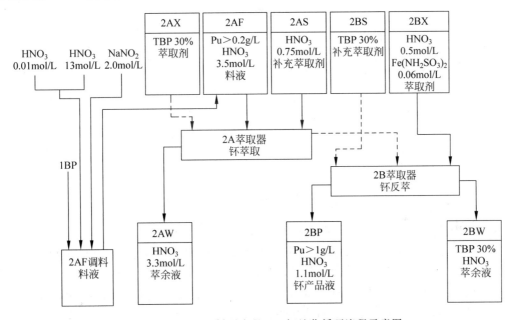

图 7.4.2　Purex 二循环流程——钚纯化循环流程示意图

该循环是由2A和2B两个萃取器组成。2A槽叫做钚的萃取槽。1BP经过调价和调酸后制成的2AF料液从2A槽中部加入,与萃取剂2AX(30%TBP-煤油)逆流接触萃取钚,料液中少量的铀液同时被萃取到有机相中。有机萃取液与从2A槽有机相出口端加入的洗涤液2AS逆流接触,洗涤有机相,进一步除去锆、铌、钌等裂片元素。萃取液2AW送中放废水系统处理,或返回到前面的工序。萃取液2AP去2B槽,作2B槽的进料液。

2B槽叫做钚的反萃取槽。反萃取剂2BX可以用稀硝酸进行钚的低酸反萃,也可以用还原反萃剂进行钚的还原反萃。采用还原反萃时,为了提高铀、钚分离效果,从2B槽水相出口端加入补充萃取剂2BS(30%TBP-煤油)使其与反萃液逆流接触,将被反萃到水相中的少量铀在萃取到有机相中。反萃液2BP送去进行纯化和转化处理。污溶剂作为1B槽的补充萃取剂1BS,以便回收其中的钚和铀。

7.4.3　铀的净化循环

铀净化循环的主要任务是对已经初步分离掉钚和裂片元素的铀溶液 1CU 再次进行萃取和洗涤,以便进一步除去钚和裂片元素,获得更为纯净的铀溶液。典型的铀净化循环流程如图 7.4.3 所示。

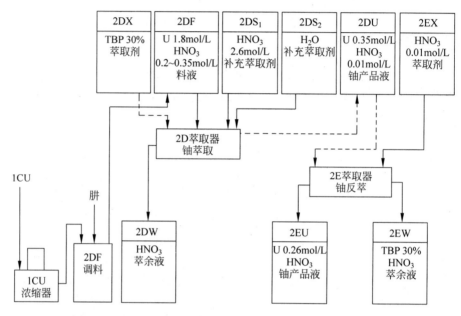

图 7.4.3　Purex 二循环流程——铀纯化循环流程示意图

铀净化循环主要由 2D 和 2E 两个萃取器组成。

2D 槽叫铀萃取槽。1CU 经蒸发浓缩和调料后制成的 2DF 料液进入 2D 槽中部,与萃取剂 2DX 逆流接触定量地萃取铀。萃取液与从 2D 槽有机相出口端加入的洗涤剂 2DS 逆流接触,从中洗涤除去锆、铌、钌等裂变碎片元素。萃残液 2DW 经过蒸发浓缩后可送元件溶解器用作溶芯硝酸,以回收其中的铀和酸。也可返回 1A 槽作洗涤剂 1AS,或者送中放废水系统处理。萃取液 2DU 可直接送去沉淀铀产品,也可送 2E 槽反萃取铀。

2E 槽成为铀的反萃取槽。用稀硝酸反萃取铀。反萃液 2EU 去铀纯化和转化系统进一步处理,污溶剂 2EW 经洗涤后循环使用。

7.5　尾端处理过程

经溶剂萃取分离和净化得到的硝酸钚或硝酸铀酰溶液,无论在纯度或存放形式上还不能完全满足要求,因而在铀、钚主体萃取循环之后,还需要采取一些处理步骤,其目的在于将纯化后的中间产品进行补充净化、浓缩以及将其转化为所需最终形态。

7.5.1　钚的尾端处理过程

将经溶剂萃取分离和净化得到的硝酸钚和硝酸钚酰溶液,进一步纯化并转化成金属钚及其合金或其他稳定化合物的过程,称为钚的尾端处理过程。

对于最终纯化的方法可以再经过一个纯化循环,也可以采用阴离子交换法或胺类萃取法,然后进行草酸钚沉淀、焙烧等转化为 PuO_2 产品。阴离子交换法或胺类萃取法多用于生产堆燃料流程的补充净化手段,而新建的后处理厂基本上采用主工艺流程中的萃取纯化循环,其产品液直接进入草酸钚沉淀、焙烧等转化工序,并在转化工序中获得一定的净化效果。

下面简述钚的尾端处理过程的工艺过程。

1. 阴离子交换纯化钚

由于 Pu(Ⅳ)能与 NO_3^- 生成稳定的络合阴离子 $[Pu(NO_3)_6]^{2-}$,很容易被阴离子交换树脂吸附。而 U(Ⅵ)和裂变核素与 NO_3^- 生成络合阴离子的能力较弱,有的元素甚至不能与 NO_3^- 形成络合阴离子,所以阴离子交换技术在钚的浓缩和纯化过程得到广泛的应用。

用于纯化钚的阴离子交换树脂种类很多,其中性能较好的有 201×4(聚苯乙烯季胺型强碱性)树脂、250×4(聚苯乙烯吡啶型强碱性)树脂和 Dowex-1×4(聚苯乙烯季胺型强碱性)树脂等。

阴离子交换法纯化钚,一般为间歇操作,可分为吸附、洗涤、淋洗和置换几个步骤。

吸附之前,因为在硝酸溶液中只有 Pu(Ⅳ)与 NO_3^- 形成稳定的络合阴离子,因而料液在进行离子交换吸附之前,必须用过氧化氢将钚全部转化为四价态,并将酸度调节到一定范围。

用阴离子交换树脂吸附后,需要进行洗涤。洗涤的目的是除去树脂空隙间以及吸附在树脂上的铀、裂片元素和其他化学杂质。

淋洗是指把吸附在树脂上的钚解吸下来的过程,淋洗的洗出液即为离子交换的产品液。

树脂床经过稀硝酸淋洗后,它的酸度由 7mol/L 降低到 1mol/L 或更低。为了满足持续生产的要求,通常要用 7mol/L 的硝酸自上而下置换树脂床中的稀酸,使树脂床达到 7mol/L 左右。

2. 钚的沉淀

硝酸钚转化成 PuO_2 通常采用沉淀和煅烧的方法。将硝酸钚转化成 PuO_2,当前认为较好的沉淀法有三种:即过氧化氢钚沉淀法、三价草酸钚沉淀法和四价草酸钚沉淀法。

(1)过氧化氢钚沉淀法

在三价或四价钚的硝酸水溶液中加入足够量的过氧化氢,可以得到绿色晶型的过氧化钚沉淀物。沉淀体系的硝酸浓度以 4~5mol/L 为宜。当硝酸浓度高时,沉淀物容易过滤,但在溶液中的溶解度增大,过氧化氢的分解加快。酸度低时将产生胶体沉淀,不易过滤,同时对杂质的净化效果变差。

过氧化氢沉淀法的优点是:唯一引入的试剂过氧化氢容易用加热的方法被破坏掉,简化了母液回收过程;对大多数阳离子的净化效果比其他沉淀过程好得多,只是对少数元素净化效果差些。

该流程的缺点是:母液中钚含量较高,需回收处理的废液量较多;工艺条件要求严格,不易控制;不能处理含铁量高的料液。

(2) 三价草酸钚沉淀法

向硝酸钚(Ⅲ)溶液中加草酸,可生成草酸钚(Ⅲ)的九水化合物[$Pu_2(C_2O_4)_3 \cdot 9H_2O$]。采用该法制取 PuO_2 能控制 PuO_2 粒度。工业上从钚净化循环来的硝酸钚溶液在很多情况下都是三价硝酸钚。如果采用该法可以直接沉淀,不必再调整价态,可省去氧化还原操作。另外,沉淀母液中钚浓度很低,因此,钚损失也小。

将三价草酸钚煅烧可生成 PuO_2,但由三价钚草酸盐煅烧成的 PuO_2 反应活性为中等。

(3) 四价草酸钚沉淀法

将草酸加到 Pu(Ⅳ) 的酸性溶液中,可沉淀出黄绿色的草酸钚(Ⅳ)六水化合物。沉淀过程的化学反应为

$$Pu^{4+} + 4NO_3^- + 2H_2C_2O_4 + 6H_2O \longrightarrow Pu(C_2O_4)_2 \cdot 6H_2O + 4HNO_3$$

为了保证沉淀过程的临界安全,在反应器中应装镉板或镉棒。操作时要严格控制进入反应器的钚量,特别要防止误投两批料。采用几何安全的沉淀反应器是保证临界安全的最佳措施。

本流程的优点是:所用试剂和所得沉淀产品比过氧化钚沉淀流程的稳定性好,因此生产比较安全;可处理含铁量较高的钚溶液。其缺点是:对杂质的净化没有过氧化钚沉淀流程好;当煅烧不完全时,最终产品含碳量高。

3. 草酸钚(Ⅳ)的焙烧

氢氧化钚、过氧化钚、草酸钚(Ⅲ)、草酸钚(Ⅳ)和硝酸钚在空气和惰性气体中煅烧,都可以转化为二氧化钚。在生产二氧化钚的过程中,依据二氧化钚的用途选取适中的煅烧温度,保持二氧化钚的粒度,都是非常重要的。

根据二氧化钚的用途不同选择煅烧温度,其差别还是很大的。从增加煅烧产品活性和延长煅烧炉寿命角度看,似乎选择较低的煅烧温度好一些。但是,煅烧温度过低,转化反应不易完全,相应地需要较长的煅烧时间。另外,从二氧化钚包装贮存角度看,希望二氧化钚粉末的活性低,对气体吸附能力差一些,以保证长期安全贮存。因此,英国提出在满足产品活性要求的前提下,选择煅烧温度应该尽可能地高。

草酸钚(Ⅳ)的焙烧试剂包括两个过程,即滤饼的干燥和草酸钚(Ⅳ)的热分解,因为这两个过程往往在一个反应器内连续进行,所以放在一起讨论。滤饼的干燥过程是除去其中的夹带水、硝酸和草酸的过程。对于 $Pu(C_2O_4)_2 \cdot 6H_2O$ 的热分解机理有不同的解释,但都认为要经过两个步骤:六水合草酸钚(Ⅳ)的脱水和无水草酸钚(Ⅳ)的热分解。其反应可用下式表示:

$$Pu(C_2O_4)_2 \cdot 6H_2O \xrightarrow{\text{加热}} Pu(C_2O_4)_2 + 6H_2O$$

$$Pu(C_2O_4)_2 \xrightarrow{\text{加热}} PuO_2 + 2CO_2\uparrow + 2CO\uparrow$$

焙烧过程的升温方式有两种,一种是缓慢的等速升温,另一种是阶梯式的升温-恒温。

这两种方式的结果是相同的。生产中常采用第二种方式,分三个阶段进行焙烧的升温和恒温。第一阶段恒温在 80～90℃,主要是滤饼夹带水分的蒸发。这个阶段恒温 1～2h。第二阶段恒温在 240～250℃,这个阶段是硝酸和草酸的分解,草酸钚(Ⅳ)脱去结晶水的过程。第二阶段恒温 2 小时左右。在这两个阶段中将有大量气体产生,为防止物料喷溅,升温速率不能太快,要注意保持焙烧炉内的负压。第三阶段升温和恒温主要是无水草酸钚(Ⅳ)热分解生成二氧化钚的过程。这一阶段恒温的温度由生产的二氧化钚用途来决定。当温度低时(800℃左右),所得到的二氧化钚活性好,对进一步处理有利,但含氧量高;高温时(1000℃以上)得到的二氧化钚活性差,含氧量也低。

7.5.2　铀尾端处理过程

同钚相似,铀经过溶剂萃取净化得到的硝酸铀酰溶液不能满足后续工序加工对质量和形式的要求,要经过尾端处理进一步纯化,除去裂片元素和其他杂质。

纯化的方法可以增设 TBP 萃取净化循环,也可以用硅胶吸附。由于硅胶吸附流程简单,操作方便,投资少,且可以满足纯化的要求,因而生产上应用较为广泛。

铀的转化方法分湿法和干法两类。湿法是选择一种合适的沉淀剂(如碳酸铵或碳酸氢铵、草酸、过氧化氢等)将铀从溶液中沉淀出来。得到的沉淀物经过干燥、加热分解制成铀的氧化物。由于草酸及过氧化氢的价格较贵,且不易回收,因而生产上较多地使用碳酸铵或碳酸氢铵作沉淀剂。干法是将浓缩的硝酸铀酰水溶液在高温下直接脱水脱硝制成三氧化铀,再进一步还原成二氧化铀。此外,我国采用一步脱硝还原法制成二氧化铀。

以碳酸铵或碳酸氢铵为沉淀剂的湿法有如下优点:

(1) 方法比较成熟,设备结构简单,操作稳定;

(2) 可以用沉淀剂从含铀有机萃取液中直接沉淀铀,沉淀过程即为污溶剂的洗涤过程;

(3) 总 γ 净化系数较高,可达 100 左右;

(4) 由三碳酸铀酰铵煅烧得到的二氧化铀产品活性较高。

缺点是:

(1) 设备庞大、数量多,操作步骤烦琐,所需操作人员多;

(2) 产生大量含硝酸铵的弱放废水不易处理,废液贮存费用高。

正因为湿法有着明显的缺点,所以世界上一些国家研究了干法,有的已成功地应用于生产。

1. 硅胶吸附法纯化铀

在 Purex 流程中,经过两个萃取循环后的硝酸铀酰溶液,其放射性污染依然超过允许标准。经分析主要是来自 Zr、Nb 和 Ru 等裂变核素,其中 Zr 和 Nb 占总放射性活度的 60%～90%。如果将铀溶液通过硅胶柱吸附处理,可使铀得到进一步纯化,使其 γ 放射性活度降低到直接加工的水平。

在酸性溶液中,硅胶能选择性地吸附锆和铌,硅胶也能吸附铀,吸附量为总处理量的 0.15%～2.5%。以离子状态存在的四价钛和三价钚仅在硝酸浓度低于 0.05mol/L 时才在硅胶上有明显的吸附。$(RuNO)^{3+}$ 的络合物在中性及酸性溶液中不被硅胶吸附。所以,硅胶对以锆和铌为主要 γ 放射性杂质的料液的净化比较有效。总 γ 净化系数通常在 $3\sim15$，有时可能更高些。

2. 三碳酸铀酰铵沉淀

萃取了铀的 TBP 溶剂与 $(NH_4)_2CO_3$ 水溶液发生如下的沉淀反萃反应：

$$UO_2(NO_3)_2 2TBP + 3(NH_4)_2CO_3 \longrightarrow (NH_4)_4[UO_2(CO_3)_3] \downarrow + 2NH_4NO_3 + 2TBP$$

该体系为三相。水相主要是过剩的碳酸铵及碳酸氢铵，溶解的少量三碳酸铀酰铵和反应的副产品——硝酸铵。有机相是 TBP-煤油。固相是三碳酸铀酰铵结晶。三碳酸铀酰铵无论是固体状态还是在水溶液中都是最稳定的。三碳酸铀酰铵可溶于水，在 $10\sim50℃$ 时，其溶解度随着温度升高而增加，当温度高于 $60℃$ 时，其溶解度下降。三碳酸铀酰铵在水溶液中按下式离解：

$$(NH_4)_4[UO_2(CO_3)_3] \rightleftharpoons 4NH_4^+ + [UO_2(CO_3)_3]^{4-}$$

当溶液中 $(NH_4)^+$ 增加时，由于同离子效应，使三碳酸铀酰铵的溶解度大大下降。

3. 煅烧三碳酸铀酰铵生产二氧化铀

在隔绝空气的条件下，三碳酸铀酰铵受热分解。当温度高于 $620℃$ 时，可生成二氧化铀，其反应式如下：

$$(NH_4)_4[UO_2(CO_3)_3] \xrightarrow{\text{加热}} UO_2 + 2NH_3\uparrow + 2CO_2\uparrow + 4H_2O\uparrow + N_2\uparrow + H_2\uparrow + CO\uparrow$$

4. 硝酸铀酰的脱硝与还原

由上文可知，制得的 $(NH_4)_2UO_2(CO_3)_3$ 沉淀物经一定工序后煅烧可生成二氧化铀。这种方法通常称为湿法，它的主要优点是工艺成熟，操作比较稳定，可以附带得到一定的净化效果，UO_2 的产品活性也很好。但是，它也有其严重的不足之处：①试剂消耗量大，每生产 1t 天然铀燃料，至少要用 1.2t 碳酸铵；②为了回收沉淀母液中的铀和氨，必须增设庞杂的辅助设备和管道；③沉淀物的过滤、洗涤等工序操作烦琐，并且难以实现远距离控制。因此，随着核技术的发展，硝酸铀酰转化工艺中以直接脱硝法在生产中逐渐取代三碳酸铀酰铵沉淀、煅烧法。

经溶剂萃取或硅胶吸附等纯化工序得到的合乎质量要求的硝酸铀酰溶液，一般不能直接循环复用或长期贮存。为便于加工厂生产金属铀或其他有用的铀化合物形式，必须将硝酸铀酰转化为氧化铀。这个过程叫做硝酸铀酰的脱硝-还原过程。脱硝-还原法又分为流化床脱硝法和火焰脱硝法。下面主要介绍流化床脱硝法。

流化床脱硝还原法已经经历了几十年的发展过程。英国斯普林菲尔德工厂 1960 年中期投入生产运行，这是世界上第一个采用流化床脱硝技术生产三氧化铀的生产规模工厂。1964 年，美国把流化床脱硝技术用于工业生产，方法是将硝酸铀酰与硝酸混合液蒸发，蒸发时首先蒸发出的是带少量硝酸的水。当硝酸铀酰浓度提高时，此混合物的沸点和硝酸的蒸气压就上升。当硝酸铀酰 $[78\%UO_2(NO_3)_2]$ 转变成带六个结晶水时开始部分脱硝，当它转变为带三个结晶水 $[88\%UO_2(NO_3)_2]$ 时，则出现明显脱硝，反应式如下：

$$UO_2(NO_3)_2 \cdot 6H_2O \longrightarrow UO_3 + NO\uparrow + NO_2\uparrow + O_2\uparrow + 6H_2O$$

硝酸铀酰在 140℃ 开始分解,在 230℃ 生成 UO_3 的吸热量为 6.07×10^5 J/mol,约到 300℃ 才全部分解。

在工业上,硝酸铀酰煅烧是在 240～450℃ 下进行的。产品中硝酸盐含量随煅烧温度提高而减少,温度在 240℃ 和 450℃ 时,产品 UO_3 中硝酸盐含量分别为 1.1% 和 0.02%(质量百分数),水的含量分别为 2.6% 和 0.1%(质量分数)。

在 600℃ 以上的温度时,三氧化铀可以被氢气还原为二氧化铀:

$$UO_3 + H_2 \xrightarrow{> 600℃} UO_2 + H_2O$$

5. 一步法脱硝还原生产二氧化铀

硝酸铀酰溶液经两次蒸发浓缩后,送入流化床脱水、脱硝、还原,一步制得二氧化铀是一项试验成功的新工艺。它与沉淀法比较,有流程短、设备少、运行费用低、放射性废液量少、较易实现工艺过程自动控制等优点。产品的比活度和杂质含量均符合要求,四价铀含量大部分大于 84%。我国核燃料后处理厂实验证明,该工艺是可行的。其主要缺点是产品的氢氟化活性较低(与三碳酸铀酰铵煅烧所得二氧化铀相比),但比两步法流化床脱硝生产的二氧化铀活性好。

所谓一步法是指硝酸铀酰脱硝还原反应在一个流化床中进行。流化气体是氮气和氢气的混合气体($75\% H_2 + 25\% N_2$),氢是还原剂。硝酸铀酰在流化床中先经脱硝生成三氧化铀,随之三氧化铀被还原为二氧化铀。

7.6　高放废液的处理与处置

后处理过程中放射性裂变产物被浓集在小体积的高放废液中。据计算,一座电功率为 1000MW 的压水堆核电站,一年卸出约 30t 辐照过的燃料组件,后处理产生 15～30m³ 高放废液。这种高放废液有很强的放射性,会释放大量的衰变热,还有很强的腐蚀性,一般要贮存在不锈钢大罐中冷却一段时间。但这种贮存只是临时措施,高放废液中含有的裂变产物 ^{137}Cs(半衰期 30.2a)和 ^{90}Sr(半衰期 28a)衰减到无害水平至少需要五六百年,^{239}Pu(半衰期 2.4×10^4a)则需要安全隔离 50 万年才能使放射性降为原来的百万分之一。长期贮存这种高放废液是不安全的。

7.6.1　浓缩

为减少贮存高放废液的体积,通常是将高放废液再蒸发浓缩从而减容。用加甲醛的方法进行高放废液的浓缩,可将浓缩系数提升至 100 左右,同时还将废液的酸度降低到 1mol/L 左右。废液的蒸发浓缩倍数取决于废液的特性、对浓缩液中沉淀物的限制量,以及浓缩物的贮存条件等参数。通常高放废液浓缩后,其体积可减至原来的 1/10 或更小。表 7.6.1 给出了几个国家高放浓缩废液的若干特性。

表 7.6.1   轻水堆乏燃料高放浓缩废液的特性

高放浓缩液特性	法国 UP-2	德国 WA-350	日本
体积/(L/t)	300～5410	800	300～1000
游离 HNO_3/(mol/L)	2	5	2～7
玻璃固化前贮存时间/a	4～6	7	5～6
裂变产物/[kg/(MW·d)]	26	35	30
锕系元素/(kg/t)	1.48	3.6	7.5
腐蚀产物/(kg/t)	8.3	2.6	7.2
比活度/(Bq/t)	1.9×10^{16}	1.7×10^{16}	1.85×10^{16}
衰变热/(W/L)	18.5		≈9.3

7.6.2   贮存

高放废液及其浓缩液通常采用槽(罐)式贮存工艺,贮存到进行固化时。这些贮罐的容积为 70～1500m³ 不等,贮罐的使用期限为 20～30a。美国、英国等国家贮存高放浓缩废液的经验已经证明,不锈钢槽贮存酸性高放废液是目前唯一获得大规模应用的中间贮存技术。

为防止可能发生的泄漏事故,必须采取两种安全措施。一是贮罐必须安放在能够容纳整个贮罐的不锈钢覆面的地下设备室里;二是正在使用的贮罐要与一个空罐相连接,以备发生泄漏时转移出废液。为防止高放浓缩废液沸腾,并维持其温度在 60℃ 以下,贮存装置必须配备有足够余量的冷却系统。为防止废液中的固体颗粒或沉淀物的沉积,要用压缩空气不断搅拌,使废液中的沉淀物呈悬浮状态。空气搅拌还有利于废液的自蒸发作用。

7.6.3   固化

高放废液固化必须达到两个目的:一是要固定住废液,二是要能长期禁锢住放射性核素。为达到上述要求,固化产物应具有足够的耐破坏性能。玻璃固化是目前国际上公认的最具实用价值的高放废液处理办法。玻璃固化就是将废液进行浓缩、煅烧,使其内含的盐分转化为氧化物,然后再与玻璃添加剂一起熔融,最终形成玻璃固化体。由于这种废物固化体具有良好的化学、机械稳定性和抗辐照性能,因而受到普遍重视。

通常,固化过程包括废液蒸发浓缩、脱硝、干燥、煅烧、熔融物固化和退火等工序,国外研发的固化方法,部分或是全部采用了上述工序。1951 年,人们首次提出将裂变产物的氧化物转化为玻璃体的想法。因为玻璃在加热时能熔化,再次冷却时能将裂变产物的氧化物牢固地包容在其中。玻璃固化体也有一些缺点,由于放射性裂变产生的高温可能引起玻璃失透(反玻璃化),从而导致固化体的性能变差。即便如此,玻璃固化仍然是当前最合适的固化高放废液的方法。

为了解决玻璃失透问题,不少国家沿用玻璃固化技术路线改进并发展起了玻璃陶瓷固化体。玻璃陶瓷固化体是利用受控结晶作用获得的,从而避免了不受控的失透作用。另外一种改进型产物是玻璃金属固化体,就是将玻璃珠或玻璃陶瓷珠掺入金属基体里成为固化体,这种固化体有良好的导热性和机械强度。

　　许多国家对玻璃固化工艺进行了大量的研究,研究最多的是硼硅酸盐玻璃、硼硅磷酸盐玻璃和磷酸盐玻璃。对于磷酸盐玻璃体,美国和德国都进行了许多工作,但现在已经被放弃,因为磷酸盐玻璃在 500℃ 时就严重失透,抗浸出性能变差,这是它的致命缺点之一。表 7.6.2 列出了几种固化玻璃的组成,表中还给出了法国 AVM、德国 VERA 和英国 Fingal 所采用的硼硅酸盐玻璃固化物的组成。

表 7.6.2　玻璃固化体的质量分数组成　　　　　　　　　　　　%

组　　分	硼硅酸盐玻璃			磷酸盐玻璃	硼硅磷酸盐玻璃
	［法］AVM	［德］VERA	［英］Fingal		
SO_2	42～49	42	40		15～40
B_2O_3	13～17	8	9.5		10～20
P_2O_5				50～60	
$Al_2O_3\text{-}Fe_2O_3$	5～15	2		0～15	15～30
$Na_2O\text{-}Li_2O$	8～11	16	7.5	5～10	0～5
$CaO\text{-}MgO$		4	2		
TiO_2		8	3		
ZnO		5			5～15
MnO_3					
裂变产物	16～25	20	20	25～35	20

　　1978 年世界上第一个工业规模连续操作的玻璃固化装置(AVM)在法国马库尔厂投入运行。AVM 已经处理超过 $2000m^3$ 的废液。运行经验证明,AVM 装置是成功的,不但工艺完善,而且煅烧炉部件的寿期超过了 10 000h。法国为了固化轻水堆氧化物燃料元件后处理产生的高放废液,又发展了一种 AVH 装置。AVH 和 AVM 流程相似,主要部件是参照 AVM 按比例放大,主要差别之一是 UP-2 厂建造的 R7 玻璃固化厂,为降低钌的挥发,使用了不同的煅烧添加剂。目前,不但美国、俄罗斯、法国和英国都已建造了高放废液玻璃固化装置,日本、比利时和印度等国也都建造了这类设施,虽然各国采用的工艺和设备有所不同,但都取得了较好的实效。这些情况如表 7.6.3 所示。由表 7.6.3 可见,目前世界各国采用的玻璃固化工艺,设施类型大体上可以分为回转煅烧炉/金属熔炉和液体进料陶瓷熔炉两大类。

表 7.6.3　工业规模的高效废液玻璃固化状况

国家	工厂	设施类型	运行时间	贮存高放废液体积/m^3	已处理高放废液体积/m^3
法国	马库尔 AVM	回转煅烧炉/金属熔炉	1978—1999 年	1000	2074.5
	阿格 R7(UP2)	回转煅烧炉/金属熔炉	1989 年 5 月至今		
	阿格 T7(UP3)	回转煅烧炉/金属熔炉	1992 年 7 月至今		
英国	塞拉菲尔德	回转煅烧炉/金属熔炉	1991 年至今	1300	
比利时	莫尔	液体进料陶瓷熔炉	1985—1991 年 5 月		907
日本	东海村	液体进料陶瓷熔炉	1994 年至今	400	
俄罗斯	马雅克	液体进料陶瓷熔炉	1987 年至今		12 500

续表

国家	工厂	设施类型	运行时间	贮存高放废液体积/m³	已处理高放废液体积/m³
美国	萨凡纳河	液体进料陶瓷熔炉	1996 年至今	100 000	
	汉福特		设计中	240 000	
	西谷	液体进料陶瓷熔炉	1996 年 7 月至今		2300
德国	卡尔斯鲁厄	液体进料陶瓷熔炉	2004 年至今	80	
印度	塔拉普尔	半连续罐式	1984 年至今		

随着反应堆燃耗提升、换料周期延长以及 MOX 燃料的使用等，后处理所产生的高放废液的辐射强度和 α 放射性水平大大提高，对于耐热性和耐 α 辐照性较弱的玻璃，难以满足固化这类高放废液的要求，所以人们同时也在研发包容能力更强的人造岩石固化工艺。自 1978 年澳大利亚科学家 Rinwood 等发明人造岩石固化方法以来，日本、美国、俄罗斯、英国、德国等相继开展了这方面的研究工作。由于人造岩石固化体的优越性能，它被广泛认为是第二代高放废液固化体，受到全世界各国的高度重视。

人造岩石的主要成分有：钡锰矿（$BaAl_2Ti_6O_{16}$）、钙钛矿（$CaTiO_3$）、钙钛锆石（$CaZrTi_2O_7$）和金红石（Ti_nO_{2n-1}）。人造岩石固化体对高放废液中的铀、钍、铅、稀土、次锕系元素具有较强的包容能力，同时，人造岩石固化体对大多数元素的浸出率较玻璃固化体要低，且机械强度、热稳定性和辐照稳定性也明显优于玻璃固化体，这使它可以包容更多的废物和节约处置空间。此外，它与高含量的钌、铑、钯和来自于不锈钢包壳的铬、镍兼容性好，不会出现玻璃固化所产生的分相和黄相问题，因而受到人们的青睐。目前人造岩石固化的应用研究已有很大进展，并扩展到其他领域：

（1）生产堆乏燃料后处理产生的高放废液的固化；

（2）高放废液分离出来的锕系元素、^{99}Tc、^{90}Sr、^{137}Cs 的固化；

（3）准备直接处置乏燃料 UO_2 的固化；

（4）核裁军过剩的武器级钚，包括中子毒物钆（Gd）和铪（Hf）的固化。

人造岩石固化需要高温高压操作，生产工艺比较复杂，设备条件要求较高。此外，它需要使用较贵的烷氧基金属化合物作为生产原料，使得生产成本较高。因此关于人造岩石固化工艺的各项技术还在积极研究中。

7.6.4 高放废物的处置

放射性废物的最终处置方法取决于不同的废物类型，对于长寿命的高放废物，世界各国基本上取得的共识是，将其贮存在地下很深的稳定地质结构里。对于高放废物的最终处置，曾经提出了多种方案。方案之一是将高放废物投入核反应中去，使锕系元素转变为稳定的或短寿命的核素。另一种设想是将高放废物发射到远离人群的太空中去。总的来看，这两种方案近期能够实现的可能性很渺小。20 世纪 80 年代国际条约规定暂缓执行废物的洋底处置。至于将高放废物处置到冰川里去，由于不确定因素很多，这种处置方法也难以实现。目前最现实的是将高放废物处置于稳定结构的深地质库中，许多国家一直在这方面进行着积极的研究和实验,表 7.6.4 给出了一些国家在地质构造中处置废物的状况和计划。

表 7.6.4　地质构造处置废物的工作状况和计划

国家、地区		项目、装置	岩层	投入运行时间及贮存时间
比利时莫尔		地下研究实验室(与法国合作)	黏土	1984 年
		中放、低放及 α 废物贮存库	黏土	1995 年
法国		地下研究实验室		1991 年
		中放和低放废物埋场	花岗岩	1990 年
		浅地层高放废物贮存		(30~50 年)
德国	阿塞盐矿	低放废物埋场	盐层	1967 年
		中放废物埋场		1974 年
		高温气冷堆燃料球试验性贮存	盐层	1977 年
		高放废物试验性贮存		1987 年
	康拉德矿	核装置低放和固体废物埋场	废铁矿场	1988 年
	戈尔勒本	贮存库—埋场	废盐矿场	1955 年
美国	汉福特	核中心废物库	玄武岩	20 世纪 80 年代
	卡尔斯巴特	WIPP-军用 α 废物试验性贮存库、地下研究实验室	盐层	
	内华达	乏燃料试验性埋场	凝灰岩	1989 年
	内华达或得克萨斯	高放废物或乏燃料埋场	花岗岩	1998 年
俄罗斯		高放废物浅地层贮存	盐层	

总之,国际原子能机构(IAEA)认为,低、中放废物的管理是已得到证实的和成熟的。而对于高放废物的处置,则没有准确具体的表述。近年来,在通过大规模的基础研究和地下实验室研究,获得了丰富的经验和掌握技术之后,越来越多的国家高放废物地质处置今后的技术路线是:处置库选址和场址评价——特定场址地下实验室——处置库建造。关于处置技术,就整体而言,地质处置所必需的技术(废物整备、处置库设计和工程技术)已经具备,但某些技术及其施工经验尚缺乏。鉴于处置技术的难度,地质处置库的设计越来越趋向考虑核废物的可回取性。关于场址特性的评价,目前在天然系统研究、场址评价方法、现场测试方法和技术、数据测量技术、准确判断系统的不确定性和不均一性等方面,均取得了突破性的进展。天然和人工类似物研究为提高地质处置的置信度发挥了重要作用,大部分国家均完成了阶段性的处置系统性能评价报告。

需要说明的是,地下研究实验室是开发最终处置库必不可少的关键步骤,建设地下实验室的主要作用有:了解深部地质环境和地应力状况,获取深部岩石和水样品,为其他基础研究提供数据和试验样品;开展 1∶1 工程尺度验证试验,在真实的深部地质环境中考验工程屏障(如废物体、废物罐、回填材料等)的长期性能;开发处置库施工、建造、回填和封闭技术,完善概念设计,优化工程设计方案,全面掌握处置技术,并估算建库的各种费用;开发特定的场址评价技术及相应的仪器设备,并验证其可靠性;开展现场核素迁移试验,了解地质介质中核素迁移规律;通过现场试验,验证修改安全评价模型;为处置库安全评价、环境影响评价提供必不可少的各种现场数据;进行示范处置,为未来实施真正的处置作业提供经验;培训技术和管理人员;提高公众对高放废物处置安全性能的信心,解决高放废物处置的一些社会学难题。

随着经验的积累、技术的成熟，又出现了另一种地下实验室：特定场址地下实验室（site-specific underground research laboratory），它是在选定的高放废物处置库预选场址上建造的地下设施，可以开展"热"试验，具有方法学研究和场址评价双重作用，从中所获的数据可直接用于处置库设计和安全评价。并且，这种地下实验室在条件成熟时可直接演变成处置库，比较著名的有美国内华达州尤卡山的 ESF 设施、芬兰的 Olkiluoto、法国巴黎盆地东部的 Meuse/Haunt Marn 等地下研究设施。

总之，高放废物地质处置是一项技术难度大、研究周期长、涉及学科多的系统工程。目前国际上开展的处置库开挖技术研究、工程开挖损伤研究、废物罐可回取性研究、场址特性评价方法研究、场址水文地质特性研究、放射性核素迁移试验、放射性废物处置效应研究、工程屏障制造和性能研究、地质处置系统长期性能综合试验、原型处置库、天然类比研究、人工类似物研究等重大研究项目正在进行中。

参考文献

[1] 姜圣阶,任凤仪,等. 核燃料后处理工学[M]. 北京：原子能出版社,1995.

[2] TAKAHASHI K. Analysis and study of spent fuel reprocessing technology from birth to present[J]. Ronbunshi of Atomic Energy Society of Japan,2006,5（2）：152-165（in Japanese）.

[3] ISIS（Institute for Science and International Security）. Status and stocks of military Plutonium in the acknowledged nuclear weapon states[R/OL]. http://isis-online. org/uploads/isis-reports/documents/military_pu. pdf. 2004.

[4] France's nuclear weapons：French nuclear facilities[EB/OL]. http://nuclearweaponarchive. org/France/FranceFacility. html. 2001-05-01.

[5] SUZUKI A. Plutonium[M]. Tokyo：The University of Tokyo Publisher,1994（in Japanese）.

[6] WEI Y,ARAI T,KUMAGAI M. Study on the reprocessing of spent FBR-fuel by ion exchange[R]. Japan Nuclear Cycle Development Inst. ,2000.

[7] LONG J T. 核燃料后处理工程[M]. 杨云鸿,译. 北京：原子能出版社,1980.

[8] 周贤玉. 核燃料后处理工程[M]. 哈尔滨：哈尔滨工程大学出版社,2009.

[9] Japan Atomic Energy Society. Overview of partitioning and transmutation technology development[J]. Atomic Energy Society of Japan,2004,Chapter 4(in Japanese)

[10] IAEA. Options spent fuel reprocessing. IAEA-TECDOC-1587[J]. IAEA,Vienna,2008.

[11] INOUE M,et al. Development of Pyropartitioning of transuranium elements from high-level liquid waste[J]. CRIEPI Research Report,1998. T57（in Japanese）.

[12] 韦悦周. 国外核燃料后处理化学分离技术的研究进展及考察[J]. 化学进展,2011,23（7）：1272-1288.

[13] 章泽甫,王俊峰,张天祥. 动力堆核燃料后处理工学[M]. 北京：中国原子能出版社,2013.

[14] World Nuclear Association（WNA）. Information library：nuclear fuel cycle[EB/OL]. http://www. world-nuclear. org/information-library/nuclear-fuel-cycle. aspx. 2016.

[15] OECD. Nuclear Energy Data 2007[J]. Paris：OECD Nuclear Energy Agency,2007

[16] 杨长利. 法国核能概况与核燃料循环后段[M]. 北京：中国原子能出版社,2015.

[17] 姜圣阶,柯友之. 动力堆核燃料后处理厂设计[M]. 北京：原子能出版社,1996.

[18] 任凤仪,周镇兴. 国外核燃料后处理[M]. 北京：原子能出版社,2006.

［19］　捷姆利亚努欣,等.核电站燃料后处理［M］.黄昌泰,等译.北京：原子能出版社,1996.

［20］　汪德熙,王方定,祝疆,等,译.核化学工程［M］.北京：原子能出版社,1988.

［21］　罗上庚.放射性废物处理与处置［M］.北京：中国环境科学出版社,2007.

［22］　罗上庚.回归自然——人造岩石固化放射性废物［J］.自然杂志,1998,20(2)：87-90.

［23］　车春霞,滕元成,桂强.放射性废物固化处理的研究及应用现状［J］.材料导报,2006,20(2)：94-97.

［24］　低放废物处置设施的规划和运行——IAEA 专题会议论文集［C］.北京：核科学技术情报研究所.
1999,6.

［25］　王驹,陈伟明,等.高放废物地质处置及其若干关键科学问题［J］.岩石力学与工程学报,2006,25(4)：
801-812.

第 8 章

核燃料安全

核安全问题是制约核技术发展的最主要问题之一,这已经是全世界的共识。因此,从核技术的研究开始,核与辐射防护的研究就一直伴随且从未中断过。其重要程度之高,以至于国际原子能机构(IAEA)和各个国家都设有专门的部门和相应的制度来对核安全的各类问题进行监管。当然,最终随着科学技术的发展,核能的安全、和平利用必将能够造福人类。

本章介绍与核燃料相关的安全和防护问题,它与核武器爆炸是有本质区别的,但由于潜在的对环境造成的污染和对公众心理造成的危害同样巨大,因此也需要予以同样高度的关注。

8.1 核燃料的危害与安全

核燃料的危害主要有两方面:自身的化学毒性和辐射危害。在受中子轰击发生裂变前,核燃料自身衰变的放射性活度并不高,以防止吸入和化学毒性的防护为主,而一旦被中子辐照之后,高活度的裂变产物将使其辐射水平显著增强,此时重点则是要做好辐射防护和隔离。

8.1.1 核燃料的化学毒性及防护

1. 铀的化学毒性及防护

铀为锕系元素,与铅、镉一样,属于重金属,因此它具有重金属的化学毒性。铀的化学毒性与其化合物的形式、溶剂性质、溶解度、粒度、价态及进入人体的途径、吸入量都有密切关系。

一般来讲,铀的可溶性化合物比难溶性化合物的毒性大,如 UF_6、UO_2F_2、$UO_2(NO_3)_2$ 等可溶性铀化合物,无论以何种途径进入人体,都具有很强的毒性;UO_2、UO_3、U_3O_8、UF_4 等难溶性铀化合物,毒性相对较小。

铀化合物经胃肠道进入人体内时,毒性作用较微弱,主要是胃肠道对铀的吸收极微,可溶性铀化合物吸收率为 $3\%\sim6\%$,难溶性的铀化合物吸收率仅为 $0.02\%\sim0.3\%$。经呼吸道进入人体内时,易溶性铀化合物易透过肺泡壁被吸收进入血液。进入呼吸道的铀化合物长久地滞留于肺内,也会被体液缓慢地溶解,如三种难溶性氧化物 UO_3、UO_2、U_3O_8 可分别在进入人体后的数天到数年内溶解。此外,沾染了这些物质的皮肤和黏膜也会吸收少量的铀化合物,伤口处的吸收则明显增多。

由于人体内环境大部分是液体,铀化合物被溶解吸收后,形成铀酰离子,铀酰离子能与生物分子发生作用,导致人体组织功能受损,主要是造成肾小球细胞坏死和肾小管管壁萎缩,导致肾过滤血液杂质的功能下降。进入血液的铀酰离子 90％以上都可以在 24～48h 内经肾随尿排出,其余 10％的铀将留在体内,最终沉积于骨骼、肺、肝、肾、脂肪和肌肉当中,导致呼吸疾病、皮肤疾病、神经功能紊乱、染色体损伤、免疫功能下降、遗传毒性和生殖发育障碍等疾病。研究发现,不同价态的铀在体内的分布是不同的:四价铀在水溶液中形成不溶性氢氧化物,从而在体内发生水解形成胶体,大部分分布于肝脏内;六价铀化合物在体内与血液中碳酸盐及蛋白质形成两种络合离子,主要分布于肾和骨骼中。四价铀主要通过肠排出,而六价铀以肾代谢为主。

生产中铀化合物对人体的化学危害主要是经呼吸道吸入和伤口渗入,因此在操作易溶性铀化合物时,要特别注意对吸入和伤口渗入的防护,操作难溶性铀化合物时,要着重注意对吸入的防护。

对铀重金属中毒的医学防护,目前认为最有效的措施是进行人体内促排。研究发现 U（Ⅵ）与 Fe（Ⅲ）的配位有很大的相似性,在仿生化学的研究中设计合成锕系元素的螯合剂都是基于含铁细胞。含铁细胞中金属的螯合单元一般是邻苯二酚或异羟肟酸,基于这两类物质结构基础研制的化合物有 Tiron（钛铁试剂）、喹胺酸（即 811,螯合羧酚）、7601（CBMIDA、PCDMA、双酚胺酸）和膦酸类螯合剂等,这些化合物都有一定的促排效果,但都存在有毒副作用,并且无法彻底促排。

2. 钚的化学毒性及防护

钚的化学毒性与铀相似,但钚比铀更容易水解聚合,这对钚在体内代谢有着决定性的影响,其化学毒性也比铀强,被人体摄入后,主要蓄积于骨和肝。钚在骨内的分布以腰椎和胸椎的含量为最高,股骨和骨盆次之,长骨、肋骨、颅骨、颌骨最少。有研究认为,人体慢性钚中毒可有骨痛症状,特别是下肢骨骼。钚在肝内蓄积可引起肝脏病变。最近的研究给出的提示,在未发生显著的放射性衰变的情况下,钚可以加速包括氧化应激在内的反应,这暗示钚的复合物对引起肿瘤的长期氧化应激有可能会有贡献。

虽然钚的化学毒性与铀相似,但钚的放射性活度比铀高 20 万倍,在达到其化学毒性剂量时,通常早已引起严重的放射性损伤,因此钚对人体的危害主要还是辐射危害,对钚的防护也主要是以辐射危害的防护为主。迄今为止,还未见到有关摄入钚而迅速致死（如几天内）的报道资料,也就是说还未有人类急性钚化学中毒的病例。

3. 钍的化学毒性及防护

钍的化学毒性比铀小,但钍的急性和慢性中毒早期表现均为钍的化学毒性。钍的常见化合物毒性大小排序为:$Th(NO_3)_4 > ThCl_4 > ThO_2$。钍化合物经胃肠道进入人体时,吸收甚微,一般在 0.05％以下。经呼吸道进入人体内时,吸收速率与化合物形式、溶解度和粒度有密切关系,$Th(OH)_4$ 进入肺后,两个月吸收 2％,柠檬酸钍络合物就吸收得快,10h 吸收20％～30％。钍不易透过完好的皮肤吸收,伤口吸收也极少,绝大部分会滞留在伤口表面。

对钍及化合物的防护主要是防止呼吸道吸入。

8.1.2　核燃料的辐射危害与防护

1. 铀的辐射危害与防护

（1）天然铀的辐射特性及危害

天然铀由 ^{238}U、^{235}U、^{234}U 三种核素组成，都是 α 辐射体。天然铀经过提纯后，由于自然衰变，还会存在一些衰变得到的短半衰期的产物，称为衰变子体，其中危害较大的主要有 ^{234}Th 和 ^{234}Pa，放射 β 射线，伴随有 γ 射线。根据半衰期可以算出，约三个月后放射性强度和母体的 ^{238}U 达到平衡，此时天然铀的比活度为 2.52×10^4 Bq·g^{-1}。其主要核素和主要子体的辐射特性见表 8.1.1。

表 8.1.1　天然铀及主要子体的辐射特性

核素	半衰期	衰变方式	粒子能量/MeV	光子能量/MeV	比活度/(Bq·g^{-1})
^{238}U	4.5×10^9 a	α	4.2	0.05	1.24×10^4
^{235}U	7.1×10^8 a	α	4.2～4.6	0.11～0.21	8.00×10^4
^{234}U	2.5×10^5 a	α	4.7～4.8	0.05～0.12	2.31×10^8
^{234}Th	24.1d	β	0.10～0.19	0.063～0.18	8.58×10^{14}
^{234}Pa	6.75h	β	0.43～1.25	0.043～1.20	4.34×10^{17}

因此天然铀的辐射危害主要来源于摄入后产生的 α 射线内照射和短半衰期子体的 β、γ 射线照射。

（2）人工铀的辐射特性及危害

已知的铀的人工同位素有 11 种，其中 ^{232}U、^{233}U、^{236}U 为长半衰期的 α 辐射体，其他为短半衰期的 α、β 辐射体。其中 ^{233}U 是再生核燃料，^{236}U 是堆后料生产浓缩铀中的成分。几种主要人工铀同位素的辐射特性见表 8.1.2。

表 8.1.2　几种人工铀同位素的辐射特性

核素	半衰期	衰变方式	粒子能量/MeV	光子能量/MeV	比活度/(Bq·g^{-1})
^{232}U	72a	α	5.3	0.06～0.13	7.92×10^{11}
^{233}U	1.6×10^5 a	α	4.7～4.8	0.04～0.10	3.57×10^8
^{236}U	2.3×10^7 a	α	4.4～4.5	0.05～0.11	2.39×10^6
^{237}U	6.74d	β	0.15～0.25	0.026	3.02×10^{15}

由表 8.1.2 可见，人工铀的半衰期比天然铀要短，比活度比天然铀高若干个量级，其辐射危害也要比天然铀大得多，加工过程中要予以重视。

（3）浓缩铀的辐射特性及危害

铀浓缩的过程中，随着 ^{235}U 富集度的提高，^{234}U 的富集度也提高，因此物料的比活度会迅速增加。当 ^{235}U 由天然含量富集到 90% 时，铀物料的比活度增加 100 多倍。不同富集度铀材料的比活度见表 8.1.3。

表 8.1.3　不同富集度铀物料的比活度

富集度 (质量分数)/%	同位素丰度(原子分数)/%			金属比活度 /(MBq·g⁻¹)	UF₆ 比活度 /(MBq·g⁻¹)
	^{235}U	^{234}U	^{238}U		
0.711	0.72	0.0054	99.2746	0.0252	0.0170
1.0	1.013	0.0086	98.9784	0.0326	0.0221
3.0	3.037	0.031	96.932	0.0848	0.0573
5.0	5.061	0.054	94.885	0.138	0.0936
10	10.11	0.110	89.780	0.269	0.182
20	20.20	0.175	79.625	0.424	0.286
50	50.32	0.410	49.270	0.982	0.663
90	90.11	1.07	8.82	2.528	1.703
93.5	93.58	1.20	5.22	2.830	1.906

表 8.1.3 可见,当 ^{235}U 含量高于 90% 的时候,^{234}U 的含量超过了 1%,此时铀当中的 α 放射性是由 ^{234}U 贡献的。此外,由于天然铀自发裂变中子的产额很小,可以忽略不计,但浓缩铀的比活度和辐射危害都大大高于天然铀,在处理高浓铀的时候,不仅需要考虑比活度增加带来的辐射危害,还要考虑反应产生的中子的危害。

(4) 堆后料的辐射特性及危害

经后处理得到的铀,也称为堆后料,不仅同位素组成发生了变化,还包含了微量的镎、钚和裂变产物,主要的同位素成分包含 ^{234}U、^{235}U、^{236}U、^{238}U 等。堆后料生产的浓缩铀燃料中主要裂变产物及其辐射特性见表 8.1.4。

表 8.1.4　堆后料中主要裂变产物及其辐射特性

核素	半衰期	辐射类型	粒子能量/MeV	光子能量/MeV	比活度/(Bq·g⁻¹)
^{90}Sr	28.6a	β	0.546		$5.14×10^{12}$
^{90}Y	64.1h	β	2.284		$2.01×10^{16}$
^{95}Zr	64.0d	β	0.366~0.398	0.724~0.757	$7.96×10^{14}$
^{95}Nb	35.0d	β	0.160	0.766	$1.45×10^{15}$
^{106}Ru	368.0d	β	0.394		$1.24×10^{14}$
^{106}Rh	30.0s	β	3.540	0.512~0.622	$1.31×10^{20}$
^{144}Ce	284.4d	β	0.185~0.318	0.0355~0.134	$1.18×10^{14}$
^{144}Pr	17.3min	β	2.996	0.697	$2.79×10^{18}$

堆后料总 ^{234}U 的含量减少了,但 ^{236}U 的含量增加了,虽然比活度与天然铀浓缩料相当,但由于微量的超铀核素和高活度裂变产物杂质使其辐射水平显著增强,辐射危害比天然铀浓缩料大很多。

(5) ^{233}U 生产过程中的辐射危害及防护

^{233}U 是在 ^{232}Th 在反应堆内照射后生成的核燃料,常含有微量的 ^{232}U。^{232}U 和 ^{233}U 的比活度比天然铀高出 4~7 个量级,与 ^{238}Pu 和 ^{239}Pu 的比活度相接近。由于 ^{232}U 和 ^{233}U 的衰变或裂变产物多为具有 α 辐射的短半衰期核素,因此物料的放射性强度不仅取决于 ^{232}U 的含量,还与同位素分离后的放置时间有关。例如,当 ^{232}U 的含量为百万分之一时,距离 1kg ^{233}U 球 1m 处的辐射剂量率,分离后 60h 比 3h 高 4 个数量级,分离后 7d 比 3h 高 5 个数量级,分

离后 1a 比 3h 高 7 个数量级。

在处理或加工 ^{233}U 时，要特别注意防止空气和表面污染，此外 ^{233}U 的最小临界质量比 ^{235}U 小得多，应注意对中子的防护和临界安全。

（6）铀加工、浓缩、转换过程中的防护措施

在铀的加工、浓缩、转换过程中，主要危害是吸入铀化合物。天然铀、低浓铀以化学毒性为主，当 ^{235}U 的富集度大于 8.5% 时，比活度比天然铀高 1 个量级，则要考虑辐射危害。

铀的辐射危害主要是吸入铀化合物形成内照射，以及微量铀的裂变衰变产物产生的 β、γ 外照射危害，内照射危害的防护措施主要有加强核燃料贮存容器的密闭性、场所通风和穿戴个人防护用品等，外照射危害的防护措施是缩短接触时间、保持适当距离以及做好屏蔽措施。可依据生产场所的具体情况来实施相应的措施。

此外，铀矿析出放射性气体氡（^{222}Rn、^{219}Rn），它们不断衰变产生一系列的放射性子体，氡是国际社会上公认的致癌因素之一，因此要加强通风。铀矿井的氡析出主要来源于铀矿体的暴露表面、井下堆放的铀矿石及地下水析出。

2. 钚的辐射特性及生产过程的防护

钚有 15 种同位素，其中 7 种是长寿命的放射性核素。钚主要核素的辐射特性如表 8.1.5 所示。钚是人造核素，在低燃耗的反应堆中，钚的含量很少，主要是 ^{239}Pu。当燃耗深度增加时，钚含量增加，其核素的组成也会发生一些变化，^{240}Pu 和 ^{241}Pu 的比例会增加。^{239}Pu 的比活度是 ^{238}U 的 20 万倍，^{240}Pu 和 ^{241}Pu 的比活度分别是 ^{239}Pu 的 3.7 倍和 1700 倍，因此随着 ^{240}Pu 和 ^{241}Pu 的增加，钚燃料的辐射危害会随之增大。

表 8.1.5 堆后料中主要裂变产物及其辐射特性

核素	半衰期	辐射类型	粒子能量/MeV	光子能量/MeV	比活度/(Bq·g^{-1})
^{236}Pu	2.85a	α	5.72~5.77	0.048~0.109	1.97×10^4
^{238}Pu	87.7a	α	5.46~5.50	0.018~0.043	6.34×10^2
^{239}Pu	2.41×10^4a	α	5.10~5.16	0.042~0.052	2.29
^{240}Pu	6.5×10^3a	α	5.12~5.17	0.045	8.43
^{241}Pu	14.4a	β	0.021		3.81×10^3
^{242}Pu	3.73×10^5a	α	4.86~4.90	0.045	0.146

钚的化合物经肺吸入时，难溶性的钚盐在肺中的吸收率为 1%~10%，而可溶性的钚盐为 5%~50%，两种情况下肺内的滞留都比较多。当钚被食入时，胃肠道的吸收率很低，硝酸钚为 0.003%~0.01%。钚在经伤口吸收时不但吸收率高，而且吸收速度快。在 ^{239}Pu 的生产过程中要特别重视吸入和伤口渗入的防护，防止钚进入人体循环系统。

钚一旦进入体内，急性损伤与外照射急性放射性疾病相似，蓄积的器官病变更为明显，慢性损伤则突出表现为外周血相变化和蓄积器官的损伤，远期的效应主要表现为致癌和寿命缩短。

3. 钍的辐射特性及加工过程的防护

钍有 6 种天然同位素和 16 种人工同位素。这些同位素当中以 ^{232}Th 为主，其 α 衰变的

半衰期为 1.4×10^{10} a,比活度为 4.08×10^3 Bq·g^{-1},衰变后会产生 11 种核素。在钍矿开采、冶炼等生产过程中,对人体危害较大的核素有 ^{232}Th、^{228}Th,还有 ^{228}Ra、^{224}Ra 及 ^{220}Rn 等衰变产物的核素,其中 ^{220}Rn 的半衰期很短,它常以气溶胶或粉尘状态存在于空气中。

钍化合物的急性中毒主要是化学危害,慢性中毒为钍及衰变产物的辐射危害。钍主要是经呼吸道进入人体,消化道以及伤口吸收都非常少,因此对钍的防护主要是防止吸入内照射的防护,包括密闭、通风、个人防护等。

4. 乏燃料的辐射特性及处理过程的辐射防护

经反应堆燃烧过的核燃料称为乏燃料。乏燃料中含有 200 多种 β、γ 放射性很强的裂变产物和 20 多种超铀核素,这些超铀核素大多是比活度高的 α 辐射体。因此,乏燃料往往具有很强的放射性。例如经过 10 天以上冷却的乏燃料,其 α 放射性比活度比天然铀高 $10^3 \sim 10^4$ 倍,β、γ 放射性比活度则高出 $10^5 \sim 10^6$ 倍。

乏燃料的放射性成分与核燃料的种类、燃耗深度、辐照时间、堆内的循环次数以及冷却的时间都有关系。辐照时间越长、燃耗深度越深,元件内积累的长寿命裂变产物和超铀核素越多,而冷却时间越长,短半衰期的放射性核素越少。虽然乏燃料中短半衰期的放射性核素占到了约 3/4,但即便经过长时间的冷却,其比活度仍然有几百太贝可,还有超铀核素产生的中子,外照射很强。因此在乏燃料运输、解体、分离和净化过程中,都不能进行直接人工操作,必须采取严格的防护措施,以防放射性物质的泄漏、超剂量照射以及临界事故的发生。

8.1.3　裂变核燃料的临界安全

在易裂变核燃料的生产加工、存贮、运输等过程中,若操作不当会酿成临界事故,也称为意外"核闪变"(nuclear excursion)。在一定的环境条件下,在一定体积内放置或积聚的核燃料数量达到或者超过临界质量的时候,会发生自持链式反应,这时候会突然发出蓝色微光,并伴随着某种程度的爆炸。这种突发链式反应的威力,固然远不及原子弹强烈,但会影响生产、损坏设备、严重时造成污染和人员伤亡,因此在对外操作裂变核燃料时,要实施严格的临界安全控制措施,严防临界安全事故发生。

1. 核燃料临界安全的控制原则

核燃料临界安全除了要遵循一般工业安全的通用原则外,还必须遵循一些特有的原则。

(1) 在正常的和可预见到的异常情况下,都要确保核临界安全;

(2) 双偶然事故原则——工艺条件至少发生两个独立的意外变化才会酿成临界事故;

(3) 几何控制原则——尽量利用物料和设备本身固有的几何、尺寸等特性来控制临界,减少对行政措施的依赖;

(4) 在应用中子吸收剂控制临界时,要保证中子吸收剂不失效;

(5) 建立相应的行政管理措施。

2. 核燃料临界安全措施

一般核燃料临界安全措施分为行政管理措施和工程技术措施两大类。

（1）行政管理措施

建立临界安全的行政安全责任制，并制定临界安全准则，新流程运行前和旧流程改动前，必须保证在正常和可预见异常情况下是次临界的；临界安全操作规程必须是书面规程，岗位人员必须熟知；必须按明文规定的办法进行物料控制，必须设置材料标签和区域标志，并列出控制参数限制；对工艺流程和物料必须实施严格的操作控制，必须进行经常的检查，并作出临界安全评价；必须制定临界事故应急规程，并进行事故演习。

（2）工程技术措施

针对具体的情况，确定临界的控制方式；提出临界安全的限额以及安全系数；通过设备和流程设计，使临界安全措施和临界安全限额得以实施；为使临界控制确实有效，必须检测系统内有关参数的变化。

3. 易裂变材料操作、加工、处理的次临界限值

国家标准里规定了易裂变材料的操作、加工、处理的次临界限值，次临界限值分为单参数限值和多参数限值两种。

（1）易裂变核素的单参数限值有：均一水溶液、含水混合物、含水混合物的富集度、金属单体和氧化物等五类，其中最小次临界限值 ^{235}U 为 0.7kg，^{239}Pu 为 0.45kg。其他单参数限值参见 GB 15146.2—1994 表 1～表 5。

（2）易裂变核素的多参数限值有：低富集度的金属铀-水混合物和氧化物-水混合物、低富集度铀的水溶液系统、含 ^{240}Pu 的 $Pu(NO_3)_4$ 均一水溶液、含 ^{240}Pu 的钚与水混合物等四类，次临界限值见 GB 15146.2—1994 图 1～图 5、表 6、表 7。

使用上述次临界限值时必须要留有一定的余量，以应付实际操作过程中工艺参数的不确定和限值被意外超过。凡规定中没有给出的次临界限值，可以用计算来导出，但计算方法必须是经过验证的。

4. 易裂变材料的存贮、运输时的临界安全要求

易裂变材料存贮、运输的临界安全问题是个多体问题，因为贮存和运输的阵列是由多个单元组成的。贮存、运输时，首先要保证每个单元是次临界的，其次要保证阵列是次临界的。同时还要保证贮存、运输过程中遭受水淹时也仍然是安全的。由于水能很好地慢化和反射中子，因此要保证水淹时阵列的安全应做到：第一，阵列中单元要密封，水淹时不能进水；第二，单元容器之间表面距离要大于 20cm。要保证阵列的次临界，除考虑阵列的内部因素外，还要考虑阵列之间的相互作用，即保持阵列的孤立性。阵列的孤立性要求阵列之间要保持一定的距离或有 40cm 以上的混凝土隔层，阵列之间的距离要大于下列两个数值中的最大者：4m，或阵列自身的最大线度尺寸。

易裂变材料贮存时的临界安全要求有管理要求和技术准则、贮存限额及使用条件。阵列的贮存限额是由易裂变单元的材料质量、物材类型和栅元体积来确定的。这种阵列单元限额是在水慢化和反射条件下给出的，遇到比水更好的慢化和反射时，限值不适用。所以在贮存库房的内外不得堆放重水、铍、石墨、钢铁、金属铀等材料。

易裂变材料运输时比贮存要求更为严格，贮存时要保证贮存阵列在正常和异常条件下是安全的，运输时，遇到的偶然情况更多、更复杂，还必须保证阵列在正常、异常和事故条件

下是安全的。运输时阵列单元数值 N 的确定要满足的条件为：①单元间若没有任何材料，$5N$ 件未损单元总是次临界的；②单元间若有使中子增殖最大的含氢慢化剂，$2N$ 件已损单元总是次临界的。

易裂变材料的贮存、运输的其他要求见 GB 15146.2—1994、GB 11806—1989。

8.1.4 火灾预防

铀金属粉末、钚金属粉末以及某些铀、钚化合物的粉末，如 UC、U_3Si_2、U_3Si 等，在空气总会激烈燃烧，造成物料的损失和环境污染。因此操作时应在充有惰性气体的手套箱内进行，盛装粉末的容器内也要充灌惰性气体隔绝空气，以防燃烧爆炸。

金属铀屑在大气中能够自燃着火，在金属铀冶炼、加工过程中产生的重渣和车屑要妥善保管，一般采用降温和与空气隔离的方法防止起火，如天然铀和贫铀车屑注水存放等。

高放废液处理及贮存过程中，辐射分解氢气的堆积会有着火和爆炸的风险，中低放废液沥青固化时有着火的危险，预防的办法与易燃易爆物相同。

表 8.1.6 给出了扑灭铀和钚着火的灭火剂。还可以使用 NaCl、石墨、砂、白云石和其他工业用干粉，它们有助于限制着火时剧毒尘埃和烟的产生，并提供充分的热绝缘以便能够扑灭燃烧的金属。禁止使用的灭火材料有：水、苏打、碳酸氢钠、泡沫、四氯化钠、氯溴甲烷和二氧化碳等。用水和含氯的碳氢化合物灭火时会引起猛烈的爆炸和放出毒气，用二氧化碳灭火会增加钚尘埃和烟的扩散。

表 8.1.6 扑灭铀和钚着火的灭火剂

氯化物的质量分数/%				氟化物的质量分数/%						干石墨粉
NaCl	15~25	35	20	LiF	29	46.5	LiF	19	LiF	18
KCl	20~25	40	29	NaF	12	11.5	NaF	4	KF	33
BaCl$_2$	50~55	25	51	KF	59	42	RbF	77	RbF	49
熔点/℃	560~590	580	约545	熔点/℃	454			426		440±10
对扑灭铀屑、铀粉末及大块 Pu 着火有效				对扑灭 Pu 屑和 Pu 粉末着火有效						扑灭 Pu 块着火

8.2 核安全监管

核燃料循环中的核安全监管主要集中在环境和设施两大方面，对应的总目标可以分解为环境防护目标和技术安全目标两大部分，通过技术措施、管理性和程序性措施，包括组织拟定、行政许可、监督检查、调查处理、环境监测、应急响应、事件防范处置、核材料管制安全监管、人员资质及培训、放射性污染监督管理等，来共同确保对一切考虑到的、可能造成的直接和间接危害进行预防和防御。

8.2.1　核安全监管组织机构

我国负责核安全监督管理的机构是独立于各核能发展部门的国家核安全局,其职责包括拟定核安全、辐射安全、电磁辐射、辐射环境保护、核与辐射事故应急有关的政策、规划、法律、行政法规、部门规章、制度、标准和规范,并组织实施。并且设立了核与辐射安全中心、辐射环境监测技术中心等 5 个长期技术支持机构。国家核安全局内设 3 个机构:核设施安全监管司、核电安全监管司、辐射源安全监管司,另外设 6 个派出机构,分别是环境保护部华北核与辐射安全监督站、环境保护部华东核与辐射安全监督站、环境保护部华南核与辐射安全监督站、环境保护部西南核与辐射安全监督站、环境保护部西北核与辐射安全监督站和环境保护部东北核与辐射安全监督站。

8.2.2　我国核与辐射安全法规状态

我国的核与辐射安全法规体系由法律、行政法规、部门规章、导则、技术文件组成。其中法律、行政法规和部门规章均具有法律效力,导则和技术文件是由国家核安全局制定并发布的文件,导则属于推荐性文件,核安全技术文件作为技术参考。

现行的核与辐射安全法规共 126 项,其中法律 1 项,行政法规 7 项,部门规章 29 项,导则 89 项。

法律是 2003 年发布实施的《中华人民共和国放射性污染防治法》。

7 项行政法规有:1986 年发布实施的《中华人民共和国民用核设施安全监督管理条例》,1993 年发布实施的《核电厂核事故应急管理条例》,1987 年发布实施的《中华人民共和国核材料管制条例》,2007 年发布、2008 年实施的《民用核安全设备监督管理条例》,2009 年发布、2010 年实施的《放射性物品运输安全管理条例》,2005 年发布实施的《放射性同位素与射线装置安全和防护条例》,2011 年发布、2012 年实施的《放射性废物安全管理条例》等。

29 项部门规章中与燃料循环直接相关的有:1995 年发布的《民用核设施安全监督管理条例实施细则之二附件三——核燃料循环设施的报告制度》(HAF001/02/03—1995),1993 年发布实施的《民用核燃料循环设施的安全规定》(HAF301—1993)等。

89 项导则中与燃料循环直接相关的有:《核燃料循环设施营运单位的应急准备和应急响应》(HAD002/07—2010),《铀燃料加工设施安全分析报告的标准格式与内容》(HAD301/01—1991),《乏燃料贮存设施的设计》(HAD301/02—1998),《乏燃料贮存设施的运行》(HAD301/03—1998),《乏燃料贮存设施的安全评价》(HAD301/04—1998),《低浓铀转换及元件制造厂核材料衡算》(HAD501/01—2008)等。

其他的文件不一一介绍,需要时可以通过登录国家核安全局的官方网站进行查阅。

此外,随着我国核电事业的快速发展,未来还将会更进一步完善相关的法律法规。《核与辐射安全法规体系(五年计划)》提出需要制修订的法规共 183 项,除已发布的 12 项外,已进入审查程序但尚未发布的五年计划内的法规共 46 项,尚有 125 项法规未进入审查程序。进入审查但尚未发布的五年计划内的 46 项法规包括法律 1 项,部门规章 7 项,导则 38 项。

8.2.3　核安全监管主要内容

核安全监管的主要内容包括：

- 核设施核安全、辐射安全及辐射环境保护工作的统一监督管理。
- 核安全设备的许可、设计、制造、安装和无损检验活动的监督管理，进口核安全设备的安全检验。
- 核材料管制与实物保护的监督管理。
- 核技术利用项目、铀（钍）矿和伴生放射性矿的辐射安全和辐射环境保护工作的监督管理，辐射防护工作。
- 放射性废物处理、处置的安全和辐射环境保护工作的监督管理。放射性污染防治的监督检查。
- 放射性物品运输安全的监督管理。
- 输变电设施及线路、信号台站等电磁辐射装置和电磁辐射环境的监督管理。
- 核与辐射应急响应和调查处理。核与辐射恐怖事件的防范与处置。
- 反应堆操纵人员、核设备特种工艺人员等人员资质管理。
- 辐射环境监测和核设施、重点辐射源的监督性监测。
- 核与辐射安全相关国际公约的国内履约。
- 核与辐射安全监督站相关业务工作。

8.2.4　核燃料循环设施的分类和基本安全要求

对于民用核燃料循环设施，包括铀纯化、铀转化、铀浓缩、核燃料元件制造、离堆乏燃料贮存、后处理等设施等，根据潜在事故辐射后果大小，可分为如下四大类。

一类（高度风险）：具有显著的潜在厂外辐射后果，例如后处理设施、离堆乏燃料贮存设施、高放废物处理设施、MOX 元件制造设施等；

二类（中度风险）：具有明显的潜在厂内辐射后果，并具有临界风险，例如核燃料元件制造设施（不包括重水堆元件制造设施和 MOX 元件制造设施）、铀浓缩设施；

三类（低度风险）：具有明显的潜在厂内辐射后果，例如重水堆元件制造设施、铀纯化转化设施；

四类（常规风险）：仅具有厂房内辐射后果，或具有常规工业风险。

对于四类核燃料循环设施的基本安全要求如下：需要实行分类管理，并实行与分类相一致的安全要求；其功能设计上应能预防核临界事故及有害物质的意外释放；需要考虑与设施的潜在危害相一致的纵深防御，具体措施需要通过安全分析进行评价和确定；安全重要物项要依据其执行的安全功能和安全重要性分级，其设计、建造和维护也必须使其质量和可靠性与其分级相适应；在设施的全寿期内需建立并维持一套合格的、持续改进的组织管理体系，综合考虑安全、健康、环保、质量和经济等因素；营运单位必须编制和实施覆盖可能影响核燃料循环设施安全运行所有活动的全面的质量保证大纲；营运单位要形成有效的安全文化，加强包括核安全文化、辐射安全文化、核安保文化等在内的安全文化建设，始终把

"安全第一"的理念贯彻到所有活动中去；应采取措施保证实现辐射防护目标和技术安全目标，制定合理的剂量约束和潜在照射危险约束；确保易裂变物质的操作、加工、处理和贮存的核临界安全，并应尽可能通过工程措施而非管理措施确保核临界安全，在可能发生核临界事故的场所，要设置足够灵敏和可靠的核临界事故探测与报警系统；核燃料循环设施在建设前就应落实放射性废物的最终处置措施和场所，其设计和运行应采取合理可行的措施对放射性废物实施管理，确保放射性废物的安全和废物最小化；必须重视极端外部自然事件的安全防范，以及考虑事故后的缓解。

8.3　核燃料应急与放射性废物处置

8.3.1　核燃料应急

对于不同类型的核燃料循环设施，从铀矿冶、转化、同位素分离、元件制造、堆内燃烧、乏燃料后处理以及放射性废物处理处置等各个环节，由于它们加工、处理或贮存的核材料及其他放射性物质的数量、物理化学形态、核素组成、放射性活度和特性等差别颇大，它们的工艺技术、工程安全设施和运行方式等亦各有特点，从而使它们之中潜在核事故的性质及其辐射后果可能存在相当大的差别。因此，对它们的应急计划、应急准备和应急响应的要求也有所不同。必须结合核燃料相关设施的特点，开展安全评估分析，以各种可能发生的核与辐射事故后果的评价为基础，制定应急计划、应急准备和应急响应方案。

1. 应急状态分级

核燃料循环设施按照可能出现的事件、事故的后果的严重程度和需要采取的相关应急响应行动，可以将应急状态分为四个等级，依次分别为：应急待命、厂房应急、场区应急和场外应急等。

（1）应急待命：出现可能危及核设施安全的某些特定工况或事件，表明设施安全水平处于不确定或可能有明显降低，设施有关工作人员处于戒备状态。

（2）厂房应急：设施的安全水平有实际的或潜在的大的降低，但事件的后果仅限于厂房或场区的局部区域，不会对场外产生威胁。宣布厂房应急后，营运单位按应急计划要求实施应急响应行动，场外应急响应组织得到通知。

（3）场区应急：设施的工程安全设施可能严重失效，安全水平发生重大降低，事故后果扩大到整个场区，但除了场区边界附近，场外放射性照射水平不会超过干预水平。宣布场区应急后，营运单位应迅速采取行动缓解事故后果，保护场区人员；场外应急组织可能采取某些应急响应行动（如开展辐射监测），并视情况做好实施防护行动的准备。

（4）场外应急：事故后果超越场区边界，场外某个区域的放射性照射水平大于干预水平。宣布场外应急后，应立即采取行动缓解事故后果，实施场内、场外应急防护行动，保护工作人员和公众。

核燃料循环设施的应急状态因设施的类型、特征等条件而异，可能出现的应急状态级别也必须通过对该核设施可能发生的事故及其辐射后果的分析评价来进一步确定。宗旨是必须保证所建立的应急状态分级系统能覆盖其设施中可能出现的所有紧急状态。对于我国大多数的核燃料循环设施,一般可不考虑场外应急。

2. 应急计划

不同阶段的应急准备和应急响应的要求不同,一般从厂址选择阶段就需要论证所在区域在整个预计的寿期内执行应急计划的能力和实施应急计划的可行性。后续设计建造阶段,营运单位及有关单位要对核燃料与设施事故状态(包括严重事故)及其后果作出分析,对场内的应急设施、应急设备和应急撤离路线作出安排,开展相应的应急准备工作(包括完成应急设施的建设),编写应急演习计划。在首次装料前阶段,需要向国家核安全监管部门提交独立的应急计划文件和最终安全分析报告进行审批,并做好全部应急准备。在设施运行阶段,需要定期进行应急演习和对应急计划进行复审、修订。在退役阶段,应急计划应包含在退役报告中,说明退役期间可能出现的应急状态及其对策,考虑待退役的设施可能产生的辐射危害,规定营运单位负责控制这些危害的组织和应急设施。一旦发生事故,应有效实施应急响应,以保证工作人员、公众和环境的安全。

应急计划主要针对那些导致或可能导致放射性物质释放失控,从而危及工作人员或公众健康或环境安全或财产损失的潜在核事故。所考虑的事故范围不仅包括预期的运行工况和事故工况,还应考虑那些发生概率更低,但后果更严重的事故。营运单位应开展全面的安全分析,确定适合本设施的用于应急计划的假想事故(特别是严重事故)及相应的源项大小。在确定用于应急计划的事故范围时,可部分基于设施的安全分析报告,并补充做进一步的分析。

3. 应急组织

应急组织包括了营运单位的应急组织、应急行动小组、国家和省(自治区、直辖市)核应急组织、技术支持单位、上级主管部门及国家核安全监管部门等组成。

应在应急计划中明确营运单位应急组织与场外应急组织及其有关部门(如公安、消防、环保、应急管理、卫生、民防和救灾管理等部门)的接口,明确职责分工,并安排专门部门或专人担任与地方应急组织联系的联络员。

必要时营运单位应急组织应当向地方应急组织提供支援,包括提供有关核设施状况、辐射监测和事故后果预测方面的资料,提出场外防护行动的建议,根据地方应急组织的要求提供其他技术咨询等。

4. 应急设施和应急设备

核燃料相关的设施营运单位应根据日常运行和应急相兼容的原则,建立相应的应急设施,并在应急计划中对主要的应急设施做出必要的说明,包括应急控制中心、控制室、通信系统、监测和评价设施、防护设施与设备、急救和医疗设施、其他必要的设备和物资等。

8.3.2　放射性废物处置

放射性废物是指任何含有放射性核素或被其污染的物质,其中放射性核素的浓度或活度水平超过主管部门确定的豁免值,而且这些物质在可预见的将来无可利用。放射性废物不包括暂时存放未处理的乏燃料。

1. 放射性废物的来源

放射性废物产生于核工业各环节以及使用放射性物质的各部门,即来自核燃料循环和非核燃料循环工艺体系或部门。

按照工作部门划分,放射性废物主要来自铀矿山、铀水冶厂、核电厂、核武器制造厂、核舰船和使用放射性物质的科研、教育、医疗、工业、农业等部门;若按放射性总活度计,核工业中产生的核废物有 99% 来自乏核燃料的后处理厂。

例如,在铀矿开采阶段,铀矿石经破碎、水冶后残留的尾矿中残留了原矿 6% 左右的铀,还含有一定的 ^{226}Ra 及 ^{222}Rn,使尾矿成为了有害低放废物。在铀富集、转化阶段,^{235}U 含量由 0.711% 增至 3%~4%,同时产生低放废物,例如氟化渣、木炭渣、石灰渣、废旧轴承、废零部件、废管道、废机油、废旧钢铁、劳保用品和放射性废水等。该类废物中含有 ^{235}U,^{238}U 等核素及硝酸、氟化物等有害化学物质。此外,在制造核燃料元件时也会产生少量低放废物。在核反应堆运行阶段,循环冷却水会产生放射性废液,而大量放射性固体废物主要来自冷却净化系统、废水净化系统的离子交换废树脂、废过滤器芯子、废液蒸发残渣、活化的堆内构件(包壳材料、控制棒等)、废仪表探头和零件等,其中堆内构件等为高放废物(含 ^{60}Co、^{63}Ni 等)。

2. 放射性废物分类

对放射性废物进行分类,是为了更好地对其进行管理。

按物理状态不同,可将放射性废物分为放射性固体废物、放射性液体废物和放射性气体废物三类。

按放射性水平不同,可将放射性废物分为高放废物、中放废物和低放废物三大类。但世界各国划分这三大类废物的放射性水平标准尚不统一。

按半衰期不同,将放射性核素分为长寿命(或长半衰期)放射性核素、中等寿命(或中等半衰期)放射性核素和短寿命(或短半衰期)放射性核素等类别。各国划分半衰期长、短的标准也不统一。

根据放射性废物的来源不同,可将放射性废物分为铀尾矿、退役废物、乏燃料(不予处理的)、包壳废物、军用废物和商业废物等。

此外,根据所含放射性核素的种类和性质,还分出超铀废物和 α 废物等。

1988 年我国颁布了放射性废物分类标准,根据该分类,首先将核废物按物理状态分为气体废物、液体废物和固体废物三类,在此基础上,再按放射性浓度或比活度将各类放射性废物分为若干级,对固体废物还进一步按半衰期长短细分。

3. 放射性废物管理

自放射性废物产生后对其进行的处理、处置、安全评价和有关目标、政策的制定等活动,称为放射性废物管理。其中放射性废物处理包括废物的控制产生、分类收集、净化、浓缩、压缩、焚烧(减容)、固化、包装和暂存等环节,旨在尽量减小废物数量和体积,将其加工成适合于最终处置的适当形式。

放射性废物管理的一般原则是：

（1）一切产生放射性废物的实践或设施，均应设立相应的废物收集系统，并控制放射性废物的产生量。

（2）处置活动必须按国家有关规定进行。

（3）经适当处理后的低放废液和废气向环境常规性排放，必须事先经环境保护部门批准。

（4）每一个实践或设施都应确定向环境排放的限值，确定这些限值时应进行最优化分析，并留出余地。

（5）除低放废液和废气可有条件地（其放射性浓度应低于限值）、有控制地向环境排放外，其余放射性废物必须转化为不同类型的固化体。经最优化分析，在保证安全地与生物圈隔离条件下以固体废物形式处置，并长期管理和监测。

放射性废物管理的基本目标，是实现安全、经济的处置，防止放射性核素及其他有害物质以不可接受的量进入生态环境，将废物对人类及其环境的危害降低到允许水平以下，以达到有效地保护人类及其环境的目的。

参考文献

[1]　李冠兴，武胜. 核燃料[M]. 北京：化学工业出版社，2007.

[2]　US. DOE. Assessment of plutonium storage safety issues at department of energy facilities：DOE/DP-D123T[R]. 1994.

[3]　贝纳尔特·可披尔曼. 核反应堆材料[M]. 毛培德，译. 上海：上海科学技术出版社，1962.

[4]　反应堆外易裂变材料的临界安全，易裂变材料操作、加工、处理的基本技术准则与次临界限制[S]. GB 8703—1988. 国家环境保护局.

[5]　方贤波，赵善桂，刘新华. 民用核燃料循环设施监管法规体系框架建议[J]. 核安全，2013，12，S1.

[6]　注册核安全工程师岗位培训丛书编委会. 核安全专业实务[M]. 北京：中国环境科学出版社，2004.

[7]　民用核燃料循环设施分类原则与基本安全要求（征求意见稿）[S]. 环境保护部办公厅，2014.

[8]　国家核安全局. 核燃料循环设施营运单位的应急准备和应急响应[M]. 核安全导则 HAD002/07—2010.